H. Wenzel/P. Meinhold

Gewöhnliche Differentialgleichungen

# Gewöhnliche Differentialgleichungen

Von Prof. Dr. Horst Wenzel
und Doz. Dr. Peter Meinhold

7., neubearbeitete Auflage

 B. G. Teubner Verlagsgesellschaft
Stuttgart · Leipzig 1994

Das Lehrwerk wurde 1972 begründet und wird herausgegeben von:
Prof. Dr. Otfried Beyer, Prof. Dr. Horst Erfurth,
Prof. Dr. Christian Großmann, Prof. Dr. Horst Kadner,
Prof. Dr. Karl Manteuffel, Prof. Dr. Manfred Schneider,
Prof. Dr. Günter Zeidler

Verantwortlicher Herausgeber dieses Bandes:
Prof. Dr. Günter Zeidler

Autoren:
Prof. Dr. Horst Wenzel
Doz. Dr. Peter Meinhold

Die Deutsche Bibliothek – CIP-Einheitsaufnahme

**Wenzel, Horst:**
Gewöhnliche Differentialgleichungen /
von Horst Wenzel und Peter Meinhold.
[Verantw. Hrsg. dieses Bd.: Günter Zeidler]. –
7., neubearb. Aufl. – Stuttgart ; Leipzig : Teubner, 1994
  (Mathematik für Ingenieure und Naturwissenschaftler)

  ISBN-13:978-3-8154-2043-0     e-ISBN-13:978-3-322-81033-5
  DOI: 10.1007/978-3-322-81033-5

NE: Meinhold, Peter:

# Vorwort

Viele Prozesse und Erscheinungen in Physik, Technik und anderen Wissenschaftsgebieten lassen sich mathematisch durch Differentialgleichungen beschreiben. Hängen dabei die gesuchten Funktionen nur von einer unabhängigen Variablen ab, spricht man von *gewöhnlichen Differentialgleichungen*.

Das Gebiet der gewöhnlichen Differentialgleichungen ist sehr umfangreich. Dieser Band gibt eine *Einführung* in die *wichtigsten Lösungsmethoden* sowie in einige *theoretische Grundlagen*, wobei stets besonderer Wert auf die *Anwendungen* gelegt wird. Durch die Darstellungsweise soll das folgerichtige mathematische Denken geschult werden. Auf Beweise und Beweisskizzen wird nur dann eingegangen, wenn es für das Verständnis erforderlich erscheint.

Zunächst werden *lineare Differentialgleichungen* und *lineare Differentialgleichungssysteme* insbesondere mit jeweils konstanten Koeffizienten behandelt. Es folgen *nichtlineare Differentialgleichungen* und ein *numerisches Verfahren*. Schließlich werden *Potenzreihenansätze* mit Verallgemeinerungen erörtert und Einblicke in die Theorie der *Rand- und Eigenwertaufgaben* sowie der *dynamischen Systeme* vermittelt.

In der allgemeinen Theorie werden die gesuchten Funktionen durch $y(x)$ oder $y_1(x)$, $y_2(x),\ldots$ bezeichnet. In den Beispielen und Aufgaben treten jedoch häufig auch andere Bezeichnungen auf – z. B. $x(t), \varphi(t), w(x)$ –, um für die Anwendungen auch in dieser Hinsicht genügend Flexibilität zu erreichen. *Aufgaben* sollte der Leser *selbständig lösen* und erst zum Schluß mit den angegebenen Lösungen und Lösungshinweisen vergleichen. Weiterhin wird empfohlen, mit den jeweils gefundenen Lösungen die *Probe* durchzuführen.

Die Autoren H. Wenzel (Abschnitte 1 bis 6) und P. Meinhold (Abschnitte 7 bis 9) danken dem Verlag und den Herausgebern für wertvolle Hinweise. Ebenso gebührt Dank der Abteilung Mathematik der TU Dresden für ihr Entgegenkommen und Frau M. Gaede für ihr fachkundiges Schreiben am Rechner.

H. Wenzel<br>
P. Meinhold

Dresden, im Juni 1994

# Inhalt

# 1 Einleitung

Unter einer gewöhnlichen Differentialgleichung für eine Funktion $y = y(x)$ versteht man eine Gleichung zwischen der unabhängigen Veränderlichen $x$, der abhängigen Veränderlichen $y$ und deren Ableitungen $y', y'', \ldots$ Die gesuchten Größen der Differentialgleichung sind also nicht spezielle *Zahlenwerte*, sondern *Funktionen* $y = y(x)$. Mit besonders einfachen Differentialgleichungen haben Sie sich bereits beschäftigt. Liegt etwa die Differentialgleichung $y' = x^2$ vor, so wissen Sie, daß alle Lösungen $y(x)$ in der Gestalt $y(x) = \frac{1}{3}x^3 + C$ angegeben werden können, wobei $C$ eine beliebige (Integrations-)Konstante ist. Das Auftreten von solchen Konstanten $C$ in der Lösung werden Sie auch im allgemeinen Fall kennenlernen. In den Abschnitten 1.1 bis 1.3 werden die erforderlichen Definitionen eingeführt, und es wird das Ziel der weiteren Untersuchungen formuliert.

## 1.1 Grundbegriffe und erste Einteilung

Es wird zunächst im Abschnitt 1.1.1 der Begriff der gewöhnlichen Differentialgleichung präzisiert und in 1.1.2 durch die Definition von gewöhnlichen Differentialgleichungssystemen ergänzt. Im Abschnitt 1.1.3 zeigt sich, daß *lineare* Differentialgleichungen und *lineare* Differentialgleichungssysteme Lösungsgesamtheiten besitzen, die ebenso strukturiert sind, wie Sie es von den linearen Gleichungssystemen her kennen.

### 1.1.1 Differentialgleichungen $n$-ter Ordnung

Bevor wir die Definitionen darlegen, geben wir einige Beispiele aus Physik, Elektrodynamik und Technischer Mechanik an.

**Beispiel 1.1** An einem Teilchen mit der Masse $m$, das längs einer waagerechten $x$-Achse beweglich ist (Bild 1.1), greife eine Feder an.

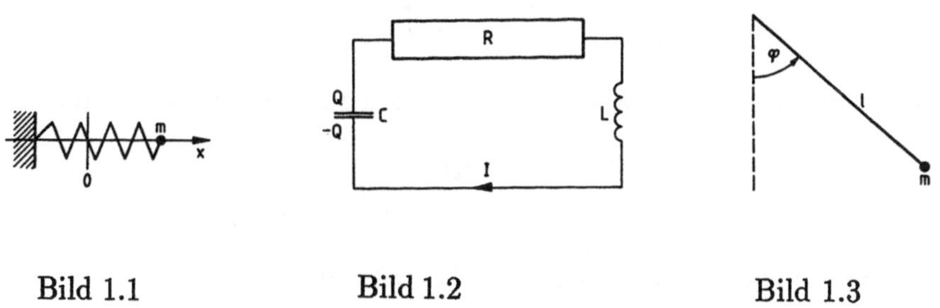

Bild 1.1          Bild 1.2          Bild 1.3

Sie sei im entspannten Zustand, wenn sich das Teilchen am Ort $x = 0$ befindet. Die Lage $x$ des Teilchens ist eine Funktion der Zeit $t$. Seine Geschwindigkeit ist $\frac{dx}{dt} = \dot{x}$ und seine Beschleunigung $\frac{d^2x}{dt^2} = \ddot{x}$. Ist $F = -kx$ ($k > 0$, Federkonstante) die zum Punkt $x = 0$ gerichtete rücktreibende Federkraft und $-\alpha\dot{x}$ ($\alpha > 0$) die der Geschwindigkeit entgegengesetzte Reibungskraft, so kann die Newtonsche Grundgleichung *Kraft gleich Masse mal Beschleunigung* hier durch die gewöhnliche Differentialgleichung

$$-kx - \alpha\dot{x} = m\ddot{x}, \quad \text{d. h.} \quad m\ddot{x} + \alpha\dot{x} + kx = 0, \tag{1.1}$$

für die gesuchte Funktion $x = x(t)$ angegeben werden. Die Masse der Feder ist bei diesem Vorgehen nicht berücksichtigt worden.

**Beispiel 1.2**   Für die Ladung $Q$ an einer Kondensatorplatte im geschlossenen Schwingkreis von Bild 1.2 ergibt sich ebenfalls eine Differentialgleichung vom Typ (1.1), falls man der Reihe nach $x(t), m, k$ und $\alpha$ durch die *Ladung* $Q(t)$, die *Selbstinduktion* $L$, den reziproken Wert der *Kapazität* $C$ und den *Widerstand* $R$ ersetzt, also

$$L\ddot{Q} + R\dot{Q} + \frac{1}{C}Q = 0. \tag{1.2}$$

**Beispiel 1.3**   Für ein im Schwerefeld (Erdbeschleunigung $g$) befindliches *mathematisches Pendel* (Bild 1.3), bestehend aus einer Punktmasse $m$ und einer (masselosen) Stange (Länge $l$), das an einem festen Punkt drehbar aufgehängt ist und sich in einer Ebene bewegt (Ausschlagwinkel $\varphi$), gilt bei Vernachlässigung der Reibung der Energiesatz (der Mechanik) *kinetische Energie plus potentielle Energie ist gleich der (konstanten) Gesamtenergie $E$*, d. h., für die Funktion $\varphi = \varphi(t)$ ($t$: Zeit) besteht die gewöhnliche Differentialgleichung

$$\frac{m}{2}l^2\dot{\varphi}^2 - mgl\cos\varphi = E \quad (E = \text{const}). \tag{1.3}$$

**Beispiel 1.4**   Die *Hauptspannungslinien* $y = y(x)$ des durch die Matrix

$$\begin{pmatrix} \sigma_x(x,y) & \tau_{xy}(x,y) \\ \tau_{yx}(x,y) & \sigma_y(x,y) \end{pmatrix}, \quad \tau_{xy} = \tau_{yx}, \tag{1.4}$$

gegebenen ebenen *Spannungstensorfeldes* werden durch die Differentialgleichung

$$(y')^2 + \frac{\sigma_x(x,y) - \sigma_y(x,y)}{\tau_{xy}(x,y)}y' - 1 = 0 \tag{1.5}$$

gegeben (siehe auch die Aufgaben 5.2, 5.12, 6.3 und 7.5).

Allgemein formulieren wir die

---

**Definition 1.1**     *Unter einer $g\,e\,w\ddot{o}\,h\,n\,l\,i\,c\,h\,e\,n$ $D\,i\,f\,f\,e\,r\,e\,n\,t\,i\,a\,l$-$g\,l\,e\,i\,c\,h\,u\,n\,g$ $n$-$t\,e\,r$ $O\,r\,d\,n\,u\,n\,g$ für eine Funktion $y = y(x)$ versteht man eine Gleichung zwischen der unabhängigen Veränderlichen $x$, der abhängigen Veränderlichen $y$ und den Ableitungen $y', y'', \ldots, y^{(n)}$ für jeden Wert $x$ des Definitionsbereiches $D$ von $y = y(x)$. Also kann mittels einer Funktion $F$ eine gewöhnliche Differentialgleichung $n$-ter Ordnung in der Gestalt*

$$F(x, y, y', y'', \ldots, y^{(n)}) = 0 \tag{1.6}$$

*angegeben werden.*

---

**Zusatz zur Definition 1.1**   Die Funktion $y = y(x)$ heißt *Lösung* der Differentialgleichung (1.6), falls für alle $x \in D$ stets

$$F(x, y(x), y'(x), y''(x), \ldots, y^{(n)}(x)) = 0 \tag{1.7}$$

gilt. Man sagt, in (1.6) liege eine Differentialgleichung in *impliziter* Gestalt vor. Ist eine Auflösung von (1.6) nach $y^{(n)}$ möglich, d. h. kann man

$$y^{(n)} = f(x, y, y', \ldots, y^{(n-1)}) \tag{1.8}$$

schreiben, so sagt man, die Differentialgleichung liege in *expliziter* Gestalt vor.

**Aufgabe 1.1**   Für die Differentialgleichungen (1.1), (1.2), (1.3) und (1.5) beantworte man jeweils die folgenden Fragen a) bis c) und führe d) aus.

  a) Welche Bezeichnung für $y(x)$ aus der Definition 1.1 wird in der Differentialgleichung benutzt?

  b) Welche Ordnung hat die Differentialgleichung?

  c) Ist die Differentialgleichung implizit?

  d) Sollte die Differentialgleichung implizit sein, so versuche man, sie in die explizite Gestalt zu überführen.

Es folgen Beispiele, die auf Abgrenzungen zum Begriff der gewöhnlichen Differentialgleichung hinweisen sollen.

**Beispiel 1.5**    Durch $\dot{x}(t) = x(\tau)$ mit $\tau = t - 1$ wird *keine* gewöhnliche Differentialgleichung für $x = x(t)$ gegeben, weil die Gleichung nicht $\dot{x}$ und $x$ an der *gleichen* Stelle $t$, sondern an den voneinander *verschiedenen* Stellen $t$ und $t - 1$ des Definitionsbereiches von $x = x(t)$ in Beziehung setzt.

**Beispiel 1.6**   Durch $\ddot{x}(t) + \int_a^b f(t,\tau)x(\tau)\mathrm{d}\tau = 0$ wird *keine* gewöhnliche Differentialgleichung für $x = x(t)$ gegeben, obwohl die zweite Ableitung von $x = x(t)$ vorkommt. Diese Gleichung setzt nämlich *nicht* $\ddot{x}$ und $x$ an der Stelle $t$ in Beziehung; es ist jetzt $\ddot{x}$ an der Stelle $t$ gekoppelt mit $x$ an *allen* Stellen $\tau$ des Intervalles $a \le t \le b$. Hier liegt eine sogenannte *Integrodifferentialgleichung* vor.

**Beispiel 1.7**   Es werde eine Funktion $w = w(x,t)$ gesucht, für die

$$(EJw'')'' = -\rho F\ddot{w} \tag{1.9}$$

gilt. Striche bzw. Punkte in (1.9) bedeuten partielle Ableitungen nach $x$ bzw. $t$. Mit (1.9) liegt die Differentialgleichung der *Biegeschwingungen eines Balkens* vor (vgl. Beispiel 2.7). Sie ist *keine gewöhnliche* Differentialgleichung, weil die gesuchte Funktion von *mehr* als einer unabhängigen Veränderlichen - im Beispiel sind es zwei - abhängt. (1.9) ist ein Beispiel für eine *partielle* Differentialgleichung.

Nach Behandlung des folgenden Beispiels werden wir angeregt, den Begriff „Lösung im weiteren Sinn" einzuführen.

**Beispiel 1.8**    Gegeben sei die gewöhnliche Differentialgleichung erster Ordnung

$$\dot{x} = g(t) \tag{1.10}$$

mit

$$g(t) = \left\{ \begin{array}{ll} 1 & \text{für} \quad -\infty < t < 0 \\ t & \text{für} \quad 0 \le t < \infty \end{array} \right. \tag{1.11}$$

(Bild 1.4).

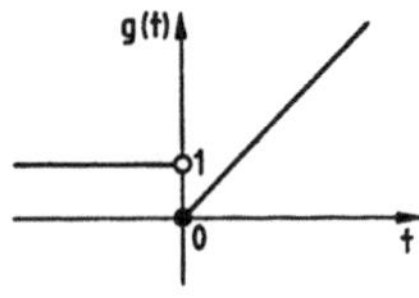


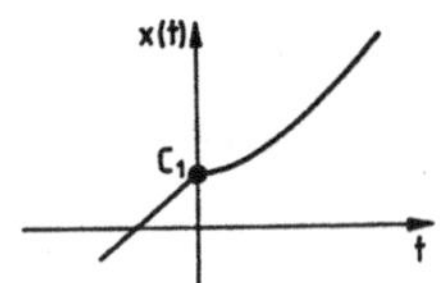


Bild 1.4                    Bild 1.5

Im Intervall $-\infty < t < 0$ hat (1.10), (1.11) die unendlich vielen Lösungen

$$x(t) = t + C_1 \quad (-\infty < t < 0) \tag{1.12}$$

und im Intervall $0 \leq t < +\infty$ die unendlich vielen Lösungen

$$x(t) = \frac{t^2}{2} + C_2 \qquad (0 \leq t < +\infty). \tag{1.13}$$

Wir prüfen, ob die Funktionen (1.12) und (1.13) durch Zusammensetzen Lösungen von (1.10), (1.11) im Intervall $-\infty < t < +\infty$ liefern. Wenn (1.12), (1.13) eine Lösung von (1.10), (1.11) im Intervall $-\infty < t < +\infty$ sein soll, so muß die dadurch gegebene Funktion an der Stelle $t = 0$ differenzierbar und damit stetig sein. Die Forderung der Stetigkeit von (1.12), (1.13) an der Stelle $t = 0$ führt zu

$$C_1 = C_2. \tag{1.14}$$

Jedoch ist die durch (1.12), (1.13), (1.14) gegebene Funktion immer noch keine Lösung von (1.10), (1.11) im Intervall $-\infty < t < +\infty$, da (1.12), (1.13), (1.14) an der Stelle $t = 0$ zwar stetig, aber nicht differenzierbar ist, denn dort ist die linksseitige Ableitung gleich 1 und die rechtsseitige Ableitung gleich null (Bild 1.5). Als Ergebnis haben wir: Die Differentialgleichung (1.10) mit (1.11) hat im Intervall $-\infty < t < +\infty$ *keine* Lösung, obwohl sie in den Intervallen $-\infty < t < 0$ und $0 \leq t < +\infty$ jeweils unendlich viele Lösungen besitzt.

Um in diesem Beispiel und in anderen Fällen nicht auf eine Lösung der Differentialgleichung verzichten zu müssen, formulieren wir die

> **Definition 1.2**  *Bei einer L ö s u n g   i m   w e i t e r e n   S i n n von* (1.6) *wird zugelassen, daß* $y^{(n)}(x)$ *aus* (1.7) *an gewissen Stellen von* $D$ *nicht existiert; es wird jedoch gefordert, daß dort die einseitigen Ableitungen von* $y^{(n-1)}(x)$ *existieren und daß* $y^{(n-1)}(x)$ *überall in* $D$ *stetig ist.*

Wird dieser erweiterte Lösungsbegriff benutzt, so liefert (1.12), (1.13), (1.14) unendlich viele Lösungen von (1.10), (1.11) im Intervall $-\infty < t < +\infty$. An der Stelle $t = 0$ kann $\dot{x}$ nicht gebildet werden, jedoch - hier ist $n = 1$ - die $(n-1)$-te $=$ nullte Ableitung von $x(t)$ (also die Funktion $x(t)$ selbst) ist überall stetig, und an der Stelle $t = 0$ existieren ihre einseitigen Ableitungen.

### 1.1.2  Differentialgleichungssysteme $n$-ter Ordnung

Wir formulieren zunächst zwei Beispiele aus der Technischen Mechanik und der Elektrodynamik.

**Beispiel 1.9**   Gegeben sei ein Balken, d. h. ein Tragwerk, dessen Abmessungen in einer Richtung - hier der waagerecht liegenden nach rechts orientierten $x$-Achse - groß ist im Verhältnis zu den Dimensionen der zur $x$-Achse senkrechten Querschnitte $F = F(x)$. Der Balken sei symmetrisch zu einer die $x$-Achse enthaltenden Ebene $S$; er gehe also bei Spiegelung an $S$ in sich selbst über. Die geometrischen Schwerpunkte aller Querschnitte $F = F(x)$ - sie bilden die *Balkenachse* vor der Belastung - sollen auf der $x$-Achse liegen. In der elementaren Theorie der Balkenbiegung kommt das folgende System von vier Differentialgleichungen für die vier Funktionen $Q = Q(x)$, $M = M(x)$, $R = R(x)$, $w = w(x)$ vor (s. [SZA]):

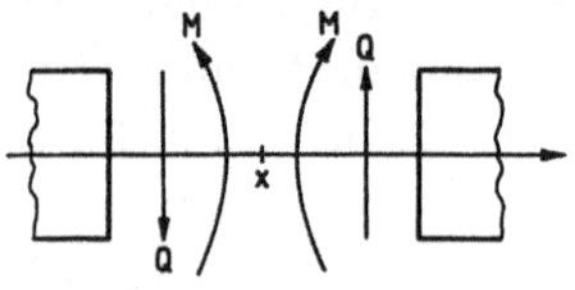

$$Q' \;=\; -p \tag{1.15}$$

$$M' \;=\; Q \tag{1.16}$$

$$EJ\frac{1}{R} \;=\; -M \tag{1.17}$$

$$\frac{1}{R} \;=\; w''. \tag{1.18}$$

Bild 1.6

Die technische Bedeutung von $Q$ (*Querkraftfunktion* [gemessen in Newton: N]) und $M$ (*Biegemomentenfunktion* [Nm]) an der Stelle $x$ kann dem Bild 1.6 entnommen werden. Dort ist (theoretisch) der Balken längs des Querschnittes $F = F(x)$ durchgeschnitten. Die am linken bzw. rechten Teil des Balkens angreifenden mit $Q$ bzw. $M$ angegebenen Kräfte bzw. Momente sorgen dafür, daß durch den Schnitt das Gleichgewicht nicht gestört ist. Die im Bild 1.6 angegebenen Richtungen von $Q$ und Drehrichtungen von $M$ liegen dann vor, wenn $Q > 0$ und $M > 0$ sind. Es beschreibt $w = w(x)$ [m] die *Durchbiegung* der Balkenachse nach (unendlich langsamem) Aufbringen der *Streckenlast* $p = p(x)$ [N/m]. Diese soll in der Ebene $S$ senkrecht zur $x$-Achse wirken. Es sei $p = p(x) > 0$, falls die Last nach unten gerichtet ist, sowie $w > 0$, wenn die Durchbiegung nach unten erfolgt. Hätten wir festgesetzt, daß in diesem Fall $w < 0$ sein soll, so müßte in (1.17) rechts das Minuszeichen gestrichen werden. Die *Biegesteifigkeit EJ* des Balkens wird mit dem *Elastizitätsmodul* $E$ [N/m$^2$] und dem *Flächenträgheitsmoment* $J = J(x)$ [m$^4$] gebildet. Sie werden als gegeben angesehen. Mit $\frac{1}{R}$ wird die *Krümmung* der durch $w = w(x)$ gelieferten Balkenachse nach der Belastung bezeichnet, und $R = R(x)$ ist der Radius des *Krümmungskreises* von $w = w(x)$ an der Stelle $x$. Die aus der ebenen Differentialgeometrie bekannte Formel für die vorzeichenbehaftete Krümmung von $w = w(x)$ lautet $\frac{1}{R} = w''(1 + w'^2)^{-\frac{3}{2}}$. Wegen der Kleinheit von $|w'|$ kann $w'^2$ gegenüber der 1 in dieser Formel vernachlässigt werden. Es ergibt sich (1.18).

**Beispiel 1.10**   Für den unverzweigten Stromkreis (Bild 1.2) mit *Stromstärke* I, *Ohmschem Widerstand* R, Spule mit der *Selbstinduktion* L, Plattenkondensator mit den Ladungen $\pm Q$ $(Q > 0)$ und der *Kapazität* $C$ gilt

$$\dot{W}_m + \dot{W}_e = -RI^2 \tag{1.19}$$
$$\dot{Q} = I. \tag{1.20}$$

Hierbei sind $W_m$ die in der Spule konzentrierte *magnetische Energie*

$$W_m = \frac{L}{2}I^2 \tag{1.21}$$

und $W_e$ die *elektrische Energie*

$$W_e = \frac{1}{2C}Q^2 \tag{1.22}$$

infolge des Plattenkondensators. Mit $RI^2$ wird die im Widerstandskasten entwickelte *Joulesche Wärme* in der Zeiteinheit bezeichnet. Führt man in (1.19) die Differentiation mittels (1.21), (1.22) aus, so erhält man

$$LI\dot{I} + \frac{1}{C}Q\dot{Q} = -RI^2. \tag{1.23}$$

Die Gleichungen (1.20) und (1.23) bilden ein gewöhnliches Differentialgleichungssystem für $I = I(t)$ und $Q = Q(t)$.

Das Wesentliche der Definition für ein gewöhnliches Differentialgleichungssystem von $m$ Differentialgleichungen für $m$ Funktionen ist bereits im Fall $m = 2$ zu erkennen. In Analogie zur Definition 1.1 formulieren wir die

---

**Definition 1.3**    *Unter einem g e w ö h n l i c h e n  D i f f e r e n t i a l g l e i c h u n g s s y s t e m (weitere Sprechweisen sind: gekoppelte Differentialgleichungen, simultane Differentialgleichungen) n - t e r  O r d n u n g für das Funktionenpaar $y_1(x), y_2(x)$ versteht man zwei Gleichungen zwischen der unabhängigen Veränderlichen $x$, den abhängigen Veränderlichen $y_1$ und $y_2$ sowie den Ableitungen $y_1', y_1'', \ldots, y_1^{(n_1)},  y_2', y_2'', \ldots, y_2^{(n_2)}$ mit $n = n_1 + n_2$ für jeden Wert $x$ des gemeinsamen Definitionsbereiches $D$ von $y_1(x)$ und $y_2(x)$. Also kann mittels zweier Funktionen $F_1$ und $F_2$ dieses gewöhnliche Differentialgleichungssystem in der Gestalt*

$$F_1\left(x, y_1, y_1', \ldots, y_1^{(n_1)}, y_2, y_2', \ldots, y_2^{(n_2)}\right) = 0$$
$$F_2\left(x, y_1, y_1', \ldots, y_1^{(n_1)}, y_2, y_2', \ldots, y_2^{(n_2)}\right) = 0 \tag{1.24}$$

*angegeben werden.*

**Zusatz zur Definition 1.3**    Das Funktionenpaar $y_1(x), y_2(x)$ heißt *Lösung* von (1.24) , falls für alle $x \in D$ stets gilt:

$$
\begin{aligned}
F_1\left(x, y_1(x), y_1'(x), \ldots, y_1^{(n_1)}(x), y_2(x), y_2'(x), \ldots, y_2^{(n_2)}(x)\right) &= 0 \\
F_2\left(x, y_1(x), y_1'(x), \ldots, y_1^{(n_1)}(x), y_2(x), y_2'(x), \ldots, y_2^{(n_2)}(x)\right) &= 0.
\end{aligned}
\tag{1.25}
$$

Man sagt, in (1.24) liege ein Differentialgleichungssystem in *impliziter* Gestalt vor. Ist eine Auflösung von (1.24) nach $y_1^{(n_1)}, y_2^{(n_2)}$ möglich, d. h. kann man

$$
\begin{aligned}
y_1^{(n_1)} &= f_1\left(x, y_1, y_1', \ldots, y_1^{(n_1-1)}, y_2, y_2', \ldots, y_2^{(n_2-1)}\right) \\
y_2^{(n_2)} &= f_2\left(x, y_1, y_1', \ldots, y_1^{(n_1-1)}, y_2, y_2', \ldots, y_2^{(n_2-1)}\right)
\end{aligned}
\tag{1.26}
$$

schreiben ($n = n_1 + n_2$), so sagt man, das Differentialgleichungssystem liege in *expliziter* Gestalt vor.

**Bemerkung zur Definition 1.3**    Manche Autoren definieren die Ordnung des Systems in anderer Weise (s. [BHW]).

Das System (1.15) bis (1.18) für $Q(x), M(x), R(x), w(x)$ ist bezüglich $Q$ von erster, bezüglich $M$ von erster, bezüglich $R$ von nullter und bezüglich $w$ von zweiter Ordnung, insgesamt hat es also die Ordnung 4.

Das System (1.20), (1.23) für $Q(t), I(t)$ ist bezüglich $Q$ von erster, bezüglich $I$ von erster, insgesamt also von zweiter Ordnung.

Man kann Differentialgleichungen $n$-ter Ordnung und Differentialgleichungssysteme $n$-ter Ordnung in äquivalente Systeme umformen, die nur Ableitungen *erster* Ordnung enthalten. Andererseits kann man Systeme $n$-ter Ordnung in eine *einzige* Differentialgleichung $n$-ter Ordnung überführen. Genauer gelten die folgenden beiden Sätze:

> **Satz 1.1**    *Jedes gewöhnliche Differentialgleichungssystem $n$-ter Ordnung von $m$ Differentialgleichungen für $m$ Funktionen kann in ein äquivalentes Differentialgleichungssystem $n$-ter Ordnung von $n$ Differentialgleichungen für $n$ gesuchte Funktionen überführt werden, wobei von den gesuchten Funktionen nur Ableitungen erster Ordnung auftreten.*

Das Wesentliche des Beweises von Satz 1.1 erkennt man am

**Beispiel 1.11**    Gegeben sei das gewöhnliche Differentialgleichungssystem 6ter Ordnung von drei Differentialgleichungen für die drei gesuchten Funktionen

$y_1(x), y_2(x), y_3(x):$

$$\begin{aligned}
y_1''' &= f_1(x, y_1, y_1', y_1'', y_2, y_2', y_3) \\
y_2'' &= f_2(x, y_1, y_1', y_1'', y_2, y_2', y_3) \\
y_3' &= f_3(x, y_1, y_1', y_1'', y_2, y_2', y_3).
\end{aligned} \tag{1.27}$$

Führt man für $y_1(x), y_1'(x), y_1''(x), y_2(x), y_2'(x), y_3(x)$ der Reihe nach die Funktion $z_1(x), z_2(x), \ldots, z_6(x)$ ein, so ergibt sich das zu (1.27) äquivalente Differentialgleichungssystem 6ter Ordnung für die Funktionen $z_1(x), \ldots, z_6(x):$

$$\begin{aligned}
z_1' &= z_2 \\
z_2' &= z_3 \\
z_3' &= f_1(x, z_1, z_2, z_3, z_4, z_5, z_6) \\
z_4' &= z_5 \\
z_5' &= f_2(x, z_1, z_2, z_3, z_4, z_5, z_6) \\
z_6' &= f_3(x, z_1, z_2, z_3, z_4, z_5, z_6).
\end{aligned} \tag{1.28}$$

**Beispiel 1.12**  Es liege die Differentialgleichung zweiter Ordnung

$$y'' = f(x, y, y') \tag{1.29}$$

vor. Mit $y' = z$ ist sie äquivalent zum System

$$\begin{aligned}
y' &= z \\
z' &= f(x, y, z).
\end{aligned} \tag{1.30}$$

---

**Satz 1.2**  *Aus dem Differentialgleichungssystem n-ter Ordnung für die n Funktionen $y_1(x), \ldots, y_n(x)$*

$$y_\nu' = f_\nu(x, y_1, \ldots, y_n) \quad (\nu = 1, \ldots, n) \tag{1.31}$$

*kann - unter einer gewissen Voraussetzung - eine Differentialgleichung n-ter Ordnung für $y_1$ hergestellt werden.*

---

Sollte diese Voraussetzung nicht erfüllt sein, so wird man eine Differentialgleichung $n$-ter Ordnung für $y_2$ oder $y_3 \ldots$ oder $y_n$ herstellen, falls dazu die Voraussetzung erfüllt ist.

Das Wesentliche des Beweises und insbesondere die erwähnte Voraussetzung werden bereits im Fall $n = 3$ sichtbar:

$$\begin{aligned}
y_1' &= f_1(x, y_1, y_2, y_3) \\
y_2' &= f_2(x, y_1, y_2, y_3) \\
y_3' &= f_3(x, y_1, y_2, y_3).
\end{aligned} \tag{1.32}$$

Zur Herstellung der Differentialgleichung $n$-ter = dritter Ordnung für $y_1$ denke man sich eine Lösung $(y_1, y_2, y_3)$ in (1.32) eingesetzt. Danach differenziere man die erste Gleichung aus (1.32) $(n-1)$ mal = zweimal nach $x$, wobei beim Auftreten von $y_1', y_2', y_3'$ der Reihe nach $f_1(x, y_1, y_2, y_3)$, $f_2(x, y_1, y_2, y_3)$, $f_3(x, y_1, y_2, y_3)$ einzusetzen ist. Die Rechnung ergibt, wobei wir die erste Gleichung aus (1.32) nochmals hinschreiben:

$$y_1' \;=\; f_1(x, y_1, y_2, y_3) \tag{1.33}$$

$$y_1'' \;=\; g(x, y_1, y_2, y_3) \tag{1.34}$$

mit $g(x, y_1, y_2, y_3) = \frac{\partial f_1}{\partial x} + \sum_{k=1}^{3} \frac{\partial f_1}{\partial y_k} y_k'$, wobei für $y_k'$ noch $f_k(x, y_1, y_2, y_3)$ einzusetzen ist. Weiter gilt:

$$y_1''' = h(x, y_1, y_2, y_3) \tag{1.35}$$

mit $h(x, y_1, y_2, y_3) = \frac{\partial g}{\partial x} + \sum_{k=1}^{3} \frac{\partial g}{\partial y_k} f_k$. Nun nennen wir die im Satz 1.2 angekündigte Voraussetzung im jetzigen Fall $n = 3$ :

$$\textit{Das System der } (n-1) = 2 \textit{ Gleichungen (1.33), (1.34) sei nach} \atop \textit{$y_2, y_3$ eindeutig auflösbar.} \tag{1.36}$$

Das Ergebnis der Auflösung heiße

$$\begin{aligned} y_2 &= \varphi_2(x, y_1, y_1', y_1'') \\ y_3 &= \varphi_3(x, y_1, y_1', y_1''). \end{aligned} \tag{1.37}$$

Schließlich setzt man (1.37) in (1.35) ein und erhält die Differentialgleichung dritter Ordnung für $y_1$ :

$$y_1''' = h(x, y_1, \varphi_2(x, y_1, y_1', y_1''), \varphi_3(x, y_1, y_1', y_1'')). \tag{1.38}$$

Hat man (1.38) gelöst, so setze man die nunmehr bekannte Funktion $y_1(x)$ in (1.37) ein. Es ergeben sich $y_2(x)$ und $y_3(x)$.

Zur Illustration behandeln wir das Differentialgleichungssystem (1.15) bis (1.18), das zunächst als System vierter Ordnung für $w(x), z(x) (= w'(x)), M(x), Q(x)$ geschrieben werden soll:

$$w' = z; \; z' = -\frac{1}{EJ}M; \; M' = Q; Q' = -p. \tag{1.39}$$

Wir wollen eine Differentialgleichung vierter Ordnung für $w(x)$ herstellen. Hierzu wird gemäß dem Beweis von Satz 1.2 die erste Gleichung aus (1.39)

$(n-1) = 3$ mal differenziert. Es ergibt sich:

$$w' = z; w'' = z' = -\frac{1}{EJ}M; w''' = -\frac{M'EJ - M(EJ)'}{(EJ)^2} \text{ mit } M' = Q, \text{ d. h.}$$

$$w''' = -\frac{1}{EJ}Q + \frac{(EJ)'}{(EJ)^2}M \tag{1.40}$$

und

$$w^{(4)} = -\frac{Q'EJ - Q(EJ)'}{(EJ)^2} + \frac{[(EJ)''M + (EJ)'Q](EJ)^2 - (EJ)'M((EJ)^2)'}{(EJ)^4}$$

mit $Q' = -p$, also

$$w^{(4)} = \frac{p}{EJ} + \frac{2(EJ)'Q + (EJ)''M}{(EJ)^2} - \frac{2((EJ)')^2}{(EJ)^3}M. \tag{1.41}$$

Auflösen von (1.40) nach $z, M, Q$ ergibt:

$$z = w'; \quad M = -EJw''; \quad Q = -EJw''' - (EJ)'w''. \tag{1.42}$$

Wird (1.42) in (1.41) eingesetzt, so erhält man die Differentialgleichung vierter Ordnung für $w(x)$ :

$$w^{(4)} = \frac{p}{EJ} - \frac{2(EJ)'}{EJ}w''' - \frac{(EJ)''}{EJ}w''. \tag{1.43}$$

Überzeugen Sie sich, daß (1.43) auch durch

$$(EJw'')'' = p \tag{1.44}$$

angegeben werden kann!

**Aufgabe 1.2**  Das Differentialgleichungssystem (1.20), (1.23) forme man in ein explizites Differentialgleichungssystem für $Q(t)$, $I(t)$ um und leite eine einzige Differentialgleichung für $Q(t)$ und ebenso für $I(t)$ her.

Wir zeigen schließlich, wie das Differentialgleichungssystem (1.31) in Matrixgestalt geschrieben werden kann. Hierzu führt man die einspaltigen Matrizen (Spaltenvektoren)

$$\mathbf{y}(x) = \begin{pmatrix} y_1(x) \\ \vdots \\ y_n(x) \end{pmatrix}, \; \mathbf{y}'(x) = \begin{pmatrix} y_1'(x) \\ \vdots \\ y_n'(x) \end{pmatrix}, \; \mathbf{f}(x,\mathbf{y}) = \begin{pmatrix} f_1(x, y_1, \ldots, y_n) \\ \vdots \\ f_n(x, y_1, \ldots, y_n) \end{pmatrix} \tag{1.45}$$

ein. Es ergibt sich somit für (1.31)

$$\mathbf{y}' = \mathbf{f}(x, \mathbf{y}). \tag{1.46}$$

### 1.1.3   Lineare Differentialgleichungen und lineare Systeme

Lineare Differentialgleichungen haben Sie bereits kennengelernt, so (1.1), (1.2), (1.10) und (1.43). Ein lineares Differentialgleichungssystem finden Sie in (1.39). Allgemein formulieren wir die

---

**Definition 1.4**   *Unter einer g e w ö h n l i c h e n   l i n e a r e n   D i f - f e r e n t i a l g l e i c h u n g   n - t e r   O r d n u n g  für eine Funktion $y = y(x)$ versteht man eine Gleichung*

$$a_n(x)y^{(n)} + a_{n-1}(x)y^{(n-1)} + \ldots + a_1(x)y' + a_0(x)y = g(x), \qquad (1.47)$$

*kurz*

$$\sum_{\nu=0}^{n} a_\nu(x)y^{(\nu)} = g(x), \qquad (1.48)$$

*mit*

$$a_n(x) \not\equiv 0 \qquad (x \in D) \qquad (1.49)$$

*(in Worten: in D ist $a_n(x)$ nicht überall gleich null), wobei D der gemeinsame Definitionsbereich der bekannten K o e f f i z i e n t e n f u n k t i o - n e n  $a_n(x)$, $a_{n-1}(x), \ldots, a_1(x), a_0(x)$ und des bekannten S t ö r g l i e d e s $g(x)$ ist.*

---

**Zusatz zur Definition 1.4**   Die Differentialgleichung (1.47) heißt

$$\begin{aligned} &inhomogen, && \text{falls} \quad g(x) \not\equiv 0 \quad (x \in D), && (1.50)\\ &homogen, && \text{falls} \quad g(x) \equiv 0 \quad (x \in D) && (1.51)\end{aligned}$$

gilt. Wird die Bedingung (1.49) zu

$$a_n(x) \neq 0 \qquad (x \in D) \qquad (1.52)$$

(in Worten: $a_n(x)$ ist für jeden Wert $x \in D$ verschieden von null) verschärft, so kann (1.47) in die *explizite* lineare Differentialgleichung

$$y^{(n)}(x) = -\sum_{\nu=0}^{n-1} \frac{a_\nu(x)}{a_n(x)}y^{(\nu)} + \frac{g(x)}{a_n(x)} \qquad (1.53)$$

umgeformt werden. Es ist üblich, bereits dann von einer expliziten linearen Differentialgleichung zu sprechen, wenn (1.53) in der Gestalt (1.48), (1.52) angegeben wird.

**Aufgabe 1.3**   Wie lauten die Koeffizientenfunktionen und das Störglied in der Differentialgleichung (1.44)?

Die Lösungsstruktur von linearen Gleichungssystemen (s. [MSV]) liegt auch hier vor.

---

**Satz 1.3**   *Die allgemeine Lösung (d. h. die Gesamtheit aller Lösungen) $y_h(x)$ der expliziten linearen homogenen Differentialgleichung $n$-ter Ordnung*

$$\sum_{\nu=0}^{n} a_\nu(x)y^{(\nu)} = 0, \quad a_n(x) \neq 0 \quad (x \in D), \tag{1.54}$$

*mit in $D$ stetigen $a_\nu(\nu = 0,\ldots,n)$ kann in der folgenden Gestalt angegeben werden:*

$$y_h(x) = C_1 y_{h1}(x) + \ldots + C_n y_{hn}(x). \tag{1.55}$$

---

**Zusatz zu Satz 1.3**   In (1.55) heißt

$$y_{h1}(x), \quad y_{h2}(x),\ldots,y_{hn}(x) \tag{1.56}$$

eine *Basis (Fundamentalsystem)* der allgemeinen Lösung, und $C_1,\ldots,C_n$ sind beliebige Konstanten, auch *Integrationskonstanten* genannt.

Die Lösungen $y_{h1}(x),\ldots,y_{hn}(x)$ bilden genau dann eine Basis, wenn die aus ihnen gebildete *Wronskische Determinante*

$$W = \begin{vmatrix} y_{h1}(x) & y_{h2}(x) & \cdots & y_{hn}(x) \\ y'_{h1}(x) & y'_{h2}(x) & \cdots & y'_{hn}(x) \\ \vdots & \vdots & \vdots & \vdots \\ y_{h1}^{(n-1)}(x) & y_{h2}^{(n-1)}(x) & \cdots & y_{hn}^{(n-1)}(x) \end{vmatrix} \tag{1.57}$$

in $D$ überall ungleich null ist.

**Bemerkung zu Satz 1.3**   Nimmt man in der Theorie der $n$-dimensionalen linearen (Vektor-) Räume (s. [MSV]) Funktionen als Elemente, so ergibt sich die Theorie der *$n$-dimensionalen linearen Funktionen-Räume*. Einen solchen Raum bilden die Lösungen von (1.54).

**Aufgabe 1.4**   Man zeige, daß die Differentialgleichung (1.1) im Fall $\alpha = 0$ eine Basis der Gestalt $\cos(\omega t)$, $\sin(\omega t)$ mit $\omega > 0$ besitzt. Welchen Wert hat $\omega$?

---

**Satz 1.4**  *Die a l l g e m e i n e   L ö s u n g  $y(x)$ der expliziten  l i n e a r e n  i n h o m o g e n e n  Differentialgleichung*

$$\sum_{\nu=0}^{n} a_\nu(x) y^{(\nu)} = g(x), \quad a_n(x) \neq 0 \quad (x \in D), \tag{1.58}$$

*mit in $D$ stetigen $a_\nu (\nu = 0, \ldots, n)$ und $g$ ist gleich einer  p a r t i k u - l ä r e n  ( s p e z i e l l e n )  Lösung $y = y_p(x)$ der inhomogenen Differential- gleichung (1.58) plus der  a l l g e m e i n e n   L ö s u n g  $y_h(x)$ der zugehöri- gen  h o m o g e n e n   D i f f e r e n t i a l g l e i c h u n g  (1.54), also*

$$y(x) = y_p(x) + y_h(x). \tag{1.59}$$

*Ist $g(x)$ nur stückweise stetig, so ist $y_p(x)$ gemäß Definition 1.2 eine Lösung im weiteren Sinn.*

---

**Bemerkung zu Satz 1.4**  Kürzt man die linke Seite von (1.58) durch $L(y)$ ab, so ist $L$ ein *linearer (Differential-) Operator*, d. h., für beliebige $n$-mal differenzierbare Funktionen $y_1(x), y_2(x)$ und beliebige Konstanten $C_1, C_2$ gilt $L(C_1 y_1 + C_2 y_2) = C_1 L(y_1) + C_2 L(y_2)$.

**Aufgabe 1.5**  Man bestimme die allgemeine Lösung von (1.44), falls sowohl $EJ$ als auch $p$ konstante Funktionen sind, zeige, daß sie die Gestalt (1.59), (1.55) besitzt, und berechne die zugehörige Wronskische Determinante.

Mit der Definition 1.4 wird man in naheliegender Weise zur Definition von ex- pliziten linearen Differentialgleichungssystemen geführt. Wegen Satz 1.1 genügt es, von einer expliziten linearen Differentialgleichung erster Ordnung auszuge- hen. Sie lautet mit einer naheliegenden Bezeichnungsänderung

$$a(x)y' + b(x)y = g(x), \qquad a(x) \neq 0 \quad (x \in D). \tag{1.60}$$

Als Vorbereitung für die Definition 1.5 werden in (1.60) die folgenden Schritte a) bis d) durchgeführt:

a) Man ersetzt $y(x), y'(x), g(x)$ durch die folgenden einspaltigen Matrizen (Spaltenvektoren):

$$\mathbf{y}(x) = \begin{pmatrix} y_1(x) \\ \vdots \\ y_n(x) \end{pmatrix}, \mathbf{y}'(x) = \begin{pmatrix} y_1'(x) \\ \vdots \\ y_n'(x) \end{pmatrix}, \mathbf{g}(x) = \begin{pmatrix} g_1(x) \\ \vdots \\ g_n(x) \end{pmatrix}. \tag{1.61}$$

b) Man ersetzt $a(x), b(x)$ durch quadratische Matrizen mit $n$ Zeilen und $n$ Spalten, wobei die Elemente im allgemeinen Funktionen von $x$ sind:

$$\mathbf{A}(x) = \begin{pmatrix} a_{11} & \cdots & a_{1n} \\ \vdots & & \vdots \\ a_{n1} & \cdots & a_{nn} \end{pmatrix}, \quad \mathbf{B}(x) = \begin{pmatrix} b_{11} & \cdots & b_{1n} \\ \vdots & & \vdots \\ b_{n1} & \cdots & b_{nn} \end{pmatrix}. \tag{1.62}$$

c) Die wegen a) und b) entstehenden Produkte zwischen (1.61) und (1.62) sind im Sinne der Matrixmultiplikation aufzufassen.

d) In (1.60) wird $a(x) \neq 0$ durch det $\mathbf{A}(x) \neq 0$ ersetzt.

Damit formulieren wir die

---

**Definition 1.5**    *Ein explizites gewöhnliches l i n e a r e s Differentialgleichungssystem von $n$ Gleichungen je erster Ordnung für das $n$-tupel $(y_1(x), \ldots, y_n(x))$ wird in Matrixschreibweise durch*

$$\mathbf{A}(x)\mathbf{y}' + \mathbf{B}(x)\mathbf{y} = \mathbf{g}(x), \quad \det \mathbf{A}(x) \neq 0 \tag{1.63}$$

*gegeben, wobei $\mathbf{y}, \mathbf{y}', \mathbf{g}, \mathbf{A}, \mathbf{B}$ den Gleichungen (1.61) und (1.62) zu entnehmen sind.*

---

**Beispiel 1.13**    Das Differentialgleichungssystem (1.39) kann in der Gestalt (1.63) geschrieben werden mit

$$\mathbf{y} = \begin{pmatrix} w \\ z \\ M \\ Q \end{pmatrix}, \mathbf{A} = \begin{pmatrix} 1 & 0 & 0 & 0 \\ 0 & 1 & 0 & 0 \\ 0 & 0 & 1 & 0 \\ 0 & 0 & 0 & 1 \end{pmatrix}, \mathbf{B} = \begin{pmatrix} 0 & -1 & 0 & 0 \\ 0 & 0 & 1/EJ & 0 \\ 0 & 0 & 0 & -1 \\ 0 & 0 & 0 & 0 \end{pmatrix}, \mathbf{g} = \begin{pmatrix} 0 \\ 0 \\ 0 \\ -p \end{pmatrix}. \tag{1.64}$$

Die Sätze 1.3 und 1.4 sind übertragbar. Wir notieren den

---

**Satz 1.5**    *Die allgemeine Lösung von (1.63) mit stetigen $a_{\nu\mu}, b_{\nu\mu}$ und $g_\nu$   $(\nu = 1, \ldots, n; \mu = 1, \ldots, n)$ ist*

$$\mathbf{y}(x) = \mathbf{y}_p(x) + \mathbf{y}_h(x) \tag{1.65}$$

*mit*

$$\mathbf{y}_h(x) = C_1 \mathbf{y}_{h1}(x) + \ldots + C_n \mathbf{y}_{hn}(x). \tag{1.66}$$

*Die Spalten der von null verschiedenen Wronskischen Determinante (1.57) werden jetzt von $\mathbf{y}_{h1}, \ldots, \mathbf{y}_{hn}$ gebildet.*

---

## 1.2   Besondere Aufgabenstellungen

Wir haben gesehen, daß Differentialgleichungen und Differentialgleichungssysteme unendlich viele Lösungen haben. In der Praxis interessiert man sich jedoch weniger für alle Lösungen; vielmehr stellt man Zusatzbedingungen, die nur von einem Teil der Lösungsgesamtheit - oft nur von einer einzigen Lösung - erfüllt werden. In der Regel ist die Anzahl der Zusatzbedingungen gleich der Ordnung (manchmal auch kleiner als die Ordnung) der Differentialgleichung oder des Differentialgleichungssystems.

### 1.2.1   Anfangswertaufgaben

Gibt man in der Differentialgleichung zweiter Ordnung (1.1) als Zusatzbedingungen die Anfangslage und die Anfangsgeschwindigkeit vor, d. h. fordert man, daß die Lösungsfunktion $x(t)$ zum gegebenen Zeitpunkt $t_0$ einen vorgeschriebenen Wert $x_0$ und ihre Ableitung ebenfalls einen vorgeschriebenen Wert $\dot{x}_0$ hat,

$$x(t_0) = x_0 \tag{1.67}$$

$$\dot{x}(t_0) = \dot{x}_0 \quad (\dot{x}(t_0) \quad \text{bedeutet} \quad \dot{x}(t)|_{t=t_0}), \tag{1.68}$$

so gibt es, wie man zeigen kann, nur eine einzige Lösung von (1.1), die auch (1.67), (1.68) erfüllt.

---

**Definition 1.6**    *Wenn man beim Vorliegen einer gewöhnlichen Differentialgleichung oder bei einem gewöhnlichen Differentialgleichungssystem Zusatzbedingungen für eine e i n z i g e Stelle des Definitionsbereiches der Lösungen stellt, so spricht man von A n f a n g s b e d i n g u n g e n . Eine Differentialgleichung oder ein System mit Anfangsbedingungen bildet eine A n f a n g s w e r t a u f g a b e .*

---

**Aufgabe 1.6**   Man löse die Anfangswertaufgabe für die Funktion $y = y(x)$, bestehend aus der Differentialgleichung $y' = \cos((\pi/2)x)$ und der Anfangsbedingung $y(-1) = 3$.

**Aufgabe 1.7**   Mit dem Ergebnis von Aufgabe 1.4 bestimme man die Lösung der Anfangswertaufgabe, bestehend aus der Differentialgleichung (1.1) im Fall $\alpha = 0$ und den Anfangsbedingungen (1.67) und (1.68).

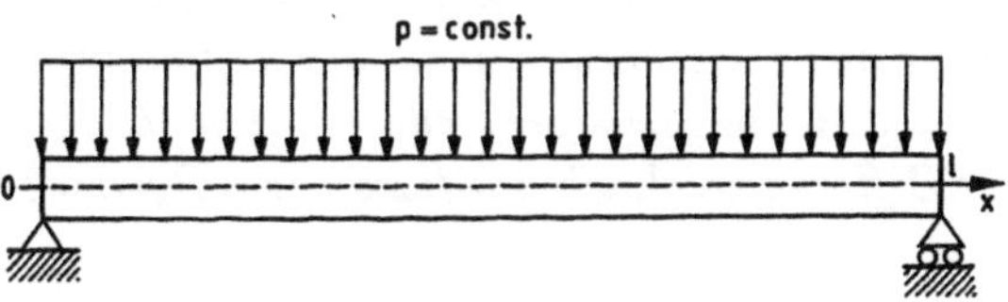


Bild 1.7

## 1.2.2   Randwertaufgaben

> **Definition 1.7**   *Werden im Gegensatz zur Definition 1.6 Zusatzbedingungen an m e h r e r e n Stellen des Definitionsintervalles der Lösungen gestellt, so spricht man von R a n d b e d i n g u n g e n. Eine Differentialgleichung oder ein System mit Randbedingungen heißt R a n d w e r t a u f g a b e.*

**Aufgabe 1.8**   Gegeben sei (gemäß Beispiel 1.9) ein beiderseitig gelenkig gelagerter Balken (Bild 1.7) mit konstanter Biegesteifigkeit $EJ$ und konstanter Linienlast $p(x) = $ const. Hier liegen also die Randbedingungen

$$w(0) = 0, \quad w(l) = 0, \quad M(0) = 0, \quad M(l) = 0 \tag{1.69}$$

vor. Sie bilden zusammen mit dem Differentialgleichungssystem (1.15) bis (1.18) eine Randwertaufgabe. Welche Randbedingungen ergeben sich gemäß (1.42) , wenn man eine äquivalente Aufgabe mit der Differentialgleichung (1.44) herstellen will?
Man löse mit Hilfe des Ergebnisses von Aufgabe 1.5 die erhaltene Randwertaufgabe für $w(x)$. Mit $l = 3$ m, $p = 1500$ N/m, $E = 10^{10}$ N/m$^2$, $J = 6 \cdot 10^{-6}$ m$^4$ berechne man schließlich den Maximalwert von $(w')^2$ und prüfe damit die im Beispiel 1.9 erfolgte Vernachlässigung dieses Wertes gegenüber 1.

**Aufgabe 1.9**   Man behandle Aufgabe 1.8 für den Fall, daß anstatt der beiderseitig gelenkigen Lagerung jetzt eine beiderseitige Einspannung vorliegt, also die Randbedingungen

$$w(0) = 0, \quad w(l) = 0, \quad w'(0) = 0, \quad w'(l) = 0 \tag{1.70}$$

gelten. Welche Kräfte (deren Richtungen angegeben!) und Momente (deren Drehsinn bestimmen!) bewahren an den Stellen $x = 0$ und $x = l$ das Gleichgewicht, wenn man in Gedanken die Einspannung entfernt?

## 1.2.3   Eigenwertaufgaben

---

**Definition 1.8**   *Eine E i g e n w e r t a u f g a b e ist eine Randwertaufgabe mit folgenden Eigenschaften (s. [CO2]):*

a) *Eine Konstante $\lambda$ (E i g e n w e r t p a r a m e t e r genannt), deren Werte einer Menge von reellen Zahlen oder auch komplexen Zahlen zu entnehmen sind, tritt entweder in der Differentialgleichung (bzw. dem Differentialgleichungssystem) oder in den Randbedingungen oder sowohl in der Differentialgleichung (bzw. dem System) als auch in den Randbedingungen auf.*

b) *Für j e d e n möglichen Wert $\lambda$ aus a) hat die Randwertaufgabe m i n d e s t e n s die Lösung*

$$y(x) \equiv 0 \quad (\text{bzw. } y_1(x) \equiv 0, \ldots, y_m(x) \equiv 0), \qquad (1.71)$$

*sie heißt t r i v i a l e   L ö s u n g .*

*Alle diejenigen Werte $\lambda$, für die es darüberhinaus n i c h t t r i v i a l e Lösungen gibt, heißen E i g e n w e r t e. Die zugehörigen (nichttrivialen) Lösungen der Randwertaufgabe heißen E i g e n l ö s u n g e n .*

---

**Beispiel 1.14**   Ein Balken gemäß Beispiel 1.9 werde jetzt nicht durch eine Streckenlast $p$ belastet, sondern durch eine an der Stelle $x = 0$ angreifende Einzelkraft $F > 0$, die (waagerecht) nach rechts gerichtet ist.  An der Stelle $x = l$ sei der Balken eingespannt und an der Stelle $x = 0$ durch eine Feder gestützt (Bild 1.8). Da ein *Stabilitätsproblem* (s. [BST]) vorliegt, d. h. bei lang-

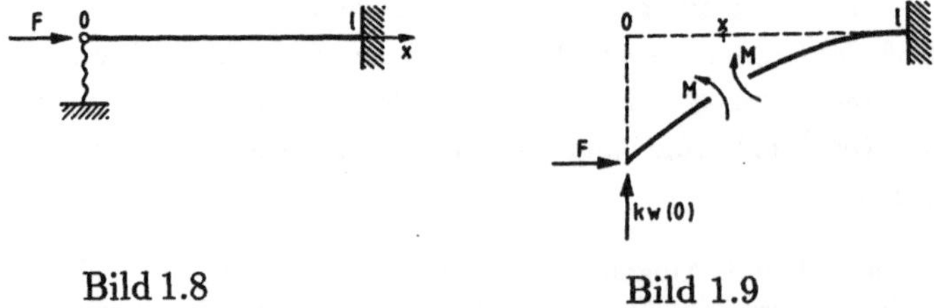



Bild 1.8        Bild 1.9

samem Anwachsen von $F$ knickt bei einer kritischen Last der Balken plötzlich aus, müssen die Gleichgewichtsbedingungen am *verformten* Balken aufgestellt werden. Die Zusammendrückung des Balkens ist hierbei vernachlässigbar. Bild 1.6 gilt auch hier.  Die Querkraft $Q(x)$ steht jetzt senkrecht zur *verformten* Balkenachse. Aus Bild 1.9 liest man - bei Beachtung der Definition von $M$ im

Beispiel 1.9 -

$$M(x) = -(w(0) - w(x))F + kw(0)x \qquad (1.72)$$

ab. Hierbei ist $k$   ($k > 0$) die Federkonstante. Analog zu Beispiel 1.1 ist jetzt die rücktreibende Federkraft $kw(0)$ nach oben gerichtet, falls $w(0) > 0$ ist und gemäß den Festsetzungen im Beispiel 1.9 eine Durchbiegung nach unten darstellt. Gleichung (1.17) gilt auch hier. Sie führt mit (1.72) und (1.18) zunächst zu

$$EJw'' - (w(0) - w(x))F + kw(0)x = 0. \qquad (1.73)$$

Die noch unbekannte Konstante $w(0)$ wird in (1.73) durch zweimalige Differentiation von (1.73) beseitigt. Es entsteht für $w(x)$ die gewöhnliche Differentialgleichung vierter Ordnung

$$(EJw'')'' + Fw'' = 0. \qquad (1.74)$$

Die Einspannung an der Stelle $x = l$ führt zu den Randbedingungen

$$w(l) = 0, \quad w'(l) = 0. \qquad (1.75)$$

Nimmt man in Gedanken an der Stelle $x = 0$ die Feder und die Kraft $F$ weg, so tritt an deren Stelle - neben den (uninteressanten) Komponenten von $F$ und $kw(0)$, die eine (hier vernachlässigbare) Zusammendrückung des Balkens bewirken - die Kraft $Q(0)$. Sie ergibt sich aus (1.72) wegen (1.16) zu

$$Q(0) = w'(0)F + kw(0). \qquad (1.76)$$

Mit (1.16), (1.17), (1.18) erhält man $Q(0) = -[(EJw'')']_{x=0}$. Hiermit führt (1.76) zur Randbedingung

$$kw(0) + w'(0)F + [(EJw'')']_{x=0} = 0. \qquad (1.77)$$

Aus (1.72) liest man $M(0) = 0$ ab und erhält somit die weitere Randbedingung

$$w''(0) = 0. \qquad (1.78)$$

Die Differentialgleichung (1.74) liefert zusammen mit den Randbedingungen (1.75), (1.77), (1.78) eine Eigenwertaufgabe. Als Eigenwertparameter kann man $F$ nehmen. Wenn $EJ$ konstant ist, nimmt man gern den Eigenwertparameter

$$\lambda = \frac{F}{EJ} \qquad (1.79)$$

und erhält dann die Eigenwertaufgabe in Gestalt der Differentialgleichung

$$w'''' + \lambda w'' = 0, \qquad (1.80)$$

den Randbedingungen (1.75), (1.78) und

$$\frac{k}{EJ}w(0) + \lambda w'(0) + w'''(0) = 0. \qquad (1.81)$$

## 1.3   Ziel weiterer Untersuchungen

Es gibt bei den gewöhnlichen Differentialgleichungen und Differentialgleichungssystemen Klassen von Aufgaben, deren Lösungen durch elementare Funktionen darstellbar sind. Die Entwicklung solcher Klassen und die Angabe des Lösungsweges ist ein *erstes Ziel* der weiteren Untersuchungen. So behandeln wir zunächst in den Abschnitten 2 und 3 lineare Differentialgleichungen und lineare Differentialgleichungssysteme jeweils mit *konstanten* Koeffizienten. Im Abschnitt 4 werden lineare Differentialgleichungen mit *speziellen variablen* Koeffizienten, die sogenannten Eulerschen Differentialgleichungen, untersucht. Im Abschnitt 5 beschäftigen wir uns mit im allgemeinen *nichtlinearen* Differentialgleichungen erster und zweiter Ordnung, deren Lösungen (oder deren Umkehrfunktionen) durch elementare Funktionen oder wenigstens durch Integrale über elementare Funktionen darstellbar sind.

So wichtig und nützlich diese Methoden auch sind, so muß doch gesagt werden, daß formelmäßiges Lösen einer Differentialgleichung geradezu als Ausnahme anzusehen ist. So sind beispielsweise die Lösungen einer so einfachen Differentialgleichung wie $y' = x^2 + y^2$ nachweisbar *nicht* durch elementare Funktionen und auch nicht durch Integrale über elementare Funktionen darstellbar. Man ist dann im allgemeinen auf numerische Verfahren angewiesen. Ein *zweites Ziel* ist daher, im Abschnitt 6 das Verfahren von Runge-Kutta anzugeben.

Nach dem Studium der Grundlagen der Theorie der Differentialgleichungen in den Abschnitten 1 bis 6 ist unser *drittes Ziel*, in den Abschnitten 7, 8 und 9 Untersuchungen durchzuführen, die mit einigen Ergebnissen der weiteren Theorie der gewöhnlichen Differentialgleichungen bekannt machen. Dabei handelt es sich um Potenzreihenansätze und verallgemeinerte Potenzreihenansätze zur Lösung von gewöhnlichen Differentialgleichungen, um eine Einführung in die Theorie der Rand- und Eigenwertaufgaben und um einen Blick auf dynamische Systeme.

# 2 Lineare Differentialgleichungen mit konstanten Koeffizienten

Angeregt durch die Sätze 1.3 und 1.4 beschäftigen wir uns zunächst im Abschnitt 2.1 mit einer Basis der zugehörigen homogenen Differentialgleichung. Es zeigt sich, daß ein Exponentialansatz zum Ziel führt. Im Abschnitt 2.2 werden solche Störglieder betrachtet, die spezielle Ansätze zur Bestimmung von partikulären Lösungen der inhomogenen Differentialgleichung erlauben.

## 2.1 Lineare homogene Differentialgleichungen

Im Mittelpunkt der Untersuchungen im Abschnitt 2.1.1 steht der Exponentialansatz $e^{\lambda x}$. Um Umständlichkeiten zu vermeiden, lassen wir auch komplexe $\lambda$-Werte zu. Im Abschnitt 2.1.2 wird gezeigt, wie gegebenenfalls der Übergang von einer komplexen zu einer reellen Basis erfolgen kann. Als weitere Anwendung folgen im Abschnitt 2.1.3 Eigenwertaufgaben.

### 2.1.1 Der Exponentialansatz

Gegeben sei für die gesuchte Funktion $y_h(x)$ die gewöhnliche lineare homogene Differentialgleichung $n$-ter Ordnung

$$a_n y_h^{(n)} + a_{n-1} y_h^{(n-1)} + \ldots + a_1 y_h' + a_0 y_h = 0, \quad a_n \neq 0, \tag{2.1}$$

kurz

$$\sum_{\nu=0}^{n} a_\nu y_h^{(\nu)} = 0, \quad a_n \neq 0, \tag{2.2}$$

wobei die Koeffizienten $a_n, a_{n-1}, \ldots, a_1, a_0$ als *konstant* vorausgesetzt werden. Die Lösungstheorie wird besonders übersichtlich, wenn man sich entschließt, zunächst alle Lösungen $y_h(x)$ zu suchen, die auch *komplexe* Funktionen der reellen unabhängigen Veränderlichen $x$ sein können. In der Regel werden die Koeffizienten zwar reell sein, die Untersuchungen sind aber auch dann gültig, wenn die Koeffizienten komplexe Zahlen sind. Gemäß Satz 1.3 genügt es, eine Basis zu ermitteln.

Die Lösungstheorie beginnt mit dem Ansatz

$$y_h(x) = e^{\lambda x}. \tag{2.3}$$

Die eventuell komplexe Konstante $\lambda$ soll so bestimmt werden, daß (2.3) die Differentialgleichung (2.1) löst. Einsetzen von (2.3) in (2.1) [$(e^{\lambda x})' = \lambda e^{\lambda x}$ gilt auch, wenn $\lambda$ nichtreell ist] führt zu

$$a_n\lambda^n e^{\lambda x} + a_{n-1}\lambda^{n-1}e^{\lambda x} + \ldots + a_1\lambda e^{\lambda x} + a_0 e^{\lambda x} = 0. \qquad (2.4)$$

Jeder Summand auf der linken Seite von (2.4) besitzt den Faktor $e^{\lambda x}$, und dieser ist von null verschieden, also ist (2.4) genau dann erfüllt, wenn

$$a_n\lambda^n + a_{n-1}\lambda^{n-1} + \ldots + a_1\lambda + a_0 = 0 \qquad (2.5)$$

gilt. Damit ist es gelungen, die Lösung der Differentialgleichung (2.1) auf die Lösung einer algebraischen Gleichung (2.5) zurückzuführen. Sie heißt *charakteristische Gleichung* von (2.1).

Das bisherige Ergebnis lautet:

---

**Satz 2.1**    *Wenn $\lambda$ der Gleichung (2.5) genügt, ist (2.3) Lösung von (2.1).*

---

Wegen des *Fundamentalsatzes der Algebra* kann die charakteristische Gleichung (2.5) in der Gestalt

$$a_n(\lambda - \lambda_1)^{l_1}(\lambda - \lambda_2)^{l_2}\ldots(\lambda - \lambda_r)^{l_r} = 0, \quad l_1 + l_2 + \ldots + l_r = n \qquad (2.6)$$

angegeben werden (s. [PFS]). Die (im allgemeinen komplexen) voneinander verschiedenen Zahlen $\lambda_1,\ldots,\lambda_r$ $(r \leq n)$ sind die Lösungen von (2.5) und die ganzen positiven Zahlen $l_1,\ldots,l_r$ ihre jeweiligen *Vielfachheiten*. Die praktische Bestimmung der $\lambda_1,\ldots,\lambda_r$ im Fall $n \geq 3$ ist im allgemeinen nur mit Hilfsmitteln der numerischen Mathematik möglich. Kennt man eine Lösung $\lambda_1$ von (2.5) (z. B. durch Raten), so dividiere man das auf der linken Seite von (2.5) stehende Polynom durch $\lambda - \lambda_1$.

Das Ergebnis ist ein Polynom vom $(n-1)$-ten Grad:

$$\frac{a_n\lambda^n + a_{n-1}\lambda^{n-1} + \ldots + a_1\lambda + a_0}{\lambda - \lambda_1} = b_{n-1}\lambda^{n-1} + b_{n-2}\lambda^{n-2} + \ldots + b_1\lambda + b_0. \quad (2.7)$$

Zur praktischen Bestimmung der Koeffizienten des Ergebnispolynoms in (2.7) benutzt man zweckmäßig das *Horner-Schema* (s. [PFS]). Die weiteren Lösungen $\lambda_2,\ldots,\lambda_r$ der Gleichung (2.5) sind wegen (2.7) auch Lösungen von

$$b_{n-1}\lambda^{n-1} + b_{n-2}\lambda^{n-2} + \ldots + b_1\lambda + b_0 = 0. \qquad (2.8)$$

Ist es gelungen, sie zu bestimmen, so hat man für die Differentialgleichung (2.1) bereits die Lösungen

$$e^{\lambda_1 x}, \quad e^{\lambda_2 x},\ldots,e^{\lambda_r x} \qquad (2.9)$$

erhalten. Im Falle $r = n$ stehen in (2.9) $n$ Lösungen. Sie bilden eine Basis der allgemeinen Lösung von (2.1), denn die mit ihnen gebildete Wronskische Determinante ist ungleich null. Im Fall $r < n$ fehlen zur Herstellung einer Basis noch $n - r$ Lösungen. Hat $\lambda_1$ z. B. die Vielfachheit $l_1 = 2$, so ist eine weitere Lösung $xe^{\lambda_1 x}$. Ist die Vielfachheit $l_1 = 3$, so gibt es darüberhinaus die Lösung $x^2 e^{\lambda_1 x}$.

Allgemein gilt:

**Satz 2.2** *Hat die charakteristische Gleichung (2.5) die Lösung $\lambda_k$ mit der Vielfachheit $l_k > 1$, so liefert $\lambda_k$ außer der Lösung $e^{\lambda_k x}$ noch die weiteren Lösungen*

$$xe^{\lambda_k x}, \quad x^2 e^{\lambda_k x}, \dots, x^{l_k - 1} e^{\lambda_k x}. \tag{2.10}$$

Wir fassen zusammen: Für die Differentialgleichung (2.1) haben sich bisher die Lösungen

$$\begin{aligned}
e^{\lambda_1 x}, &\quad xe^{\lambda_1 x}, \quad x^2 e^{\lambda_1 x}, \quad \dots, \quad x^{l_1 - 1} e^{\lambda_1 x} \\
e^{\lambda_2 x}, &\quad xe^{\lambda_2 x}, \quad x^2 e^{\lambda_2 x}, \quad \dots, \quad x^{l_2 - 1} e^{\lambda_2 x} \\
&\dots\dots\dots\dots\dots\dots\dots\dots\dots\dots \\
e^{\lambda_r x}, &\quad xe^{\lambda_r x}, \quad x^2 e^{\lambda_r x}, \quad \dots, \quad x^{l_r - 1} e^{\lambda_r x}
\end{aligned} \tag{2.11}$$

ergeben. Überlegen Sie sich, daß wegen $l_1 + \dots + l_r = n$ in (2.11) $n$ Lösungen von (2.1) stehen. Man kann zeigen, daß die mit ihnen gebildete Wronskische Determinante für alle $x$ ungleich null ist. Also bilden sie eine Basis der Lösungsgesamtheit. Die allgemeine Lösung von (2.1) ist damit gemäß (1.55) herstellbar.

**Beispiel 2.1** Die zur Differentialgleichung (1.44) im Fall $EJ = $ const gehörige homogene Differentialgleichung lautet $EJw'''' = 0$ und damit $w'''' = 0$. Die zugehörige charakteristische Gleichung ist $\lambda^4 = 0$. Sie hat die Lösung $\lambda_1 = 0$ mit der Vielfachheit $l_1 = 4$. Infolgedessen ergibt sich das Fundamentalsystem $e^{0 \cdot x} = 1, x, x^2, x^3$.

**Beispiel 2.2** Gesucht ist eine Basis aller Lösungen von (1.80). Da hier der Buchstabe $\lambda$ als Eigenwertparameter bereits verbraucht ist, arbeiten wir jetzt mit dem Ansatz $w(x) = e^{rx}$. Die zugehörige charakteristische Gleichung lautet $r^4 + \lambda r^2 = 0$. Von der Modellbildung des Beispiels 1.14 ist klar, daß $\lambda > 0$ gilt. Infolgedessen hat unsere charakteristische Gleichung die Lösungen $r_1 = 0$ mit der Vielfachheit $l_1 = 2$ sowie $r_{2,3} = \pm i\sqrt{\lambda}$ mit den Vielfachheiten $l_2 = l_3 = 1$.

Folglich lautet eine Basis der Lösungsgesamtheit:

$$1, \; x, \; \mathrm{e}^{\mathrm{i}\sqrt{\lambda}x}, \mathrm{e}^{-\mathrm{i}\sqrt{\lambda}x}. \tag{2.12}$$

Im Beispiel 2.4 gehen wir zu einer *reellen* Basis über.
Im folgenden Beispiel behandeln wir die Differentialgleichung der *freien gedämpften Schwingung* für $y = y(t)$

$$\ddot{y} + 2\delta\dot{y} + \omega_0^2 y = 0 \quad (\delta \geq 0, \; \omega_0 > 0). \tag{2.13}$$

Hiermit erfassen wir auch die Beispiele 1.1 bzw. 1.2, wenn wir $y(t)$, $\delta, \omega_o^2$ durch $x(t), \alpha/2m, k/m$ bzw. $Q(t), R/2L, 1/CL$ ersetzen.

**Beispiel 2.3**    Einsetzen von $y(t) = \mathrm{e}^{\lambda t}$ in (2.13) führt zur charakteristischen Gleichung

$$\lambda^2 + 2\delta\lambda + \omega_0^2 = 0. \tag{2.14}$$

Die Lösungsformel für quadratische Gleichungen liefert für die Lösungen von (2.14)

$$\lambda_{1,2} = -\delta \pm (\delta^2 - \omega_0^2)^{\frac{1}{2}}. \tag{2.15}$$

Im Fall

$$\delta^2 - \omega_0^2 > 0 \qquad \text{(große Dämpfung, Kriechfall)} \tag{2.16}$$

sind die beiden Lösungen (2.15) reell:

$$\lambda_{1,2} = -\delta \pm \gamma \quad \text{mit} \quad \gamma = (\delta^2 - \omega_0^2)^{\frac{1}{2}}, \quad \delta^2 - \omega_0^2 > 0, \tag{2.17}$$

im Fall

$$\delta^2 - \omega_0^2 < 0 \quad \text{(dämpfungsfrei } [\delta = 0] \text{ oder kleine Dämpfung } [\delta > 0]) \tag{2.18}$$

sind die beiden Lösungen (2.15) nichtreell und zueinander konjugiert komplex:

$$\lambda_{1,2} = -\delta \pm \mathrm{i}\omega \text{ mit } \omega = (\omega_0^2 - \delta^2)^{\frac{1}{2}}, \quad \delta^2 - \omega_0^2 < 0, \tag{2.19}$$

im Fall

$$\delta^2 - \omega_0^2 = 0 \quad \text{(aperiodischer Grenzfall)} \tag{2.20}$$

fallen die beiden Lösungen (2.15) zusammen, d. h., es gibt genau eine Lösung

$$\lambda_1 = -\delta \quad \text{mit der Vielfachheit } l_1 = 2. \tag{2.21}$$

Es ergibt sich also in den drei Fällen jeweils die folgende Basis der Lösungsgesamtheit ($e^{a+b} = e^a e^b$ gilt auch bei komplexen $a$ und $b$) :

$$1.\text{Fall}: \delta^2 - \omega_0^2 > 0, \quad \text{Basis}: \quad e^{-\delta t}e^{\gamma t}, e^{-\delta t}e^{-\gamma t}, \tag{2.22}$$

$$2.\text{Fall}: \delta^2 - \omega_0^2 < 0, \quad \text{Basis}: \quad e^{-\delta t}e^{i\omega t}, e^{-\delta t}e^{-i\omega t}, \tag{2.23}$$

$$3.\text{Fall}: \delta^2 - \omega_0^2 = 0, \quad \text{Basis}: \quad e^{-\delta t}, te^{-\delta t}. \tag{2.24}$$

**Aufgabe 2.1**  Man bestimme die allgemeine Lösung $y(x)$ von $y^{(n)} - y^{(n-2)} = 0$, $\quad n > 2$.

**Aufgabe 2.2**  Gegeben ist die Anfangswertaufgabe, bestehend aus der Differentialgleichung (1.1), den Anfangsbedingungen $x(0) = x_0$, $\dot{x}(0) = 0$ und den speziellen Werten $m = 50$ g, $\alpha = 0{,}5$ Ns/m, $k = 0{,}45$ N/m, $x_0 = 2$ cm. Nach welcher Zeit $T$ ist der Ausschlag $|x(t)|$ auf (1/100) mm zurückgegangen?

**Aufgabe 2.3**  Man löse die Anfangswertaufgabe:

$$y''' - 3y'' + 4y = 0, \quad y(0) = 0, \quad y'(0) = 4, \quad y''(0) = 7.$$

### 2.1.2  Übergang zur reellen Basis

Wie im Abschnitt 2.1.1 betrachten wir die homogene lineare Differentialgleichung mit konstanten Koeffizienten (2.1), setzen jedoch darüber hinaus voraus, daß ihre Koeffizienten alle *reell* sind. Jetzt ist es möglich, zu einer reellen Basis überzugehen, falls einige Basiselemente nichtreell sein sollten. Zunächst notieren wir die *Eulersche Formel*

$$e^{i\varphi} = \cos\varphi + i\sin\varphi. \tag{2.25}$$

Ersetzt man in (2.25) $\varphi$ durch $-\varphi$, so ergibt sich

$$e^{-i\varphi} = \cos\varphi - i\sin\varphi. \tag{2.26}$$

Addition und Subtraktion der Gleichungen (2.25) und (2.26) führt schließlich zu

$$\cos\varphi = \frac{1}{2}(e^{i\varphi} + e^{-i\varphi}) \tag{2.27}$$

und

$$\sin\varphi = \frac{1}{2i}(e^{i\varphi} - e^{-i\varphi}). \tag{2.28}$$

Als Hilfsmittel aus der Algebra benutzen wir den

---

**Satz 2.3**  *Sind in der Gleichung (2.5) alle Koeffizienten r e e l l und ist $\lambda = \lambda_k$ eine nichtreelle Lösung von (2.5) mit der Vielfachheit $l_k$, so ist die zu $\lambda_k$ konjugiert komplexe Zahl ebenfalls Lösung von (2.5) und zwar mit der Vielfachheit $l_k$.*

---

Der Übergang zur reellen Basis kann nun folgendermaßen geschehen. In (2.11) werden alle Zeilen, für die der $\lambda$-Wert reell ist, unverändert in die neue Basis übernommen. Ist in der Tabelle (2.11) der $\lambda$-Wert $\lambda_k$ nichtreell, d. h. gilt

$$\lambda_k = \alpha_k + \mathrm{i}\beta_k, \quad \alpha_k \text{ reell}, \beta_k \text{ reell}, \beta_k \neq 0, \tag{2.29}$$

so gibt es wegen Satz 2.3 in (2.11) zu jedem Basiselement

$$x^\mu \mathrm{e}^{\alpha_k x} \mathrm{e}^{\mathrm{i}\beta_k x} \quad (\mu = 0, 1, \ldots, l_k - 1) \tag{2.30}$$

noch das weitere Basiselement

$$x^\mu \mathrm{e}^{\alpha_k x} \mathrm{e}^{-\mathrm{i}\beta_k x} \quad (\mu = 0, 1, \ldots, l_k - 1). \tag{2.31}$$

Aus (2.30) und (2.31) bildet man einerseits die *halbe Summe* und andererseits $\frac{1}{\mathrm{i}}$ *mal halbe Differenz:*

$$\frac{1}{2} x^\mu \mathrm{e}^{\alpha_k x} (\mathrm{e}^{\mathrm{i}\beta_k x} + \mathrm{e}^{-\mathrm{i}\beta_k x}), \tag{2.32}$$

$$\frac{1}{2\mathrm{i}} x^\mu \mathrm{e}^{\alpha_k x} (\mathrm{e}^{\mathrm{i}\beta_k x} - \mathrm{e}^{-\mathrm{i}\beta_k x}). \tag{2.33}$$

In (2.32) und (2.33) stehen spezielle Lösungen der Differentialgleichung, denn es sind spezielle Linearkombinationen der Basiselemente der Lösungsgesamtheit. Sie sind darüber hinaus reell, denn wegen (2.27), (2.28) sind (2.32), (2.33) gleich

$$x^\mu \mathrm{e}^{\alpha_k x} \cos(\beta_k x) \quad \text{und} \quad x^\mu \mathrm{e}^{\alpha_k x} \sin(\beta_k x). \tag{2.34}$$

Auf diese Weise entstehen aus (2.11) $n$ *reelle* Lösungen. Diese bilden sogar eine Basis, denn man kann zeigen, daß ihre Wronskische Determinante für alle $x$ ungleich null ist. Die *allgemeine reelle* Lösung kann (1.55) entnommen werden, falls dort $y_{h1}, \ldots, y_{hn}$ die reellen Basiselemente darstellen und $C_1, \ldots, C_n$ beliebige *reelle* Konstanten sind.

**Beispiel 2.4**  (Fortsetzung von Beispiel 2.2) Der Übergang von (2.12) zu einer reellen Basis führt gemäß (2.34) zu

$$1, \ x, \ \cos(\sqrt{\lambda} x), \quad \sin(\sqrt{\lambda} x). \tag{2.35}$$

Also lautet die allgemeine reelle Lösung von (1.80)

$$w(x) = C_1 + C_2 x + C_3 \cos(\sqrt{\lambda} x) + C_4 \sin(\sqrt{\lambda} x) \quad (C_1, \ldots, C_4 \text{ reell}). \tag{2.36}$$

**Beispiel 2.5**  (Fortsetzung von Beispiel 2.3) Der Übergang von der komplexen Basis (2.23) zur reellen Basis führt zu

$$\mathrm{e}^{-\delta t} \cos(\omega t), \quad \mathrm{e}^{-\delta t} \sin(\omega t). \tag{2.37}$$

Also kann im Fall $\delta^2 - \omega_0^2 < 0$ die allgemeine reelle Lösung der Differentialgleichung (2.13) mit den Abkürzungen (2.19) in der Gestalt

$$y(t) = e^{-\delta t}(C_1 \cos(\omega t) + C_2 \sin(\omega t)) \tag{2.38}$$

angegeben werden.

Der Anwender formt das Ergebnis (2.38) meist noch um. Hierzu fasse man das Zahlenpaar $(C_1, C_2)$ als kartesische Koordinaten eines Ortsvektors $\mathbf{r}$ einer $x_1, x_2$-Ebene auf:

$$\mathbf{r} = C_1 \mathbf{e}_1 + C_2 \mathbf{e}_2. \tag{2.39}$$

Division von (2.39) durch den Betrag $|\mathbf{r}| = (C_1^2 + C_2^2)^{\frac{1}{2}}$ ergibt den folgenden Vektor mit dem absoluten Betrag 1:

$$\frac{\mathbf{r}}{|\mathbf{r}|} = C_1 \left(C_1^2 + C_2^2\right)^{-\frac{1}{2}} \mathbf{e}_1 + C_2 \left(C_1^2 + C_2^2\right)^{-\frac{1}{2}} \mathbf{e}_2. \tag{2.40}$$

Die Spitze des Ortsvektors (2.40) liegt also auf dem Einheitskreis (Mittelpunkt: Koordinatenursprung; Radius gleich 1; Bild 2.1).

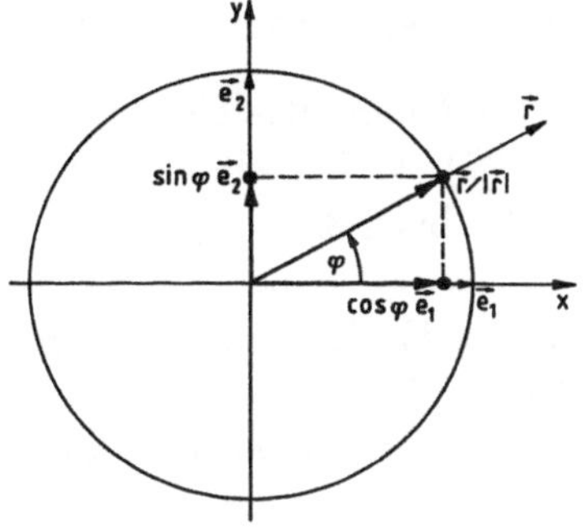


Bild 2.1

Bei Beachtung der Einführung von Kosinus und Sinus am Einheitskreis kann der Einheitsvektor $\frac{\mathbf{r}}{|\mathbf{r}|}$ aus (2.40) in der Gestalt

$$\frac{\mathbf{r}}{|\mathbf{r}|} = \cos\varphi\,\mathbf{e}_1 + \sin\varphi\,\mathbf{e}_2 \tag{2.41}$$

angegeben werden. Aus (2.40) und (2.41) folgt

$$C_1 \left(C_1^2 + C_2^2\right)^{-\frac{1}{2}} = \cos\varphi, \quad C_2 \left(C_1^2 + C_2^2\right)^{-\frac{1}{2}} = \sin\varphi, \tag{2.42}$$

d. h.

$$C_1 = A\cos\varphi, \quad C_2 = A\sin\varphi, \tag{2.43}$$

wobei $A = (C_1^2 + C_2^2)^{\frac{1}{2}}$ gesetzt wurde. Einsetzen von (2.43) in (2.38) ergibt $y(t) = Ae^{-\delta t}(\cos\varphi\cos(\omega t) + \sin\varphi\sin(\omega t))$ und damit aufgrund der Additionstheoreme für trigonometrische Funktionen $y(t) = Ae^{-\delta t}\cos(\omega t - \varphi)$. Setzt man $\varphi_1 = -\varphi$ oder $\varphi_2 = -\varphi + \frac{\pi}{2}$, so erscheint die allgemeine Lösung von (2.13) in der Gestalt $y(t) = Ae^{-\delta t}\cos(\omega t + \varphi_1)$ oder $y(t) = Ae^{-\delta t}\sin(\omega t + \varphi_2)$.

**Aufgabe 2.4**   Man ersetze in der Aufgabe 2.2 das $\alpha$ durch $\alpha = \frac{1}{6}$ Ns/m. Für welches (möglichst kleine) $T$ gilt $|x(t)| \le \frac{1}{100}$ mm für alle $t \ge T$?

**Aufgabe 2.5**   Man bestimme alle reellen Lösungen $x = x(t)$ von

$$2\,\dddot{x} - 5\ddot{x} - 2\dot{x} + 15x = 0.$$

**Aufgabe 2.6**   Es sind folgende Randwertaufgaben für $w = w(x)$ zu lösen. Sie bestehen aus der Differentialgleichung $w'' + \pi^2 w = 0$ und den Randbedingungen
a) $w(0) = 1$, $\quad w\left(\frac{3}{4}\right) = 0$, $\quad$ b) $w(0) = 1$, $\quad w(1) = 0$, $\quad$ c) $w(0) = 0$, $\quad w(1) = 0$.

### 2.1.3   Definition linearer Eigenwertaufgaben

Gemäß Definition 1.8 bildet die Differentialgleichung (1.74) zusammen mit den Randbedingungen (1.75), (1.77), (1.78) eine Eigenwertaufgabe. Allgemeiner nennen wir die Definitionen 2.1 bis 2.3.

---

**Definition 2.1**   *Genügen die Funktionen $y_1(x)$ und $y_2(x)$ gegebenen Randbedingungen und tut dies auch jede Linearkombination $C_1 y_1(x) + C_2 y_2(x)$, so heißen die vorliegenden Randbedingungen l i n e a r und h o m o g e n.*

---

**Aufgabe 2.7**   Man zeige, daß die Randbedingungen (1.75), (1.77), (1.78) linear und homogen sind.

---

**Definition 2.2**   *Liegt eine gewöhnliche lineare homogene Differentialgleichung (1.54) vor und sollen deren Lösungen linearen homogenen Randbedingungen genügen, so sagt man, es sei eine l i n e a r e   h o m o g e n e   R a n d w e r t a u f g a b e gegeben.*

---

**Definition 2.3**   *Wenn die Eigenwertaufgabe aus Definition 1.8 die Eigenschaften einer linearen homogenen Randwertaufgabe besitzt, so sagt man, es liege eine l i n e a r e   E i g e n w e r t a u f g a b e vor.*

In der Regel kann man Eigenwerte durch Lösen einer *Eigenwertgleichung* bestimmen. Wir zeigen dies am

**Beispiel 2.6**  Zur Bestimmung der Eigenwerte der Eigenwertaufgabe (1.80), (1.75), (1.78), (1.81), also $w'''' + \lambda w'' = 0$  mit  $\lambda > 0$, und $w(l) = 0$, $w'(l) = 0$, $w''(0) = 0$, $\frac{k}{EJ}w(0) + \lambda w'(0) + w'''(0) = 0$, setzt man die allgemeine Lösung von (1.80), d. h.

$$w(x) = C_1 + C_2 x + C_3 \cos(\sqrt{\lambda}x) + C_4 \sin(\sqrt{\lambda}x), \qquad (2.44)$$

in die Randbedingungen ein und erhält

$$
\begin{aligned}
C_1 \quad + lC_2 \quad &+ \cos(\sqrt{\lambda}l)C_3 \quad && + \sin(\sqrt{\lambda}l)C_4 && = 0 && (2.45)\\
C_2 \quad &- \sqrt{\lambda}\sin(\sqrt{\lambda}l)C_3 &&+ \sqrt{\lambda}\cos(\sqrt{\lambda}l)C_4 && = 0 && (2.46)\\
&- \lambda\cos(\sqrt{\lambda}0)C_3 &&- \lambda\sin(\sqrt{\lambda}0)C_4 && = 0 && (2.47)\\
\tfrac{k}{EJ}C_1 \quad + \lambda C_2 \quad &+ \tfrac{k}{EJ}C_3 \quad && && = 0. && (2.48)
\end{aligned}
$$

Ist die Koeffizientendeterminante des linearen Gleichungssystems für $C_1, \ldots, C_4$ ungleich null, so erhält man – z. B. mittels der Cramerschen Regel – $C_1 = C_2 = C_3 = C_4 = 0$. Wegen (2.44) folgt hieraus die triviale Lösung $w(x) \equiv 0$. Nichttriviale Lösungen (2.44) ergeben sich nur, wenn die Koeffizientendeterminante des Gleichungssystems (2.45) bis (2.48) gleich null ist:

$$
\begin{vmatrix}
1 & l & \cos(\sqrt{\lambda}l) & \sin(\sqrt{\lambda}l) \\
0 & 1 & -\sqrt{\lambda}\sin(\sqrt{\lambda}l) & \sqrt{\lambda}\cos(\sqrt{\lambda}l) \\
0 & 0 & -\lambda & 0 \\
\frac{k}{EJ} & \lambda & \frac{k}{EJ} & 0
\end{vmatrix} = 0. \qquad (2.49)
$$

(2.49) heißt *Eigenwertgleichung*. Ihre Lösungen $\lambda_1, \lambda_2, \ldots$ sind die Eigenwerte der vorliegenden Eigenwertaufgabe. Die weitere Rechnung ergibt nach Entwickeln der Determinante aus (2.49) nach der dritten Zeile

$$
-\lambda
\begin{vmatrix}
1 & l & \sin(\sqrt{\lambda}l) \\
0 & 1 & \sqrt{\lambda}\cos(\sqrt{\lambda}l) \\
\frac{k}{EJ} & \lambda & 0
\end{vmatrix} = 0. \qquad (2.50)
$$

Das ist wegen $\lambda > 0$ gleichbedeutend mit (wir entwickeln nach der dritten Zeile)

$$
\frac{k}{EJ}
\begin{vmatrix}
l & \sin(\sqrt{\lambda}l) \\
1 & \sqrt{\lambda}\cos(\sqrt{\lambda}l)
\end{vmatrix}
- \lambda
\begin{vmatrix}
1 & \sin(\sqrt{\lambda}l) \\
0 & \sqrt{\lambda}\cos(\sqrt{\lambda}l)
\end{vmatrix} = 0,
$$

d. h.

$$\frac{k}{EJ}\left(l\sqrt{\lambda}\cos(\sqrt{\lambda}l) - \sin(\sqrt{\lambda}l)\right) - \lambda^{\frac{3}{2}}\cos(\sqrt{\lambda}l) = 0,$$

also

$$\left(\frac{k}{EJ}l\sqrt{\lambda} - \lambda^{\frac{3}{2}}\right)\cos(\sqrt{\lambda}l) = \frac{k}{EJ}\sin(\sqrt{\lambda}l). \tag{2.51}$$

Wäre $\cos(\sqrt{\lambda}l) = 0$, so müßte wegen (2.51) auch $\sin(\sqrt{\lambda}l) = 0$ sein. Das ist unmöglich. Folglich kann man in (2.51) durch $\cos(\sqrt{\lambda}l)$ dividieren. Es ergibt sich mit der Abkürzung $\sqrt{\lambda}l = u$

$$\tan u = u - \frac{EJ}{kl^3}u^3. \tag{2.52}$$

Trägt man die auf der linken und rechten Seite von (2.52) stehenden Funktionen $\tan u$  $(u \geq 0)$ und $u - \frac{EJ}{kl^3}u^3$  $(u \geq 0)$ bei gegebenen Werten von $EJ, k$ und $l$ in einem kartesischen Koordinatensystem ein – man beachte, daß die beiden Funktionskurven an der Stelle $u = 0$ eine gemeinsame Tangente besitzen –, so ergeben die $u$-Koordinaten $(u > 0)$ der Schnittpunkte beider Kurven die Werte $u_1 = \sqrt{\lambda_1}l$,  $u_2 = \sqrt{\lambda_2}l, \ldots$ Die Skizze zeigt, daß es unendlich viele Eigenwerte $\lambda_1, \lambda_2, \ldots$ gibt. Technisch brauchbar ist nur der kleinste (positive) Eigenwert $\lambda_1$. Er wird näherungsweise aus der genannten Skizze entnommen, und sein Wert kann etwa mittels des Newtonschen Iterationsverfahrens (s. [PFS]) verbessert werden. Mit $\lambda_1$ ist gemäß (1.79) die *kritische Last* $F_1 = EJ\lambda_1$ bekannt. Im *überkritischen Bereich* $F > F_1$ versagt unser Modell, weil in der Formel für die Krümmung des Balkens, also $w''(1 + w'^2)^{-\frac{3}{2}}$, hier $(w')^2$ gegenüber 1 vernachlässigt wird.

**Aufgabe 2.8**  Mittels der im Beispiel 2.6 genannten Skizze überlege man sich, in welchem $\lambda$-Intervall der kleinste positive Eigenwert $\lambda_1$ der Eigenwertaufgabe aus Beispiel 2.6 liegt.

**Aufgabe 2.9**  Man führe Beispiel 2.6 im Fall $k = 0$ durch.

**Aufgabe 2.10**  Man führe Beispiel 2.6 im Fall $k = \infty$ durch, indem man die Randbedingung $\frac{k}{EJ}w(0) + \lambda w'(0) + w'''(0) = 0$ durch $w(0) = 0$ ersetzt.

**Aufgabe 2.11**  Jemand äußert, daß im Beispiel 2.6 wegen (2.50) $\lambda = 0$ ein Eigenwert ist. Hat er recht?

**Beispiel 2.7**  Der Balken aus Beispiel 1.9 soll nunmehr *Biegeschwingungen* ausführen. Die Durchbiegung wird damit eine Funktion des Ortes $x$ und der Zeit $t$ :  $w = w(x, t)$. Wir fassen den Schwingungsvorgang so auf, als ob jedes Balkenelement als starres Teilchen senkrecht zur unverformten Balkenachse schwingt, vernachlässigen also z. B. die tatsächlich auftretenden Drehungen dieser Teilchen und damit deren Drehbeschleunigungen. Als Last im Beispiel 1.9 treten jetzt die Trägheitskräfte $-\rho F \ddot{w}$ [N/m] auf (hierbei ist $\rho$ [kg/m$^3$] die Dichte und $F$ [m$^2$] der Querschnitt). Das System (1.15) bis (1.18) hatten wir als Anwendung von Satz 1.2 in die Differentialgleichung (1.44) überführt. Deshalb folgt (Striche bzw. Punkte bedeuten partielle Ableitungen nach $x$ bzw. $t$)

$$(EJw'')'' = -\rho F \ddot{w}. \tag{2.53}$$

(2.53) ist eine *partielle* Differentialgleichung für $w = w(x,t)$ (vgl. Beispiel 1.7). Mit dem Ansatz für *Eigenschwingungen*

$$w(x,t) = W(x)\cos(\omega t) \tag{2.54}$$

erhält man die *gewöhnliche* Differentialgleichung vierter Ordnung für $W = W(x)$

$$(EJW'')'' - \rho F \omega^2 W = 0. \tag{2.55}$$

Sind $EJ, F$ und $\rho$ konstant, so geht (2.55) in die Differentialgleichung

$$W'''' - \lambda W = 0 \tag{2.56}$$

mit

$$\lambda = \frac{\rho F \omega^2}{EJ} \tag{2.57}$$

über. Die Lagerung des Balkens ergibt in der Regel lineare homogene Randbedingungen für $w = w(x,t)$ und damit auch für $W = W(x)$. Wie im Beispiel 2.6 kann man eine Eigenwertgleichung herstellen. Jetzt interessieren nicht nur der kleinste positive Eigenwert $\lambda_1$, der zur *Eigenfrequenz* $\omega_1 = (EJ\lambda_1/\rho F)^{\frac{1}{2}}$ führt, sondern auch die größeren Eigenwerte und damit Eigenfrequenzen.

**Aufgabe 2.12**   Man bestimme im Beispiel 2.7 die Eigenfrequenzen, falls folgende Lagerungen des Balkens vorliegen:

$$
\begin{array}{llll}
\text{a)} & w(0,t) = 0, & w''(0,t) = 0, & w(l,t) = 0, & w''(l,t) = 0, \\
\text{b)} & w(0,t) = 0, & w'(0,t) = 0, & w(l,t) = 0, & w'(l,t) = 0, \\
\text{c)} & w(0,t) = 0, & w'(0,t) = 0, & w''(l,t) = 0, & w'''(l,t) = 0, \\
\text{d)} & w(0,t) = 0, & w'(0,t) = 0, & w(l,t) = 0, & w''(l,t) = 0.
\end{array}
$$

**Aufgabe 2.13**   Man bestimme die Eigenlösungen (Definition 1.8) der Eigenwertaufgaben aus Beispiel 2.6 und den Aufgaben 2.9, 2.10 sowie 2.12 a, b.

## 2.2  Ansatzmethode zur Herstellung einer partikulären Lösung

Es wird die gewöhnliche lineare inhomogene Differentialgleichung $n$-ter Ordnung mit konstanten Koeffizienten für $y = y(x)$

$$a_n y^{(n)} + a_{n-1} y^{(n-1)} + \ldots + a_1 y' + a_0 y = g(x) \quad (a_n \neq 0) \qquad (2.58)$$

untersucht, wobei das Störglied $g(x)$ die spezielle Struktur

$$g(x) = (b_0 + b_1 x + \ldots + b_m x^m) e^{qx} \quad (b_m \neq 0) \qquad (2.59)$$

besitzt. Die Konstanten $a_0, \ldots, a_n, b_0, \ldots, b_m$ dürfen auch nichtreell sein. Wegen Satz 1.4 genügt es, eine einzige partikuläre Lösung zu bestimmen. Hierzu nennen wir den

---

**Satz 2.4**    *Für die Differentialgleichung* (2.58) *mit* (2.59) *führt der Ansatz*

$$y_p(x) = (B_0 + B_1 x + \ldots + B_m x^m) e^{qx} x^l \qquad (2.60)$$

*stets zu einer speziellen (partikulären) Lösung.*

---

**Zusatz 1 zu Satz 2.4**    Zur Bestimmung von $l$ des Ansatzes (2.60) ist von der zugehörigen homogenen Differentialgleichung

$$a_n y_h^{(n)} + a_{n-1} y_h^{(n-1)} + \ldots a_1 y_h' + a_0 y_h = 0 \qquad (2.61)$$

(der Index $h$ weist auf die Homogenität der Differentialgleichung (2.61) hin) die charakteristische Gleichung

$$a_n \lambda^n + a_{n-1} \lambda^{n-1} + \ldots + a_1 \lambda + a_0 = 0 \qquad (2.62)$$

hinzuzuziehen. Ist die Zahl $q$ des Störgliedes (2.59) keine Lösung von (2.62), so ist $l = 0$ zu setzen. Wenn jedoch $q$ eine Lösung der Gleichung (2.62) ist, so ist $l$ gleich der Vielfachheit dieser Lösung. Zur Bestimmung der $B_0, \ldots, B_m$ setzt man den Ansatz (2.60) in die Differentialgleichung (2.58) ein, dividiert danach beide Seiten durch $e^{qx}$, ordnet anschließend nach Potenzen von $x$ und führt schließlich einen Koeffizientenvergleich durch. Es ergibt sich ein lineares Gleichungssystem zur Bestimmung von $B_0, \ldots, B_m$, das genau eine Lösung besitzt.

**Zusatz 2 zu Satz 2.4**    Im Ansatz (2.60) sind alle (unbekannten) Koeffizienten $B_0, \ldots, B_m$ auch dann mitzuführen, wenn im Störglied (2.59) einige der (bekannten) Konstanten $b_0, \ldots, b_{m-1}$ gleich null sein sollten (vgl. hierzu später das Beispiel 2.14).

Zum Beweis von Satz 2.4 setzt man den Ansatz (2.60) in (2.58) ein und zeigt, daß die Koeffizientendeterminante des Gleichungssystems für die Koeffizienten $B_0, \ldots, B_m$ stets ungleich null ist, so daß es immer genau eine Lösung $B_0, \ldots, B_m$ gibt.

**Beispiel 2.8**   Es ist die allgemeine Lösung von

$$3y''' - 12y' = 18x^2 + 16x \tag{2.63}$$

gesucht. Wegen $3\lambda^3 - 12\lambda = 0$ ist $\lambda_1 = 0$, $\lambda_2 = 2$, $\lambda_3 = -2$. Hier ist der Wert von $q$ aus (2.59) gleich 0 und damit gleich der Lösung $\lambda_1 = 0$ (Vielfachheit $l_1 = 1$) der charakteristischen Gleichung. Also ist hier der Ansatz

$$y_p = (B_0 + B_1 x + B_2 x^2)x \tag{2.64}$$

zu machen. Einsetzen von (2.64) in (2.63) liefert nach dem Koeffizientenvergleich schließlich $B_2 = -\frac{1}{2}, B_1 = -\frac{2}{3}, B_0 = -\frac{3}{4}$ und damit

$$y = C_1 + C_2 \mathrm{e}^{2x} + C_3 \mathrm{e}^{-2x} - \frac{1}{2}x^3 - \frac{2}{3}x^2 - \frac{3}{4}x.$$

Als Vorbereitung für die Diskussion der Differentialgleichung der *erzwungenen* gedämpften Schwingung (2.79) im Beispiel 2.11 behandeln wir das

**Beispiel 2.9**   Gesucht ist eine partikuläre Lösung $Y_p(t)$ von

$$\ddot{Y} + 2\delta\dot{Y} + \omega_0^2 Y = b\mathrm{e}^{i\omega_1 t} \quad (0 < \delta < \omega_0, \ \omega_1 > 0, \ b \ \text{reell}). \tag{2.65}$$

Hier ist der Wert von $m$ aus (2.59) gleich null.

Wegen $\lambda_{1,2} = -\delta \pm i\omega$ $(\omega = (\omega_0^2 - \delta^2)^{\frac{1}{2}}$ [siehe (2.19)]) und $\delta > 0$ ist $q = i\omega_1$ keine Lösung der charakteristischen Gleichung. Folglich wird der Ansatz

$$Y_p = B_0 \mathrm{e}^{i\omega_1 t} \tag{2.66}$$

in (2.65) eingesetzt und das Ergebnis anschließend durch $\mathrm{e}^{i\omega_1 t}$ dividiert. Es ergibt sich

$$-\omega_1^2 B_0 + 2\delta i\omega_1 B_0 + \omega_0^2 B_0 = b. \tag{2.67}$$

Gemäß dem Zusatz 1 zum Satz 2.4 ist nunmehr ein Koeffizientenvergleich durchzuführen. Dieser ist hier jedoch trivial, da auf beiden Seiten von (2.67) ein Polynom nullten Grades steht. Das Ergebnis des Koeffizientenvergleichs ist damit bereits die Gleichung (2.67). Auflösung von (2.67) nach $B_0$ ergibt

$$B_0 = b\left(-\omega_1^2 + 2\delta\omega_1 i + \omega_0^2\right)^{-1}. \tag{2.68}$$

Wegen der exponentiellen Darstellung (siehe Bild 2.2 (oder 2.3), falls $\omega_0^2 - \omega_1^2 \geq 0$ (oder $\leq 0$) ist)

$$
\begin{aligned}
\omega_0^2 - \omega_1^2 + 2\delta\omega_1 \mathrm{i} &= |\omega_0^2 - \omega_1^2 + 2\delta\omega_1 \mathrm{i}| e^{\mathrm{i}\alpha} \\
&= \left( \left(\omega_0^2 - \omega_1^2\right)^2 + 4\delta^2\omega_1^2 \right)^{\frac{1}{2}} e^{\mathrm{i}\alpha}
\end{aligned}
$$

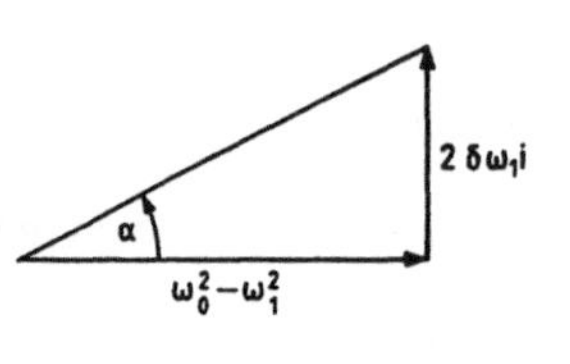


Bild 2.2              Bild 2.3

mit $\cot\alpha = \frac{\omega_0^2 - \omega_1^2}{2\delta\omega_1}$, wobei $0 < \alpha < \pi$ gefordert werden kann, da der Imaginärteil $2\delta\omega_1 > 0$ ist, ergibt sich schließlich

$$
Y_p(t) = b \left( \left(\omega_0^2 - \omega_1^2\right)^2 + 4\delta^2\omega_1^2 \right)^{-\frac{1}{2}} e^{\mathrm{i}(\omega_1 t - \alpha)} \tag{2.69}
$$

mit

$$
\alpha = \operatorname{arc\,cot} \frac{\omega_0^2 - \omega_1^2}{2\delta\omega_1}. \tag{2.70}
$$

**Aufgabe 2.14**   Man führe Beispiel 2.9 im Fall $\delta = 0$, $\omega_0 > 0$, $\omega_1 > 0$ durch und setze hierbei $\omega_0 \neq \omega_1$ voraus. Ist die Formel (2.70) auch jetzt noch gültig? Welchen Wert nimmt $\alpha$ in dieser Formel dann gegebenenfalls an?

**Aufgabe 2.15**   Man führe Aufgabe 2.14 für den Fall durch, daß $\omega_0 = \omega_1 > 0$ vorausgesetzt wird.

**Aufgabe 2.16**   Man bestimme eine partikuläre Lösung $y_p(x)$ der Differentialgleichung $2y'' + 5y' = \exp\left(\frac{5}{2}x\right)$.

**Aufgabe 2.17**   Man bestimme eine partikuläre Lösung $y_p(x)$ der Differentialgleichung $2y'' + 5y' = \exp\left(-\frac{5}{2}x\right)$.

Die Möglichkeit der Anwendung von Satz 2.4 wird erweitert durch den

**Satz 2.5**  *Hat in der Differentialgleichung (2.58) das Störglied $g(x)$ die Gestalt*

$$g(x) = (b_0 + b_1 x + \ldots + b_m x^m)\mathrm{e}^{\alpha x}\cos(\beta x) \quad (b_m \neq 0,\ \alpha, \beta\ reell) \quad (2.71)$$

*oder*

$$g(x) = (b_0 + b_1 x + \ldots + b_m x^m)\mathrm{e}^{\alpha x}\sin(\beta x) \quad (b_m \neq 0,\ \alpha, \beta\ reell) \quad (2.72)$$

*und sind alle Koeffizienten*

$$a_0, \ldots, a_n,\ b_0, \ldots, b_m \quad reell, \qquad (2.73)$$

*so kann eine partikuläre Lösung $y_p(x)$ von (2.58)*

$$\begin{aligned}
im\ Fall\ (2.71)\ durch \quad y_p(x) &= \mathrm{Re}(Y_p(x)), & (2.74)\\
im\ Fall\ (2.72)\ durch \quad y_p(x) &= \mathrm{Im}(Y_p(x)) & (2.75)
\end{aligned}$$

*angegeben werden, wobei $Y_p(x)$ eine partikuläre Lösung von*

$$a_n Y^{(n)} + \ldots + a_0 Y = (b_0 + \ldots + b_m x^m)\mathrm{e}^{qx} \quad mit \quad q = \alpha + \mathrm{i}\beta \qquad (2.76)$$

*ist.*

Zum Beweis bildet man von beiden Seiten der Differentialgleichung (2.76) einerseits den Realteil und andererseits den Imaginärteil und benutzt (2.73).

**Beispiel 2.10**  Gesucht ist eine partikuläre Lösung $y_p(x)$ von

$$y'' + 4y' + 8y = 20\sin(2x). \qquad (2.77)$$

Gemäß Satz 2.5 bestimmen wir zunächst eine partikuläre Lösung $Y_p(x)$ von

$$Y'' + 4Y' + 8Y = 20\mathrm{e}^{2\mathrm{i}x}. \qquad (2.78)$$

Da die Lösungen der zugehörigen charakteristischen Gleichung $\lambda_{1,2} = -2 \pm 2\mathrm{i}$ lauten, machen wir den Ansatz $Y = B_0\mathrm{e}^{2\mathrm{i}x}$, setzen ihn in (2.78) ein und erhalten nach Division des Ergebnisses durch $\mathrm{e}^{2\mathrm{i}x}$

$$-4B_0 + 8B_0\mathrm{i} + 8B_0 = 20, \quad \text{d. h.} \quad B_0 = \frac{20}{4(1 + 2\mathrm{i})} = 1 - 2\mathrm{i},$$

wobei mit $1 - 2\mathrm{i}$ erweitert wurde. Damit ist nach Satz 2.5

$$y_p = \mathrm{Im}(Y_p) = \mathrm{Im}((1 - 2\mathrm{i})(\cos(2x) + \mathrm{i}\sin(2x))) = -2\cos(2x) + \sin(2x)$$

eine partikuläre Lösung von (2.77).

Im folgenden Beispiel 2.11 behandeln wir die Differentialgleichung der *erzwungenen* gedämpften Schwingung für $y = y(t)$

$$\ddot{y} + 2\delta\dot{y} + \omega_0^2 y = b\cos(\omega_1 t) \quad (0 < \delta < \omega_0, \omega_1 > 0,\ b\ \text{reell}). \qquad (2.79)$$

Eine Anwendung von (2.79) haben wir im Beispiel 1.1, wenn wir dort den Befestigungspunkt der Feder an der Wand nunmehr beweglich gestalten und im Rhythmus $z = z(t) = a\cos(\omega_1 t)$ bewegen. Infolgedessen wirkt auf das Teilchen zusätzlich die Kraft $F(t) = kz(t) = ak\cos(\omega_1 t)$, und damit lautet die Differentialgleichung $m\ddot{x} + \alpha\dot{x} + kx = ak\cos(\omega_1 t)$. Im elektrischen Schwingkreis – siehe die Differentialgleichung für $I(t)$ in der Aufgabe 1.2 – wird die Rolle der äußeren Kraft von der Spannung $U(t) = a\cos(\omega_1 t)$ einer Stromquelle übernommen: $L\ddot{I} + R\dot{I} + \frac{1}{C}I = a\cos(\omega_1 t)$.

**Beispiel 2.11**   Gemäß Satz 2.5 ist beim Lösen von (2.79) zunächst eine partikuläre Lösung $Y_p(t)$ von $\ddot{Y} + 2\delta\dot{Y} + \omega_0^2 Y = be^{i\omega_1 t}$ zu bestimmen. Dies ist bereits im Beispiel 2.9 mit den Gleichungen (2.69), (2.70) geschehen. Wegen (2.74) ergibt sich damit schließlich

$$y_p(t) = b((\omega_0^2 - \omega_1^2)^2 + 4\delta^2\omega_1^2)^{-\frac{1}{2}}\cos(\omega_1 t - \alpha), \qquad (2.80)$$

wobei $\alpha$ (2.70) zu entnehmen ist.

Ist das Störglied eine Linearkombination solcher Teilstörglieder, wie sie in den Sätzen 2.4 und 2.5 behandelt werden – z. B. Partialsummen einer Fourierentwicklung des Störgliedes –, so löst man die Differentialgleichung gemäß

---

**Satz 2.6**   *Für die Differentialgleichung*

$$a_n y^{(n)} + a_{n-1} y^{(n-1)} + \ldots + a_1 y' + a_0 y = c_1 g_1(x) + c_2 g_2(x) \quad (a_n \neq 0) \quad (2.81)$$

*kann eine partikuläre Lösung $y_p(x)$ durch*

$$y_p(x) = c_1 y_1(x) + c_2 y_2(x) \qquad (2.82)$$

*angegeben werden; dabei ist $y_\rho(x)$ ($\rho = 1,2$) jeweils eine partikuläre Lösung der Differentialgleichung*

$$a_n y^{(n)} + a_{n-1} y^{(n-1)} + \ldots + a_1 y' + a_0 y = g_\rho(x) \ (\rho = 1,2) \qquad (2.83)$$

*mit $a_\nu (\nu = 0,1,\ldots,n)$ und $g_1(x), g_2(x)$ wie in (2.81).*

---

**Aufgabe 2.18**   Mit der Bemerkung zu Satz 1.4 ist Satz 2.6 zu beweisen.

**Beispiel 2.12**  Gesucht ist eine partikuläre Lösung $y_p(x)$ von

$$y'' + 2y' + 2y = 4\cos x - 3\sin x. \tag{2.84}$$

Zunächst ist wegen der Sätze 2.6 und 2.5

$$Y'' + 2Y' + 2Y = e^{ix} \tag{2.85}$$

zu behandeln. Da die Lösungen der zugehörigen charakteristischen Gleichung $\lambda_{1,2} = -1 \pm i \neq i$ lauten, setzen wir $Y_p = B_0 e^{ix}$ in (2.85) ein und erhalten schließlich $B_0 = \frac{1}{5}(1 - 2i)$. Damit ergibt sich gemäß (2.82)

$$\begin{aligned}
y_p &= 4\mathrm{Re}(Y_p) - 3\mathrm{Im}(Y_p) \\
&= 4\mathrm{Re}[(\frac{1}{5} - \frac{2}{5}i)(\cos x + i\sin x)] - 3\mathrm{Im}[(\frac{1}{5} - \frac{2}{5}i)(\cos x + i\sin x)] \\
&= \frac{4}{5}\cos x + \frac{8}{5}\sin x + \frac{6}{5}\cos x - \frac{3}{5}\sin x \\
&= 2\cos x + \sin x.
\end{aligned}$$

**Beispiel 2.13**  Eine partikuläre Lösung von

$$a_n y^{(n)} + \ldots + a_0 y = c_1 \cos(\beta x) + c_2 \sin(\beta x) \quad (a_n, \ldots, a_0, c_1, c_2,\ \beta \quad \text{reell}) \tag{2.86}$$

hat gemäß den Sätzen 2.4 bis 2.6 die Struktur

$$\begin{aligned}
y_p &= \{c_1 \mathrm{Re}[B_0(\cos(\beta x) + i\sin(\beta x))] + c_2 \mathrm{Im}[B_0(\cos(\beta x) + i\sin(\beta x))]\}x^l \\
&= \{[c_1 \mathrm{Re}(B_0) + c_2 \mathrm{Im}(B_0)]\cos(\beta x) + [-c_1 \mathrm{Im}(B_0) + c_2 \mathrm{Re}(B_0)]\sin(\beta x)\}x^l.
\end{aligned}$$

Bezeichnet man die letzten beiden eckigen Klammern – sie stellen reelle Zahlen dar – durch $K_1$ und $K_2$, so ist

$$y_p = \{K_1 \cos(\beta x) + K_2 \sin(\beta x)\}x^l \quad (K_1, K_2\ \text{reell}), \tag{2.87}$$

wobei $l = 0$ zu setzen ist, falls $i\beta$ die charakteristische Gleichung nicht löst; anderenfalls ist $l$ gleich der Vielfachheit der Lösung $i\beta$ der charakteristischen Gleichung. Wer das Rechnen mit komplexen Zahlen möglichst vermeiden will und bereit ist, gegebenenfalls längere Rechnungen auszuführen, kann beim Lösen von (2.86) die Formel (2.87) als Ansatz benutzen. Es sei betont, daß auch dann beide Konstanten $K_1, K_2$ anzusetzen sind, wenn $c_1$ oder $c_2$ gleich null sein sollte.

**Beispiel 2.14**  Gesucht ist die Lösung der Anfangswertaufgabe

$$y'' - 4y' + 4y = x^3, \quad y(1) = \frac{7}{8}, \quad y'(1) = -\frac{5}{8}. \tag{2.88}$$

Zunächst wird die zu (2.88) gehörige homogene Differentialgleichung $y_h'' - 4y_h' + 4y_h = 0$ gelöst. Der Ansatz $y_h = e^{\lambda x}$ führt zur charakteristischen Gleichung $\lambda^2 - 4\lambda + 4 = 0$. Die Lösungen dieser quadratischen Gleichung fallen zusammen. Es ergibt sich $\lambda_1 = 2$ mit der Vielfachheit $l_1 = 2$. Infolgedessen kann wegen (2.11) eine Basis des zweidimensionalen Lösungsraumes durch $e^{2x}, xe^{2x}$ angegeben werden. Also ist

$$y_h(x) = C_1 e^{2x} + C_2 x e^{2x}. \tag{2.89}$$

Die rechte Seite $x^3$ von (2.88) hat die Struktur von (2.59) mit $m = 3$ und $q = 0$. Da $q = 0$ keine Lösung der charakteristischen Gleichung ist, wird für eine partikuläre Lösung von (2.88) wegen Satz 2.4 (man beachte den „Zusatz 2 zu Satz 2.4")

$$y_p(x) = B_0 + B_1 x + B_2 x^2 + B_3 x^3 \tag{2.90}$$

gemacht. Einsetzen von (2.90) in (2.88) ergibt

$$2B_2 + 6B_3 x - 4(B_1 + 2B_2 x + 3B_3 x^2) + 4(B_0 + B_1 x + B_2 x^2 + B_3 x^3) = x^3.$$

Wird die linke Seite dieser Gleichung nach Potenzen von $x$ geordnet, so erhält man

$$4B_3 x^3 + (-12B_3 + 4B_2)x^2 + (6B_3 - 8B_2 + 4B_1)x + (2B_2 - 4B_1 + 4B_0) = x^3. \tag{2.91}$$

Gemäß dem Zusatz 1 von Satz 2.4 erfolgt jetzt in (2.91) ein Koeffizientenvergleich, d. h., die Koeffizienten gleicher $x$-Potenzen der beiden Seiten von (2.91) werden einander gleich gesetzt. Dabei ergibt sich das folgende gestaffelte lineare algebraische Gleichungssystem für die Unbekannten $B_0, \ldots, B_3$ :

$$\begin{aligned} 4B_3 &= 1 \\ 4B_2 - 12B_3 &= 0 \\ 4B_1 - 8B_2 + 6B_3 &= 0 \\ 4B_0 - 4B_1 + 2B_2 &= 0. \end{aligned} \tag{2.92}$$

Das Gleichungssystem (2.92) liefert der Reihe nach

$$B_3 = \frac{1}{4}, \quad B_2 = \frac{3}{4}, \quad B_1 = \frac{9}{8}, \quad B_0 = \frac{3}{4}. \tag{2.93}$$

Einsetzen von (2.93) in (2.90) führt zu der folgenden partikulären Lösung

$$y_p(x) = \frac{3}{4} + \frac{9}{8}x + \frac{3}{4}x^2 + \frac{1}{4}x^3. \tag{2.94}$$

Wegen Satz 1.4 ergibt sich die allgemeine Lösung der Differentialgleichung (2.88):

$$y(x) = y_h(x) + y_p(x) = C_1 e^{2x} + C_2 x e^{2x} + \frac{3}{4} + \frac{9}{8}x + \frac{3}{4}x^2 + \frac{1}{4}x^3. \qquad (2.95)$$

(2.95) ist noch den Anfangsbedingungen anzupassen. Einsetzen von (2.95) in die Anfangsbedigungen aus (2.88) ergibt das folgende Gleichungssystem für $C_1$ und $C_2$ :

$$\begin{aligned} e^2 C_1 + e^2 C_2 &= -2 \\ 2e^2 C_1 + 3e^2 C_2 &= -4. \end{aligned} \qquad (2.96)$$

Aus (2.96) folgt $C_1 = -2e^{-2}$,  $C_2 = 0$. Somit lautet die Lösung der Anfangswertaufgabe (2.88)

$$y(x) = -2e^{2(x-1)} + \frac{3}{4} + \frac{9}{8}x + \frac{3}{4}x^2 + \frac{1}{4}x^3. \qquad (2.97)$$

**Bemerkung 2.1**  Soll (2.58) mit (2.71) oder (2.72) gelöst werden, wobei jedoch die Voraussetzung (2.73) verletzt ist, so kann man Satz 2.5 nicht anwenden. In diesem Fall benutze man (2.27), (2.28) und führe die Lösung mittels Satz 2.6 auf Satz 2.4 zurück.

**Aufgabe 2.19**  Gegeben ist die Randwertaufgabe für $y = y(x)$

$$y'' + 4y = 2x, \quad y(0) = 0, \quad y(b) = 0,$$

wobei die Konstante $b$ aus dem Intervall $0 < b \leq \pi$ entnommen wird. Für welche $b$ gibt es genau eine Lösung der Randwertaufgabe, für welche $b$ gibt es mehrere und für welche $b$ keine Lösung?

**Aufgabe 2.20**  Man löse die Anfangswertaufgabe für $x = x(t)$

$$\ddot{x} + 3\dot{x} - 4x = 12t + 25\cos(2t), \quad x(0) = \frac{5}{4}, \quad \dot{x}(0) = 2.$$

**Aufgabe 2.21**  Man bestimme gemäß Definition 1.2 die Lösung $y = y(x)$ der Anfangswertaufgabe $y'' + 4y = g(x)$, $g(x) = 0$ für $0 \leq x < \pi$ und $2\pi < x < \infty$, $g(x) = 1$ für $\pi \leq x \leq 2\pi$, $y(0) = 1$, $y'(0) = 0$.

**Aufgabe 2.22**  Man löse Aufgabe 3.6, indem man gemäß den Sätzen 1.1 und 1.2 zunächst eine Differentialgleichung für $I_2(t)$ herstellt.

Eine Möglichkeit der Herstellung einer partikulären Lösung der inhomogenen Differentialgleichung auch bei Strukturen des Störgliedes, die durch unsere Ansatzmethode nicht erfaßt werden, liefert die Methode der *Variation der Konstanten* im Abschnitt 3.3.2.

# 3 Lineare Differentialgleichungssysteme mit konstanten Koeffizienten

Wegen Satz 1.1 genügt es, Systeme zu untersuchen, die nur Ableitungen erster Ordnung enthalten. Wegen (1.65), (1.66) beschäftigen wir uns zunächst im Abschnitt 3.1 – analog zu 2.1 – mit einer Basis des zugehörigen homogenen Systems. Im Abschnitt 3.2 nennen wir – analog zu 2.2 – eine Ansatzmethode zur Herstellung einer partikulären Lösung des inhomogenen Systems. Haben Störglieder nicht die für die Ansatzmethode erforderliche Struktur, so kann man die im Abschnitt 3.3 vorgeführte Methode der Variation der Konstanten benutzen.

## 3.1 Lineare homogene Differentialgleichungssysteme

Das zum Differentialgleichungssystem (1.63) gehörige homogene Differentialgleichungssystem lautet

$$\mathbf{A}\mathbf{y}'_h + \mathbf{B}\mathbf{y}_h = \mathbf{0}, \quad \det\mathbf{A} \neq 0, \tag{3.1}$$

wobei jetzt die Matrizen $\mathbf{A}$ und $\mathbf{B}$ aus (1.62) *konstante* Elemente haben sollen. Wie im Abschnitt 2.1.1 steht jetzt in 3.1.1 ein Exponentialansatz im Mittelpunkt, der schließlich zu einer Basis der allgemeinen Lösung von (3.1) führt. Im Abschnitt 3.1.2 wird gezeigt, wie man analog zu Abschnitt 2.1.2 von einer komplexen Basis zu einer reellen Basis übergeht.

### 3.1.1 Der Exponentialansatz

Eine unmittelbare Übertragung von (2.3), etwa durch $\mathbf{y}_h(x) = \mathrm{e}^{\lambda x}$, ist nicht möglich, da links eine einspaltige Matrix und rechts keine solche Matrix steht. Es liegt nahe, jetzt den Ansatz

$$\mathbf{y}_h = \mathbf{d}\mathrm{e}^{\lambda x}, \qquad \mathbf{d} \neq \mathbf{0} \tag{3.2}$$

zu machen, wobei $\mathbf{d}$ eine einspaltige Matrix ist, die die $n$ unbekannten, im allgemeinen komplexen Konstanten $d_1, \ldots, d_n$ besitzt. Wir schreiben $\mathbf{d} = (d_1 \ldots d_n)^{\mathrm{T}}$, wobei das T bedeutet, daß in der vorliegenden Matrix Zeilen und Spalten zu vertauschen sind. Einsetzen von (3.2) in (3.1) führt zur Matrixgleichung

$$\mathbf{A}\lambda\mathbf{d}\mathrm{e}^{\lambda x} + \mathbf{B}\mathbf{d}\mathrm{e}^{\lambda x} = \mathbf{0}. \tag{3.3}$$

Wie beim Übergang von (2.4) zu (2.5) ist es möglich, (3.3) beiderseits durch $\mathrm{e}^{\lambda x}$ zu dividieren. Weiterhin soll $\mathbf{d}$ ausgeklammert werden; da es sich um eine

Matrixgleichung handelt, muß genauer gesagt werden, daß $\mathbf{d}$ nach *rechts* auszuklammern ist, weil in der Matrixgleichung Faktoren im allgemeinen nicht vertauscht werden dürfen. Damit folgt aus (3.3)

$$(\mathbf{A}\lambda + \mathbf{B})\mathbf{d} = \mathbf{0}. \tag{3.4}$$

(3.4) stellt in Matrixgestalt ein lineares homogenes Gleichungssystem (*nicht* Differentialgleichungssystem) von $n$ Gleichungen für unsere $n$ Unbekannten $d_1, \ldots, d_n$ dar (s. [MSV]). Ist die Koeffizientendeterminante von null verschieden, so gibt es nur die triviale Lösung $d_1 = \ldots = d_n = 0$, d. h. $\mathbf{d} = \mathbf{0}$; dieser Fall wurde jedoch bereits im Ansatz (3.2) ausgeschlossen, weil er lediglich zur uninteressanten trivialen Lösung $\mathbf{y}_h \equiv \mathbf{0}$ des Differentialgleichungssystems führt. Folglich ist nur der Fall

$$\det(\mathbf{A}\lambda + \mathbf{B}) = 0 \tag{3.5}$$

interessant. Die Gleichung (3.5) heißt in Analogie zu (2.5) *charakteristische Gleichung*. Auf der linken Seite von (3.5) steht ein Polynom vom Grade $n$. Es sei $\lambda_k$ eine Lösung der charakteristischen Gleichung (3.5) mit der Vielfachheit $l_k = 1$. Einsetzen von $\lambda_k$ in (3.4) führt zu

$$(\mathbf{A}\lambda_k + \mathbf{B})\mathbf{d} = \mathbf{0}. \tag{3.6}$$

Aus den bisherigen Rechnungen folgt, daß die Determinante von $\mathbf{A}\lambda_k + \mathbf{B}$ gleich null ist. Infolgedessen hat das durch (3.6) gegebene lineare homogene Gleichungssystem unendlich viele Lösungen. Man kann zeigen, daß die Lösungen $\mathbf{d}$ von (3.6) einen eindimensionalen linearen (Vektor-)Raum (s. [MSV]) bilden, von dem ein Basiselement mit $\mathbf{d}_k$ bezeichnet werde. Setzt man im Ansatz (3.2) für $\lambda$ den Wert $\lambda_k$ und für $\mathbf{d}$ die gefundene einspaltige Matrix $\mathbf{d}_k$ ein, so ergibt sich das Basiselement

$$\mathbf{y}_k(x) = \mathbf{d}_k e^{\lambda_k x}. \tag{3.7}$$

Um Umständlichkeiten zu vermeiden, schreiben wir kurz $\mathbf{y}_k$ anstatt ausführlich $\mathbf{y}_{hk}$. Eine unmittelbare Übertragung von Satz 2.2 ist nicht möglich. Im allgemeinen ist der Sachverhalt jetzt komplizierter. Ist $\lambda_k$ eine Lösung mit der Vielfachheit $l_k = 2$, so kommt man nur dann mit dem Ansatz (3.2) aus, wenn die Lösungen $\mathbf{d}$ aus (3.6) einen $l_k = 2$-dimensionalen Lösungsraum bilden, von dem eine Basis mit $\mathbf{d}_k^{(1)}$, $\mathbf{d}_k^{(2)}$ bezeichnet werde. An die Stelle des einen Basiselementes aus (3.7) treten nun die $l_k = 2$ Basiselemente

$$\mathbf{y}_k^{(1)} = \mathbf{d}_k^{(1)} e^{\lambda_k x}, \quad \mathbf{y}_k^{(2)} = \mathbf{d}_k^{(2)} e^{\lambda_k x}. \tag{3.8}$$

(Die in Klammern gesetzten Zahlen dienen nur der Numerierung, bezeichnen also keine Ableitungen.) Sollte jedoch der Lösungsraum für $\mathbf{d}$ die Dimension

$r = 1$ (also $r < l_k$) besitzen, so steht in (3.8) nur $r = 1$ Basiselement $\mathbf{d}_k^{(1)}\mathrm{e}^{\lambda_k x}$, obwohl auch im jetzigen Fall $l_k = 2$ Basiselemente benötigt werden. Die dann noch fehlenden $l_k - r$ Basiselemente – hier ist $l_k - r = 2 - 1 = 1$ – kann man durch einen komplizierteren Ansatz erreichen, indem man $\mathbf{d}$ aus (3.2) durch ein Polynom vom $l_k - r = 2 - 1 = 1$ten Grad ersetzt:

$$\mathbf{y}_h = (\mathbf{d} + \tilde{\mathbf{d}}x)\mathrm{e}^{\lambda_k x}. \tag{3.9}$$

Der Ansatz (3.9) wird in (3.1) eingesetzt:

$$\mathbf{A}(\tilde{\mathbf{d}} + \mathbf{d}\lambda_k + \tilde{\mathbf{d}}\lambda_k x)\mathrm{e}^{\lambda_k x} + \mathbf{B}(\mathbf{d} + \tilde{\mathbf{d}}x)\mathrm{e}^{\lambda_k x} = \mathbf{0}.$$

Danach ist durch $\mathrm{e}^{\lambda_k x}$ zu dividieren und nach Potenzen von $x$ zu ordnen:

$$(\mathbf{A}(\tilde{\mathbf{d}} + \mathbf{d}\lambda_k) + \mathbf{B}\mathbf{d}) + (\mathbf{A}\tilde{\mathbf{d}}\lambda_k + \mathbf{B}\tilde{\mathbf{d}})x = \mathbf{0}.$$

Schließlich ist ein Koeffizientenvergleich bezüglich $x$ durchzuführen:

$$\mathbf{A}(\tilde{\mathbf{d}} + \mathbf{d}\lambda_k) + \mathbf{B}\mathbf{d} = \mathbf{0}, \quad \mathbf{A}\tilde{\mathbf{d}}\lambda_k + \mathbf{B}\tilde{\mathbf{d}} = \mathbf{0}.$$

Es ergibt sich ein lineares homogenes Gleichungssystem von $l_k \cdot n = 2n$ Gleichungen, das in Matrixgestalt lautet:

$$(\mathbf{A}\lambda_k + \mathbf{B})\mathbf{d} + \mathbf{A}\tilde{\mathbf{d}} = \mathbf{0} \tag{3.10}$$
$$(\mathbf{A}\lambda_k + \mathbf{B})\tilde{\mathbf{d}} = \mathbf{0}. \tag{3.11}$$

Man kann zeigen, daß der zu diesem Gleichungssystem (3.10), (3.11) gehörige Lösungsraum die Dimension $l_k = 2$ besitzt. Eine Basis von ihm bezeichnen wir kurz mit

$$\begin{pmatrix} \mathbf{d}_k^{(1)} \\ \tilde{\mathbf{d}}_k^{(1)} \end{pmatrix}, \quad \begin{pmatrix} \mathbf{d}_k^{(2)} \\ \tilde{\mathbf{d}}_k^{(2)} \end{pmatrix}. \tag{3.12}$$

Das erste Basiselement aus (3.12) ist mit $\tilde{\mathbf{d}}_k^{(1)} = \mathbf{0}$ wegen (3.6) und (3.10), (3.11) schon bekannt. Vom zweiten Basiselement aus (3.12) kennen wir wegen (3.6) und (3.11) bereits $\tilde{\mathbf{d}}_k^{(2)}$; es ist gleich $\mathbf{d}_k^{(1)}$. Hat man (3.12) ermittelt, erhält man wegen (3.9) die $l_k = 2$ Basiselemente der Lösungsgesamtheit von (3.1), die zu $\lambda_k$ gehören:

$$\mathbf{y}_k^{(1)} = \mathbf{d}_k^{(1)}\mathrm{e}^{\lambda_k x}, \quad \mathbf{y}_k^{(2)} = (\mathbf{d}_k^{(2)} + \tilde{\mathbf{d}}_k^{(2)}x)\mathrm{e}^{\lambda_k x}. \tag{3.13}$$

**Beispiel 3.1**   Zwei Punktmassen $m_1$ und $m_2$ befinden sich an den Stellen $O_1$ und $O_2$ einer Zahlengeraden in Ruhe und sind durch eine entspannte Feder (Federkonstante $k > 0$) verbunden. Zur Zeit $t = 0$ erfährt die Punktmasse $m_1$ eine

Anfangsgeschwindigkeit $v_0$ in Richtung der Zahlengeraden. Gesucht sind die Bewegungen $x_1 = x_1(t)$ und $x_2 = x_2(t)$, wobei $x_1$ bzw. $x_2$ den orientierten Abstand der Massen $m_1$ bzw. $m_2$ vom Punkt $O_1$ bzw. $O_2$ messen. Mathematisch gesprochen ist folgende Anfangswertaufgabe zu lösen:

$$m_1 \ddot{x}_1 + k(x_1 - x_2) = 0, \quad m_2 \ddot{x}_2 + k(x_2 - x_1) = 0, \tag{3.14}$$

$$x_1(0) = 0, \quad \dot{x}_1(0) = v_0, \quad x_2(0) = 0, \quad \dot{x}_2(0) = 0. \tag{3.15}$$

Gemäß Satz 1.1 wird (3.14) in ein äquivalentes Differentialgleichungssystem umgeformt, das nur Ableitungen erster Ordnung enthält. Mit $\dot{x}_1 = z_1$, $\dot{x}_2 = z_2$ ergibt sich

$$\dot{x}_1 - z_1 = 0, \; m_1 \dot{z}_1 + k(x_1 - x_2) = 0, \; \dot{x}_2 - z_2 = 0, \; m_2 \dot{z}_2 + k(x_2 - x_1) = 0. \tag{3.16}$$

(3.16) lautet in Matrixgestalt

$$\mathbf{A}\dot{\mathbf{x}} + \mathbf{B}\mathbf{x} = \mathbf{0} \tag{3.17}$$

mit

$$\mathbf{x} = \begin{pmatrix} x_1 \\ z_1 \\ x_2 \\ z_2 \end{pmatrix}, \; \mathbf{A} = \begin{pmatrix} 1 & 0 & 0 & 0 \\ 0 & m_1 & 0 & 0 \\ 0 & 0 & 1 & 0 \\ 0 & 0 & 0 & m_2 \end{pmatrix}, \; \mathbf{B} = \begin{pmatrix} 0 & -1 & 0 & 0 \\ k & 0 & -k & 0 \\ 0 & 0 & 0 & -1 \\ -k & 0 & k & 0 \end{pmatrix}. \tag{3.18}$$

Der Ansatz $\mathbf{x} = \mathbf{d}e^{\lambda t}$ wird in (3.17) eingesetzt und führt zu (3.4) mit (3.18). Für die charakteristische Gleichung erhält man (3.5) mit (3.18). Die Rechnung liefert

$$\lambda^2 (m_1 m_2 \lambda^2 + k(m_1 + m_2)) = 0. \tag{3.19}$$

Mit der Abkürzung

$$\omega = \left( k \frac{m_1 + m_2}{m_1 m_2} \right)^{\frac{1}{2}} \tag{3.20}$$

ergeben sich die Lösungen von (3.19) zu $\lambda_1 = 0$, $\lambda_2 = i\omega$, $\lambda_3 = -i\omega$ mit den zugehörigen Vielfachheiten $l_1 = 2$, $l_2 = 1$, $l_3 = 1$. Für $\lambda = \lambda_1 = 0$ entsteht aus (3.4) das Gleichungssystem

$$\mathbf{B}\mathbf{d} = \mathbf{0}. \tag{3.21}$$

Es hat mit $\mathbf{B}$ aus (3.18) einen 1-dimensionalen Lösungsraum, wobei $\mathbf{d}_1^{(1)} = (1 \; 0 \; 1 \; 0)^{\mathrm{T}}$ eine Basis ist. Folglich ist ein zu $\lambda_1 = 0$ gehöriges Basiselement der Lösungen des Systems (3.17)

$$\mathbf{x}_1^{(1)}(t) = (1 \; 0 \; 1 \; 0)^{\mathrm{T}}. \tag{3.22}$$

Wegen $l_1 = 2$ müssen zu $\lambda_1 = 0$ für die Lösungen von (3.17) $l_1 = 2$ Basiselemente gefunden werden. Ein neben (3.22) weiteres Basiselement ist gemäß (3.9) durch den Ansatz

$$\mathbf{x}(t) = (\mathbf{d} + \tilde{\mathbf{d}}t)e^{0t} = \mathbf{d} + \tilde{\mathbf{d}}t \tag{3.23}$$

zu bestimmen. Setzt man (3.23) in (3.17) ein, so ergibt sich $\mathbf{A}\tilde{\mathbf{d}}+\mathbf{B}(\mathbf{d}+\tilde{\mathbf{d}}t) = \mathbf{0}$, und nach dem Koeffizientenvergleich bezüglich $t$ erhält man die Gleichungen (3.10), (3.11), wobei $\lambda_k = \lambda_1 = 0$ zu setzen ist, also

$$\mathbf{B}\mathbf{d} + \mathbf{A}\tilde{\mathbf{d}} = \mathbf{0} \tag{3.24}$$
$$\mathbf{B}\tilde{\mathbf{d}} = \mathbf{0}. \tag{3.25}$$

In (3.24), (3.25) stehen insgesamt 8 Gleichungen für die 8 Elemente von $\begin{pmatrix} \mathbf{d} \\ \tilde{\mathbf{d}} \end{pmatrix}$.

Ein Basiselement des Lösungsraumes von (3.24), (3.25) ist – wie bereits in der allgemeinen Theorie erwähnt – bekannt, nämlich

$$\begin{pmatrix} \mathbf{d}_1^{(1)} \\ \tilde{\mathbf{d}}_1^{(1)} \end{pmatrix} = (1\ 0\ 1\ 0\ 0\ 0\ 0\ 0)^{\mathrm{T}}.$$

Von einem weiteren Basiselement $\begin{pmatrix} \mathbf{d}_1^{(2)} \\ \tilde{\mathbf{d}}_1^{(2)} \end{pmatrix}$ ist - wie wir auch der allgemeinen

Theorie entnehmen können - $\tilde{\mathbf{d}}_1^{(2)} = \mathbf{d}_1^{(1)} = (1\ 0\ 1\ 0)^{\mathrm{T}}$ bekannt. Einsetzen von $\tilde{\mathbf{d}}_1^{(2)}$ in (3.24) führt mit $\mathbf{A}, \mathbf{B}$ aus (3.18) schließlich zu $\mathbf{d}_1^{(2)} = (1\ 1\ 1\ 1)^{\mathrm{T}}$. Folglich ergibt sich neben (3.22) ein zu $\lambda_1 = 0$ gehöriges Basiselement der Lösungen von (3.17), (3.18) zu

$$\mathbf{x}_1^{(2)}(t) = \left(\mathbf{d}_1^{(2)} + \tilde{\mathbf{d}}_1^{(2)}t\right)e^{0t} = (1\ 1\ 1\ 1)^{\mathrm{T}} + (1\ 0\ 1\ 0)^{\mathrm{T}}t. \tag{3.26}$$

Für $\lambda_2 = i\omega$ lautet (3.4)

$$(\mathbf{A}i\omega + \mathbf{B})\mathbf{d} = \mathbf{0}, \tag{3.27}$$

wobei $\mathbf{A}$ und $\mathbf{B}$ aus (3.18) einzusetzen sind. Die Rechnung zeigt bei Beachtung von (3.20), daß ein Basiselement des $l_2 = 1$-dimensionalen Lösungsraumes von (3.27) durch $\mathbf{d}_2 = (m_2\ \ i\omega m_2\ \ -m_1\ -i\omega m_1)^{\mathrm{T}}$ angegeben werden kann. Analog ergibt sich zu $\lambda_3 = -i\omega$ gehörig $\mathbf{d}_3 = (m_2\ \ -i\omega m_2\ \ -m_1\ \ i\omega m_1)^{\mathrm{T}}$. Zu $\lambda_2 = i$ und $\lambda_3 = -i$ ergeben sich also als Basiselemente der Lösungsgesamtheit des Differentialgleichungssystems (3.17), (3.18)

$$\mathbf{x}_2(t) = (m_2\ \ i\omega m_2\ \ -m_1\ \ -i\omega m_1)^{\mathrm{T}}e^{i\omega t} \tag{3.28}$$
$$\mathbf{x}_3(t) = (m_2\ \ -i\omega m_2\ \ -m_1\ \ i\omega m_1)^{\mathrm{T}}e^{-i\omega t}. \tag{3.29}$$

Die Funktionen (3.22), (3.26), (3.28), (3.29) bilden eine Basis der zu (3.17), (3.18) gehörigen Gesamtheit von Lösungen. Wir brechen jetzt die Untersuchungen ab, um sie im Beispiel 3.3 wieder aufzunehmen.

**Aufgabe 3.1**   Man bestimme die allgemeine Lösung des folgenden Differentialgleichungssystems für $y_1(x)$, $y_2(x)$, $y_3(x)$ :

$$y_1' = y_2 + y_3, \quad y_2' = y_1 + y_3, \quad y_3' = y_1 + y_2.$$

**Aufgabe 3.2**   Man löse das System

$$y_1' - 2y_1 = 0, \quad y_2' - 2y_1 - y_2 + 2y_3 = 0, \quad y_3' + y_1 - 2y_3 = 0.$$

Den allgemeinen Fall $l_k$ und $r$ mit $r < l_k$ können Sie dem bisherigen Text entnehmen, wenn Sie sich vom Spezialfall $l_k = 2$ und $r = 1$ lösen. Zur Illustration behandeln wir hierzu das

**Beispiel 3.2**   Gesucht ist die allgemeine Lösung des zum Differentialgleichungssystem (1.63), (1.64) (mit $EJ = $ const) gehörigen homogenen Systems. Die charakteristische Gleichung ist $\det(\mathbf{A}\lambda + \mathbf{B}) = 0$, also

$$\begin{vmatrix} \lambda & -1 & 0 & 0 \\ 0 & \lambda & \frac{1}{EJ} & 0 \\ 0 & 0 & \lambda & -1 \\ 0 & 0 & 0 & \lambda \end{vmatrix} = 0$$

und damit $\lambda^4 = 0$ mit der Lösung $\lambda_1 = 0$. Die Vielfachheit beträgt $l_1 = 4$. Das System (3.4) lautet mit $\lambda = \lambda_1 = 0$ hier $\mathbf{Bd} = \mathbf{0}$. Die Lösungen $\mathbf{d}$ bilden einen $r = 1$–dimensionalen Raum; als Basiselement kann $\mathbf{d}_1^{(1)} = (1\ 0\ 0\ 0)^\mathrm{T}$ genommen werden. Dies führt zum Basiselement

$$\mathbf{y}_1^{(1)}(x) = (1\ 0\ 0\ 0)^\mathrm{T}. \tag{3.30}$$

Es fehlen noch $l_1 - r = 4 - 1 = 3$ Basiselemente. In Analogie zu (3.9) ist jetzt der Ansatz

$$\mathbf{y}_h = \mathbf{d} + \tilde{\mathbf{d}}x + \tilde{\tilde{\mathbf{d}}}\,x^2 + \hat{\mathbf{d}}x^3 \tag{3.31}$$

zu machen. Einsetzen von (3.31) in $\mathbf{A}\mathbf{y}_h' + \mathbf{B}\mathbf{y}_h = \mathbf{0}$ mit $\mathbf{A}, \mathbf{B}$ aus (1.64) führt nach anschließendem Koeffizientenvergleich bezüglich der Potenzen von $x$ zu einem Gleichungssystem von 4 mal 4 = 16 Gleichungen für die 4 mal 4 = 16 Elemente von $\mathbf{d}, \tilde{\mathbf{d}}, \tilde{\tilde{\mathbf{d}}}, \hat{\mathbf{d}}$. In Matrixgestalt ergibt sich:

$$\tilde{\mathbf{d}} + \mathbf{Bd} = \mathbf{0}, \quad 2\tilde{\tilde{\mathbf{d}}} + \mathbf{B}\tilde{\mathbf{d}} = \mathbf{0}, \quad 3\hat{\mathbf{d}} + \mathbf{B}\tilde{\tilde{\mathbf{d}}} = \mathbf{0}, \quad \mathbf{B}\hat{\mathbf{d}} = \mathbf{0}. \tag{3.32}$$

Gemäß der allgemeinen Theorie ist der Lösungsraum für die aus den 16 Elementen von $\mathbf{d}, \ldots, \overset{\wedge}{\mathbf{d}}$ bestehenden einspaltigen Matrizen $l_1 = 4$-dimensional, und ein Basiselement ist bereits bekannt. Es wird gebildet von

$$\hat{\mathbf{d}}_1^{(1)} = (1\ 0\ 0\ 0)^{\mathrm{T}},\ \tilde{\mathbf{d}}_1^{(1)} = \overset{\approx}{\mathbf{d}}_1^{(1)} = \mathbf{d}_1^{(1)} = \mathbf{0}.$$

Für ein weiteres Basiselement ergibt sich der Reihe nach

$$\hat{\mathbf{d}}_1^{(2)} = (1\ 0\ 0\ 0)^{\mathrm{T}},\ \overset{\approx}{\mathbf{d}}_1^{(2)} = (0\ 3\ 0\ 0)^{\mathrm{T}},\ \tilde{\mathbf{d}}_1^{(2)} = (0\ 0\ -6EJ\ 0),\ \mathbf{d}_1^{(2)} = (0\ 0\ 0\ -6EJ)^{\mathrm{T}}$$

und ebenso für die beiden letzten Basiselemente

$$\hat{\mathbf{d}}_1^{(3)} = \mathbf{0},\ \overset{\approx}{\mathbf{d}}_1^{(3)} = (1\ 0\ 0\ 0)^{\mathrm{T}},\ \tilde{\mathbf{d}}_1^{(3)} = (0\ 2\ 0\ 0)^{\mathrm{T}},\ \mathbf{d}_1^{(3)} = (0\ 0\ -2EJ\ 0)^{\mathrm{T}}$$

und

$$\hat{\mathbf{d}}_1^{(4)} = \overset{\approx}{\mathbf{d}}_1^{(4)} = \mathbf{0},\ \tilde{\mathbf{d}}_1^{(4)} = (1\ 0\ 0\ 0)^{\mathrm{T}},\ \mathbf{d}_1^{(4)} = (0\ 1\ 0\ 0)^{\mathrm{T}}.$$

Also lautet schließlich die allgemeine Lösung

$$\mathbf{y}_h(x) = C_1 \mathbf{y}_1^{(1)}(x) + \ldots + C_4 \mathbf{y}_1^{(4)}(x) \tag{3.33}$$

mit

$$\begin{aligned}
\mathbf{y}_1^{(1)} &= (1\ 0\ 0\ 0)^{\mathrm{T}}, \\
\mathbf{y}_1^{(2)} &= (x^3\ 3x^2\ -6EJx\ -6EJ)^{\mathrm{T}}, \\
\mathbf{y}_1^{(3)} &= (x^2\ 2x\ -2EJ\ 0)^{\mathrm{T}}, \\
\mathbf{y}_1^{(4)} &= (x\ 1\ 0\ 0)^{\mathrm{T}},
\end{aligned} \tag{3.34}$$

d. h. ausführlich

$$\begin{aligned}
w(x) &= C_1 &+C_2 x^3 &+C_3 x^2 &+C_4 x, \\
z(x) &= &3C_2 x^2 &+2C_3 x &+C_4, \\
M(x) &= &-6EJC_2 x &-2EJC_3, \\
Q(x) &= &-6EJC_2.
\end{aligned} \tag{3.35}$$

### 3.1.2  Übergang zur reellen Basis

Wir setzen nunmehr voraus, daß in dem Differentialgleichungssystem (3.1) die Elemente der Matrizen $\mathbf{A}$ und $\mathbf{B}$ alle reell sind. Wie im Abschnitt 2.1.2 werden die reellen Basiselemente aus (3.7), (3.8), (3.13) unverändert in die neue Basis übernommen. Ist ein Basiselement nichtreell, so kann man zeigen, daß das zu ihm konjugiert komplexe Element als Basiselement der alten Basis gewählt werden kann. Analog zu (2.32), (2.33) bilden wir von den beiden genannten zueinander konjugiert komplexen Basiselementen einerseits die *halbe Summe* und andererseits $\frac{1}{i}$*mal halbe Differenz*. Die entstehenden beiden Ergebnisse sind wie in (2.32), (2.33) wieder sowohl Basiselemente als auch beide reell.

**Beispiel 3.3**    (Fortsetzung von Beispiel 3.1) Die beiden Basiselemente aus (3.22) und (3.26) werden unverändert in die neue reelle Basis übernommen. (3.28) und (3.29) sind zueinander konjugiert komplex. Gemäß der allgemeinen Theorie bilden wir ihre halbe Summe und $\frac{1}{i}$mal halbe Differenz. Es ergibt sich

$$\frac{1}{2}(\mathbf{x}_2(t) + \mathbf{x}_3(t)) =$$
$$(m_2\cos(\omega t) \; -m_2\omega\sin(\omega t) \; -m_1\cos(\omega t) \; m_1\omega\sin(\omega t))^{\mathrm{T}} \quad (3.36)$$
$$\frac{1}{2\mathrm{i}}(\mathbf{x}_2(t) - \mathbf{x}_3(t)) =$$
$$(m_2\sin(\omega t) \; m_2\omega\cos(\omega t) \; -m_1\sin(\omega t) \; -m_1\omega\cos(\omega t))^{\mathrm{T}}. \quad (3.37)$$

Die allgemeine reelle Lösung von (3.17), (3.18) erhält man gemäß (1.66) durch Linearkombination von (3.22), (3.26), (3.36), (3.37):

$$\mathbf{x}(t) = C_1\mathbf{x}_1^{(1)}(t) + C_2\mathbf{x}_1^{(2)}(t) + C_3\frac{1}{2}(\mathbf{x}_2(t)+\mathbf{x}_3(t)) + C_4\frac{1}{2\mathrm{i}}(\mathbf{x}_2(t)-\mathbf{x}_3(t)). \quad (3.38)$$

In (3.38) sind $C_1,\ldots,C_4$ beliebige *reelle* Konstanten. Wir setzen (3.38) in die Anfangsbedingungen (3.15) ein. Es ergibt sich das folgende lineare Gleichungssystem für $C_1,\ldots,C_4$:

$$\begin{pmatrix} 0 \\ v_0 \\ 0 \\ 0 \end{pmatrix} = C_1\begin{pmatrix} 1 \\ 0 \\ 1 \\ 0 \end{pmatrix} + C_2\begin{pmatrix} 1 \\ 1 \\ 1 \\ 1 \end{pmatrix} + C_3\begin{pmatrix} m_2 \\ 0 \\ -m_1 \\ 0 \end{pmatrix} + C_4\begin{pmatrix} 0 \\ m_2\omega \\ 0 \\ -m_1\omega \end{pmatrix}. \quad (3.39)$$

Die Lösung von (3.39) lautet:

$$C_1 = \frac{-v_0 m_1}{m_1 + m_2}, \quad C_2 = \frac{v_0 m_1}{m_1 + m_2}, \quad C_3 = 0, \quad C_4 = \frac{v_0}{\omega(m_1 + m_2)}. \quad (3.40)$$

Damit ergibt sich schließlich

$$\begin{aligned} x_1(t) &= (v_0/(m_1 + m_2))(m_1 t + \tfrac{m_2}{\omega}\sin(\omega t)), \\ x_2(t) &= (v_0/(m_1 + m_2))(m_1 t - \tfrac{m_1}{\omega}\sin(\omega t)). \end{aligned} \quad (3.41)$$

**Aufgabe 3.3**    Ein elektrisches Teilchen (Ladung $Q$, Masse $m$, Ortsvektor $\mathbf{r} = \mathbf{r}(t)$) bewegt sich im konstanten magnetischen Feld $-B\mathbf{e}_z$ ($B = \text{const} > 0$). Auf das Teilchen wirkt die Lorentzkraft

$$\mathbf{F} = Q\dot{\mathbf{r}} \times (-B\mathbf{e}_z). \quad (3.42)$$

Man setze (3.42) in die Bewegungsgleichung $m\ddot{\mathbf{r}} = \mathbf{F}$ ein, gehe mit $\mathbf{r}(t) = x(t)\mathbf{e}_x + y(t)\mathbf{e}_y + z(t)\mathbf{e}_z$ zu kartesischen Koordinanten $(x, y, z)$ über und bestimme die allgemeine Lösung des entstehenden Differentialgleichungssystems für $x(t), y(t), z(t)$.

## 3.2   Ansatzmethode zur Herstellung einer partikulären Lösung

Eine unmittelbare Übertragung von Satz 2.4 ist zwar nicht möglich, jedoch gilt:

---

**Satz 3.1**   *Für das Differentialgleichungssystem*

$$\mathbf{A}\mathbf{y}' + \mathbf{B}\mathbf{y} = \mathbf{g}(x), \quad \det \mathbf{A} \neq 0 \tag{3.43}$$

*mit den konstanten quadratischen Matrizen $\mathbf{A}$ und $\mathbf{B}$ und*

$$\mathbf{g}(x) = (\mathbf{b}_0 + \mathbf{b}_1 x + \ldots + \mathbf{b}_s x^s)e^{qx} \quad (\mathbf{b}_s \neq \mathbf{0}) \tag{3.44}$$

*($\mathbf{b}_0, \ldots, \mathbf{b}_s$ sind konstante einspaltige Matrizen)*
*führt der Ansatz*

$$\mathbf{y}_p(x) = (\mathbf{B}_0 + \mathbf{B}_1 x + \ldots + \mathbf{B}_s x^s + \mathbf{B}_{s+1} x^{s+1} + \ldots + \mathbf{B}_{s+l} x^{s+l})e^{qx} \tag{3.45}$$

*($\mathbf{B}_0, \ldots, \mathbf{B}_{s+l}$ sind unbekannte einspaltige Matrizen)*
*stets zu einer partikulären Lösung.*

---

**Zusatz zu Satz 3.1**   Zur Bestimmung von $l$ des Ansatzes (3.45) ist von dem zugehörigen homogenen System

$$\mathbf{A}\mathbf{y}_h' + \mathbf{B}\mathbf{y}_h = \mathbf{0} \tag{3.46}$$

die charakteristische Gleichung

$$\det(\mathbf{A}\lambda + \mathbf{B}) = 0 \tag{3.47}$$

hinzuzuziehen. Ist die Zahl $q$ des Störgliedes (3.44) keine Lösung von (3.47), so ist $l = 0$ zu setzen. Wenn jedoch $q$ eine Lösung der Gleichung (3.47) ist, so ist $l$ gleich der Vielfachheit dieser Lösung $q$. Zur Bestimmung der $\mathbf{B}_0, \ldots, \mathbf{B}_{s+l}$ setzt man den Ansatz (3.45) in das System (3.43) ein, dividiert anschließend beide Seiten durch $e^{qx}$, ordnet nach Potenzen von $x$ und führt schließlich bezüglich $x$ einen Koeffizientenvergleich durch. Es ergibt sich ein eindeutig lösbares Gleichungssystem für die Elemente der einspaltigen Matrizen $\mathbf{B}_0, \ldots, \mathbf{B}_{s+l}$.

---

**Satz 3.2**   *Die Sätze 2.5 und 2.6 lassen sich unmittelbar auf das System (3.43) übertragen.*

---

**Aufgabe 3.4**   Man führe die im Satz 3.2 genannte unmittelbare Übertragung tatsächlich durch.

**Aufgabe 3.5**  Man bestimme die allgemeine reelle Lösung des folgenden Differentialgleichungssystems für $y_1(x), y_2(x)$ :

$$-5y_1' - 5y_1 - 6y_2 = 9\sin(2x)$$
$$3y_2' - 5y_1 - 3y_2 = -15xe^{-x}.$$

**Aufgabe 3.6**  Für einen elektrischen Filter (Bild 3.1), d. h. ein Netzwerk, das nur für bestimmte Frequenzen durchlässig ist und die anderen Frequenzen sperrt, gilt bei konstanten Werten von $L, R, C$ das Differentialgleichungssystem für $I_1(t), I_2(t)$ :

$$L\dot{I}_1 + L\dot{I}_2 + RI_2 = a\sin(\omega t)$$
$$L\ddot{I}_2 + R\dot{I}_2 + \frac{1}{C}(I_2 - I_1) = 0.$$

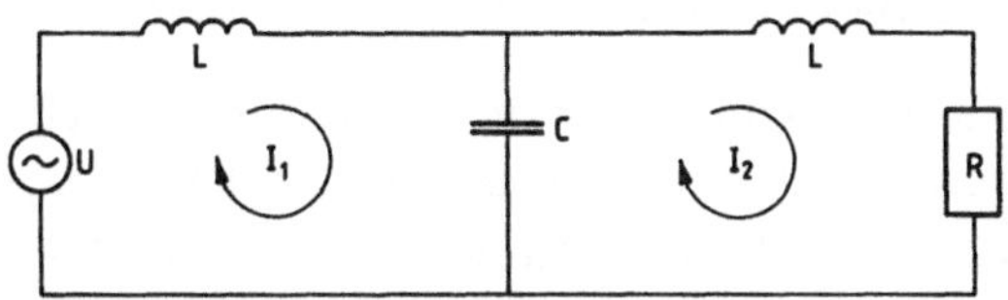


Bild 3.1

Man bestimme die allgemeine reelle Lösung und lasse dann alle Glieder weg, die für $t \to \infty$ nach null streben.  Man bestimme die Spannung $U_2 = RI_2$ für kleines $\omega > 0$, d. h., man entwickele $U_2$ – abgesehen vom Sinusglied – als Funktion von $\omega$ in eine Taylorreihe an der Stelle $\omega = 0$ und breche das Ergebnis nach dem ersten von null verschiedenen Glied ab.  Ferner bestimme man $U_2$ für große $\omega$, d. h., man entwickele $U_2$ – abgesehen vom Sinusglied – als Funktion von $\tilde{\omega} = 1/\omega$ in eine Taylorreihe an der Stelle $\tilde{\omega} = 0$ und breche das Ergebnis nach dem ersten von null verschiedenen Glied ab.  Man begründe die Sprechweise „Durchlaß" und „Sperrung" für diese beiden Spezialfälle.

## 3.3  Variation der Konstanten

Im Abschnitt 3.3.1 führen wir vor, wie partikuläre Lösungen von linearen inhomogenen Differentialgleichungssystemen hergestellt werden können, wenn das Störglied nicht die für eine Ansatzmethode erforderlichen Voraussetzungen erfüllt, und spezialisieren im Abschnitt 3.3.2 die Ergebnisse für lineare Differentialgleichungen $n$-ter Ordnung.  Schließlich werden im Abschnitt 3.3.3 Störglieder vorgestellt, die *nicht* durch (gewöhnliche) Funktionen dargestellt werden können.

### 3.3.1   Angabe der Methode

Es wird jetzt gezeigt, wie man eine partikuläre Lösung $\mathbf{y}_p(x)$ des expliziten gewöhnlichen linearen inhomogenen Differentialgleichungssystem (mit im allgemeinen *variablen* Koeffizienten)

$$\mathbf{A}(x)\mathbf{y}' + \mathbf{B}(x)\mathbf{y} = \mathbf{g}(x), \quad \det\mathbf{A}(x) \neq 0, \quad \mathbf{g}(x) \not\equiv \mathbf{0} \tag{3.48}$$

herstellen kann, falls von dem zugehörigen homogenen System

$$\mathbf{A}(x)\mathbf{y}'_h + \mathbf{B}(x)\mathbf{y}_h = \mathbf{0} \tag{3.49}$$

die allgemeine Lösung (1.66), also

$$\mathbf{y}_h(x) = C_1\mathbf{y}_{h1}(x) + \ldots + C_n\mathbf{y}_{hn}(x), \tag{3.50}$$

bekannt ist. Bei der Ermittlung von $\mathbf{y}_p(x)$ läßt man sich von der Struktur (3.50) anregen, indem man (3.50) benutzt und dort $C_1,\ldots,C_n$ durch noch zu bestimmende Funktionen $u_1(x),\ldots,u_n(x)$ ersetzt (Variation der Konstanten $C_1,\ldots,C_n$) :

$$\mathbf{y}_p(x) = u_1(x)\mathbf{y}_{h1}(x) + \ldots + u_n(x)\mathbf{y}_{hn}(x). \tag{3.51}$$

Einsetzen von (3.51) in die linke Seite von (3.48) ergibt:

$$\mathbf{A}\left(\sum_{\nu=1}^{n} u'_\nu\mathbf{y}_{h\nu}\right) + \mathbf{A}\left(\sum_{\nu=1}^{n} u_\nu\mathbf{y}'_{h\nu}\right) + \mathbf{B}\left(\sum_{\nu=1}^{n} u_\nu\mathbf{y}_{h\nu}\right) = \mathbf{g}(x). \tag{3.52}$$

Die letzten beiden Summanden auf der linken Seite von (3.52) sind gleich $\sum_{\nu=1}^{n} u_\nu(\mathbf{A}\mathbf{y}'_{h\nu} + \mathbf{B}\mathbf{y}_{h\nu})$ und damit gleich der einspaltigen Nullmatrix $\mathbf{0}$, denn die Basiselemente $\mathbf{y}_{h\nu}(\nu = 1,\ldots,n)$ genügen (3.49). Somit geht (3.52) in ein lineares Gleichungssystem (*nicht* Differentialgleichungssystem) von $n$ Gleichungen für die $n$ Funktionen $u'_1,\ldots,u'_n$ über:

$$\sum_{\nu=1}^{n} u'_\nu\mathbf{y}_{h\nu} = \mathbf{A}^{-1}\mathbf{g}(x). \tag{3.53}$$

Es hat genau eine Lösung. Die Koeffizientendeterminante ist nämlich ungleich null, da die $\mathbf{y}_{h\nu}(\nu = 1,\ldots,n)$ eine Basis aller Lösungen von (3.49) bilden. Sind $u'_1,\ldots,u'_n$ bekannt, ergeben sich die $u_1,\ldots,u_n$ durch unbestimmte Integration, wobei auf Integrationskonstanten verzichtet wird, da nur eine einzige partikuläre Lösung gebraucht wird. Einsetzen von $u_1(x),\ldots,u_n(x)$ in (3.51) liefert die gesuchte partikuläre Lösung $\mathbf{y}_p(x)$.

**Beispiel 3.4**  Wir bestimmen eine partikuläre Lösung von (1.63), (1.64), wobei $EJ$ konstant sein soll und $p(x)$ eine stückweise stetige Funktion darstellt. Wegen (3.34) lautet (3.53) hier folgendermaßen:

$$u_1' \begin{pmatrix} 1 \\ 0 \\ 0 \\ 0 \end{pmatrix} + u_2' \begin{pmatrix} x^3 \\ 3x^2 \\ -6EJx \\ -6EJ \end{pmatrix} + u_3' \begin{pmatrix} x^2 \\ 2x \\ -2EJ \\ 0 \end{pmatrix} + u_4' \begin{pmatrix} x \\ 1 \\ 0 \\ 0 \end{pmatrix} = \begin{pmatrix} 0 \\ 0 \\ 0 \\ -p(x) \end{pmatrix},$$

$$(3.54)$$

denn $\mathbf{A}^{-1}$ ist jetzt gleich der Einheitsmatrix. Für $u_2', u_3', u_4', u_1'$ erhält man:

$$u_2' = \frac{p(x)}{6EJ}, \quad u_3' = \frac{-xp(x)}{2EJ}, \quad u_4' = \frac{x^2p(x)}{2EJ}, \quad u_1' = \frac{-x^3p(x)}{6EJ}. \tag{3.55}$$

Wir benötigen von den rechten Seiten jeder Gleichung aus (3.55) eine Stammfunktion, wobei auf die Integrationskonstante zu verzichten ist. Die Stammfunktion kann jeweils als bestimmtes Integral mit der *variablen oberen Grenze* $x$ angegeben werden. Die Integrationsvariable nennen wir $\tilde{x}$, weil die Bezeichnung $x$ bereits für die obere Integrationsgrenze verbraucht ist. Die Wahl der festen unteren Integrationsgrenze ist nicht vorgeschrieben; wir wählen hierfür $\tilde{x} = 0$.

$$u_1(x) = -\frac{1}{6EJ} \int_0^x \tilde{x}^3 p(\tilde{x})\mathrm{d}\tilde{x}, \quad u_2(x) = \frac{1}{6EJ} \int_0^x p(\tilde{x})\mathrm{d}\tilde{x},$$

$$u_3(x) = -\frac{1}{2EJ} \int_0^x \tilde{x} p(\tilde{x})\mathrm{d}\tilde{x}, \quad u_4(x) = \frac{1}{2EJ} \int_0^x \tilde{x}^2 p(\tilde{x})\mathrm{d}\tilde{x}. \tag{3.56}$$

Wir setzen (3.56) in (3.51), (3.34) ein und erhalten mit naheliegender Bezeichnung

$$w_p(x) = \frac{1}{6EJ} \int_0^x (x-\tilde{x})^3 p(\tilde{x})\mathrm{d}\tilde{x}, \quad z_p(x) = \frac{1}{2EJ} \int_0^x (x-\tilde{x})^2 p(\tilde{x})\mathrm{d}\tilde{x},$$

$$M_p(x) = -\int_0^x (x-\tilde{x}) p(\tilde{x})\mathrm{d}\tilde{x}, \quad Q_p(x) = -\int_0^x p(\tilde{x})\mathrm{d}\tilde{x}.$$

**Aufgabe 3.7**  In Fortführung von Beispiel 3.4 bestimme man die Lösung der Randwertaufgabe, bestehend aus dem Differentialgleichungssystem von Beispiel 3.4 und den Randbedingungen

$$w(0) = 0, \quad z(0) = 0, \quad M(l) = 0, \quad Q(l) = 0. \tag{3.57}$$

**Aufgabe 3.8**  In Fortführung von Aufgabe 3.7 gebe man die Lösungsfunktion $w(x)$ in der Gestalt

$$w(x) = \int_0^l G(x, \tilde{x}) p(\tilde{x})\mathrm{d}\tilde{x} \tag{3.58}$$

an und zeige, daß $G(x, \tilde{x}) = G(\tilde{x}, x)$ gilt. $G(x, \tilde{x})$ heißt die *Greensche Funktion (Einflußfunktion* [s. auch 8.1.2]) für die Durchbiegung $w(x)$, die zur vorliegenden Randwertaufgabe gehört. Welche Formeln ergeben sich somit für $z(x)$, $M(x)$, $Q(x)$?

### 3.3.2   Anwendung bei linearen Differentialgleichungen

Ist die lineare Differentialgleichung $n$-ter Ordnung (mit im allgemeinen variablen Koeffizienten) (1.47), (1.52), (1.50) gegeben und eine Basis (1.56) der zugehörigen homogenen Differentialgleichung (1.54) bekannt, so erkennt man nach Anwendung von Satz 1.1, daß die Methode der Variation der Konstanten aus dem Abschnitt 3.3.1 hier anwendbar ist. Mit

$$y_p(x) = u_1(x)y_{h1}(x) + \ldots + u_n(x)y_{hn}(x) \tag{3.59}$$

tritt an die Stelle von (3.53) in den Fällen $n = 2, 3, \ldots$ jetzt

$$\sum_{\nu=1}^{n} u_\nu' y_{h\nu}^{(\mu)}(x) = 0 \quad (\mu = 0, 1, \ldots, n-2),$$

$$\sum_{\nu=1}^{n} u_\nu' y_{h\nu}^{(n-1)}(x) = \frac{g(x)}{a_n(x)}. \tag{3.60}$$

Im Fall $n = 1$ ist (3.60) durch die Gleichung (5.44) zu ersetzen.

**Beispiel 3.5**   Gesucht ist die allgemeine Lösung von

$$y'' + y = \frac{2}{\cos x} \quad \left(-\frac{\pi}{2} < x < \frac{\pi}{2}\right).$$

Wegen $y_h = C_1 \cos x + C_2 \sin x$ und gemäß (3.59), (3.60) gilt $y_p = u_1(x)\cos x + u_2(x)\sin x$ mit

$$u_1' \cos x + u_2' \sin x = 0, \quad u_1'(-\sin x) + u_2' \cos x = \frac{2}{\cos x}. \tag{3.61}$$

Aus (3.61) folgt $u_1' = -2\tan x$, $u_2' = 2$ und damit $u_1 = 2\ln(\cos x)$, $u_2 = 2x$. Also ist die allgemeine Lösung

$$y = C_1 \cos x + C_2 \sin x + 2\cos x \ln(\cos x) + 2x \sin x.$$

**Aufgabe 3.9**   Gesucht ist die allgemeine Lösung von $y'' + 3y' + 2y = \frac{1}{1+e^x}$.

### 3.3.3   Delta-Distribution

Eine Reihe physikalischer Erscheinungen erfordert für ihre mathematische Beschreibung neue mathematische Objekte, die als *δ-Distributionen* bezeichnet werden.

Um einige Grundgedanken hierüber darlegen zu können, betrachten wir das

**Beispiel 3.6**  Im Beispiel 3.4 und den Aufgaben 3.7, 3.8 soll jetzt die Belastung des Balkens durch eine *Einzelkraft* der Größe $F_\nu$ (senkrecht zur Balkenachse) an der Stelle $x = x_\nu$ $(0 < x_\nu < l)$ hervorgerufen werden. Man schreibt in diesem Fall in (1.15), (1.39), (1.44), (1.64) anstatt $p = p(x)$ nunmehr

$$F_\nu \delta(x - x_\nu). \tag{3.62}$$

Dadurch entstehen *keine* Differentialgleichungssysteme im Sinne der Definition 1.3, denn (3.62) stellt *keine* Funktion dar. Das hängt damit zusammen, daß $p = p(x)$ eine *Streckenlast* ist. Wie sieht nun die zu einer *Einzelkraft* $F_\nu$ gehörige Streckenlast aus? Ein Erklärungsversuch lautet etwa: „Die zu einer Einzelkraft $F_\nu$ an der Stelle $x_\nu$ gehörige Streckenlast $p(x)$ ist null für alle $x$ mit $0 \leq x \leq l$, ausgenommen die Stelle $x_\nu$; an der Stelle $x_\nu$ ist $p(x)$ gleich unendlich."
Was ist zu tun? Es muß gesagt werden, was man unter der Lösung $\mathbf{y}(x)$ von (1.63), (1.64), (3.57) versteht, falls $p(x)$ durch (3.62) ersetzt wird.

---

**Definition 3.1**  *Unter der Lösung* $\mathbf{y}(x)$ *des Problems* (1.63), (1.64), (3.57), *wobei p durch* (3.62) *ersetzt wird, versteht man eine einspaltige Matrix* $\mathbf{y}(x)$, *die nach folgender Vorschrift ermittelt wird:*

1. *Man ersetzt* $F_\nu \delta(x - x_\nu)$ *durch die Streckenlast*

$$p(x) = \begin{cases} p_0 = \text{const} & f\ddot{u}r \quad x_\nu - \varepsilon \leq x \leq x_\nu + \varepsilon \\ 0 & sonst, \end{cases} \tag{3.63}$$

*wobei die durch* (3.63) *hervorgerufene Gesamtkraft gleich* $F_\nu$ *sein soll, also*

$$\int_0^l p(x)\,\mathrm{d}x = \int_{x_\nu - \varepsilon}^{x_\nu + \varepsilon} p_0\,\mathrm{d}x = 2\varepsilon p_0 = F_\nu, \ d.\,h.\ p_0 = \frac{F_\nu}{2\varepsilon}. \tag{3.64}$$

2. *Man löst die genannte Randwertaufgabe, wobei* $p(x)$ (3.63), (3.64) *zu entnehmen ist. Die erhaltene Lösung sei durch* $\mathbf{y}_\varepsilon(x)$ *bezeichnet.*

3. *Man setzt* $\mathbf{y}(x) = \lim\limits_{\varepsilon \to +0} \mathbf{y}_\varepsilon(x).$

---

Es zeigt sich, daß man das Vorgehen in dieser Definition abkürzen kann. Beim etzigen Auswerten von Integralen wie im Beispiel 3.4 benutze man den

---

**Satz 3.3**    *Ist $f(x)$ eine stetige Funktion, so ist*

$$\int_a^b f(\tilde{x})\delta(\tilde{x} - x_\nu)\mathrm{d}\tilde{x}$$

*gleich $f(x_\nu)$ oder null, je nachdem ob $x_\nu$ im Integrationsintervall liegt oder nicht.*

---

**Aufgabe 3.10**   Man zeige – einerseits mittels der Definition 3.1, andererseits mittels Satz 3.3 –, daß für die Lösung $w(x)$ in der Aufgabe 3.8 nach Ersetzen von $p(x)$ durch (3.62) gilt:

$$w(x) = F_\nu G(x, x_\nu). \tag{3.65}$$

Welche Formeln ergeben sich somit für $z(x), M(x), Q(x)$?

**Aufgabe 3.11**   Gesucht ist die Lösung $y(x) = G(x, x_\nu)$ von

$$-y'' + y = \delta(x - x_\nu); \quad \lim_{x \to -\infty} y(x) \quad \text{und} \quad \lim_{x \to +\infty} y(x) \quad \text{sollen existieren.}$$

**Aufgabe 3.12**   Der beiderseitig gelenkig gelagerte Balken mit konstanter Biegesteifigkeit aus der Aufgabe 1.8 werde jetzt gemäß Beispiel 3.6 an den Stellen $x_1, x_2, x_3$  ($0 < x_1 < x_2 < x_3 < l$) jeweils durch die Einzelkräfte $F_1, F_2, F_3$ belastet. Mittels der zugehörigen Greenschen Funktion berechne man die Durchbiegung $w(x)$, die Momentenfunktion $M(x)$ und die Querkraftfunktion $Q(x)$.

**Aufgabe 3.13**   Eine Schiene längs $-\infty < x < +\infty$ wird an den Stellen $x = 0$ und $x = a$ durch Einzelkräfte $F_1$ und $F_2$ belastet. Mit der Durchbiegung $w = w(x)$ führt die Bettung auf nachgiebiger Unterlage zur Streckenlast $-Bw(x)$ (konstante Bettungsziffer $B > 0$ [N/m$^2$]). Es ist mit $EJ = const$

$$EJw'''' + Bw = F_1\delta(x) + F_2\delta(x - a), \quad w(x) \quad \text{beschränkt.}$$

Gesucht sind die größten Werte von $|w|$ und $|M|$ ($M = -EJw''$).
Zahlenwerte: $F_1 = 2 \cdot 10^4$N,   $F_2 = 3 \cdot 10^4$N,   $J = 1,83 \cdot 10^{-5}$m$^4$, $E = 2,1 \cdot 10^{11}$ N/m$^2$, $B = 2 \cdot 10^7$ N/m$^2$,   $a = 3$ m.

# 4 Eulersche Differentialgleichungen

Liegt eine lineare Differentialgleichung (1.47), (1.52), (1.50) vor und sind die Koeffizienten variabel, so ist eine Herstellung der Lösungsbasis für die zugehörige homogene Differentialgleichung durch elementare Funktionen im allgemeinen *nicht* möglich. Das gelingt jedoch z. B. beim Vorliegen einer Eulerschen Differentialgleichung. Zunächst nennen wir die

---

**Definition 4.1** *Die Eulersche Differentialgleichung für* $y = y(x)$ *hat die Gestalt:*

$$c_n x^n y^{(n)} + c_{n-1} x^{n-1} y^{(n-1)} + \ldots + c_1 x y' + c_0 y = g(x), \; c_n \neq 0, \qquad (4.1)$$

*wobei* $c_n, c_{n-1}, \ldots, c_1, c_0$ *Konstanten sind.*

---

Es handelt sich also um eine lineare Differentialgleichung $n$-ter Ordnung (1.47), wobei die Koeffizienten $a_\nu(x)$ $(\nu = 0, \ldots, n)$ die spezielle Struktur $c_\nu x^\nu$ ($c_\nu =$ const) haben. Zur Lösungstheorie der Eulerschen Differentialgleichung benötigen wir die

---

**Definition 4.2** *Unter der Potenz* $x^\lambda$ $(x > 0, \lambda$ *beliebig komplex) versteht man*

$$x^\lambda = \mathrm{e}^{\lambda \ln x}. \qquad (4.2)$$

---

Beim Lösen der homogenen Eulerschen Differentialgleichung

$$c_n x^n y_h^{(n)} + c_{n-1} x^{n-1} y_h^{(n-1)} + \ldots + c_1 x y_h' + c_0 y_h = 0, \quad (x > 0) \qquad (4.3)$$

geht man von dem bekannten Ansatz $y_h(x) = \mathrm{e}^{\lambda x}$ für die Lösung der linearen homogenen Differentialgleichung mit *konstanten* Koeffizienten aus und

$$\text{ersetzt} \quad x \quad \text{durch} \quad \ln x \quad (x > 0), \qquad (4.4)$$

man macht also jetzt den Ansatz $y_h(x) = \mathrm{e}^{\lambda \ln x}$, d. h. wegen Definition 4.2

$$y_h(x) = x^\lambda \quad (x > 0). \qquad (4.5)$$

Im Fall $x < 0$ wird (4.5) durch

$$y_h(x) = (-x)^\lambda \quad (x < 0) \qquad (4.6)$$

ersetzt. Der Ansatz (4.5) führt tatsächlich zum Ziel, denn nach dem Einsetzen von (4.5) in (4.3) liefert die Division durch $x^\lambda$ die *charakteristische Gleichung* (Differentiationsregeln gelten auch bei komplexen $\lambda$)

$$c_n\lambda(\lambda-1)\ldots(\lambda-(n-1)) + \ldots + c_2\lambda(\lambda-1) + c_1\lambda + c_0 = 0. \qquad (4.7)$$

Hat die Gleichung $n$-ten Grades (4.7) $r$ $(r \le n)$ voneinander verschiedene Lösungen $\lambda_1,\ldots,\lambda_r$ mit den zugehörigen Vielfachheiten $l_1,\ldots,l_r$, so ist wegen des Fundamentalsatzes der Algebra (siehe die Gleichungen (2.5) und (2.6)) $l_1 + \ldots + l_r = n$. An die Stelle der Tabelle (2.11) tritt bei der Eulerschen Differentialgleichung eine Tabelle, die aus (2.11) durch die Ersetzung (4.4) entsteht:

$$\begin{array}{l}
x^{\lambda_1}, \quad x^{\lambda_1}\ln x, \quad x^{\lambda_1}(\ln x)^2,\ldots,x^{\lambda_1}(\ln x)^{l_1-1} \\
x^{\lambda_2}, \quad x^{\lambda_2}\ln x, \quad x^{\lambda_2}(\ln x)^2,\ldots,x^{\lambda_2}(\ln x)^{l_2-1} \\
\cdots\cdots\cdots\cdots\cdots\cdots\cdots\cdots\cdots\cdots \\
x^{\lambda_r}, \quad x^{\lambda_r}\ln x, \quad x^{\lambda_r}(\ln x)^2,\ldots,x^{\lambda_r}(\ln x)^{l_r-1}.
\end{array} \qquad (x>0) \qquad (4.8)$$

Die Funktionen aus (4.8) bilden eine *Basis* der Lösungsgesamtheit der homogenen Eulerschen Differentialgleichung (4.3).

Sind die $c_n,\ldots,c_0$ in (4.3) alle reell, so ist es sinnvoll, von (4.8) zu einer reellen Basis überzugehen. Wir verzichten auf eine allgemeine Darstellung und demonstrieren es nur am folgenden

**Beispiel 4.1**    Es soll die allgemeine Lösung von

$$x^3 y''' + 3x^2 y'' - xy' + 4y = 0 \quad (x>0) \qquad (4.9)$$

ermittelt werden. Der Ansatz $y = x^\lambda$ führt zur charakteristischen Gleichung $\lambda^3 - 2\lambda + 4 = 0$ mit den Lösungen $\lambda_1 = -2$, $\quad\lambda_2 = 1+\mathrm{i}$, $\quad\lambda_3 = 1-\mathrm{i}$. Damit lautet eine Basis der Lösungen von (4.9)

$$x^{-2}, \quad x^{1+\mathrm{i}}, \quad x^{1-\mathrm{i}}. \qquad (4.10)$$

Wie in (2.32), (2.33) bilden wir aus den beiden letzten Elementen einerseits die *halbe Summe* und andererseits $\frac{1}{\mathrm{i}}$*mal halbe Differenz* (die bekannten Rechenregeln gelten auch bei komplexen Exponenten):

$$\frac{1}{2}\left(x^{1+\mathrm{i}} + x^{1-\mathrm{i}}\right) = \frac{x}{2}\left(x^{\mathrm{i}} + x^{-\mathrm{i}}\right) = \frac{x}{2}\left(\mathrm{e}^{\mathrm{i}\ln x} + \mathrm{e}^{-\mathrm{i}\ln x}\right).$$

Das ist wegen (2.27) gleich $x\cos(\ln x)$. Analog erhält man

$$\frac{1}{2\mathrm{i}}\left(x^{1+\mathrm{i}} - x^{1-\mathrm{i}}\right) = \frac{x}{2\mathrm{i}}\left(x^{\mathrm{i}} - x^{-\mathrm{i}}\right) = \frac{x}{2\mathrm{i}}\left(\mathrm{e}^{\mathrm{i}\ln x} - \mathrm{e}^{-\mathrm{i}\ln x}\right),$$

und dies ist wegen (2.28) gleich $x\sin(\ln x)$. Daraus ergibt sich die allgemeine Lösung von (4.9) zu

$$y = C_1\frac{1}{x^2} + C_2 x\cos(\ln x) + C_3 x\sin(\ln x).\tag{4.11}$$

Die Übertragung von Satz 2.4 zur Bestimmung der partikulären Lösung der inhomogenen Differentialgleichung mittels (4.4) auf die Eulersche Differentialgleichung ergibt den

---

**Satz 4.1**   *Für die Eulersche inhomogene Differentialgleichung (4.1) mit der speziellen Struktur des Störgliedes $g(x)$*

$$g(x) = (b_0 + b_1\ln x + \ldots + b_m(\ln x)^m)x^q, \quad (b_m \neq 0)\tag{4.12}$$

*führt der Ansatz*

$$y_p(x) = (B_0 + B_1\ln x + \ldots + B_m(\ln x)^m)x^q(\ln x)^l\tag{4.13}$$

*stets zu einer partikulären Lösung.*

---

Die Bestimmung von $l$ geschieht wie im Zusatz 1 von Satz 2.4. Der Koeffizientenvergleich bei der Bestimmung von $B_0,\ldots,B_m$ ist bezüglich der Potenzen von $\ln x$ vorzunehmen.

Der Satz 2.5 kann im Zusammenhang mit der Eulerschen Differentialgleichung herangezogen werden, indem man in (2.58) $a_\nu$ durch $c_\nu x^\nu$ ($c_\nu$ reell) und in (2.71), (2.72) sowie der rechten Seite von (2.76) $x$ durch $\ln x$   ($x > 0$) ersetzt. Auch Satz 2.6 können wir anwenden, wenn dort $a_\nu$ durch $c_\nu x^\nu$ ersetzt wird. Bei Eulerschen Differentialgleichungen kann wegen Abschnitt 3.3.2 auch die Methode der Variation der Konstanten genutzt werden.

**Beispiel 4.2**   Gesucht ist die allgemeine Lösung von

$$x^2 y'' - 2y = x^2 + \frac{1}{x}, \quad (x > 0).\tag{4.14}$$

Für die zugehörige homogene Differentialgleichung $x^2 y_h'' - 2y_h = 0$ führt der Ansatz $y_h = x^\lambda$ zur charakteristischen Gleichung $\lambda(\lambda - 1) - 2 = 0$. Diese hat die Lösungen $\lambda_1 = 2$,   $\lambda_2 = -1$. Folglich ist

$$y_h(x) = C_1 x^2 + C_2\frac{1}{x}.\tag{4.15}$$

Zur Bestimmung einer partikulären Lösung $y_p(x)$ der inhomogenen Differentialgleichung (4.14) können wir – wie bereits oben erwähnt – den Satz 2.6 heranziehen. Wir bestimmen hierzu partikuläre Lösungen der beiden Teilaufgaben

$$x^2 y_I'' - 2y_I = x^2 \quad (x > 0) \tag{4.16}$$

$$x^2 y_{II}'' - 2y_{II} = \frac{1}{x} \quad (x > 0) \tag{4.17}$$

und addieren anschließend die Ergebnisse

$$y_p(x) = y_I(x) + y_{II}(x). \tag{4.18}$$

Die rechte Seite der Differentialgleichung aus (4.16) hat die Struktur des Störgliedes (4.12) mit $m = 0$ und $q = 2$. Nun ist $q = 2$ eine Lösung der charakteristischen Gleichung mit der Vielfachheit $l = 1$. Also ist für $y_I(x)$ der folgende
Ansatz zu machen

$$y_I(x) = B_0 x^2 \ln x. \tag{4.19}$$

Einsetzen von (4.19) in (4.16) ergibt

$$B_0 x^2 (2 \ln x + 3) - 2B_0 x^2 \ln x = x^2$$

und damit nach Division durch $x^2$

$$3B_0 = 1, \quad \text{d. h.} \quad B_0 = \frac{1}{3}.$$

Dieses Ergebnis wird in (4.19) eingesetzt. Es ergibt sich die folgende partikuläre
Lösung von (4.16)

$$y_I(x) = \frac{1}{3} x^2 \ln x. \tag{4.20}$$

Die rechte Seite der Differentialgleichung aus (4.17) hat die Struktur des Störgliedes aus (4.12) mit $m = 0$ und $q = -1$. Da $q = -1$ eine Lösung der charakteristischen Gleichung mit der Vielfachheit $l = 1$ ist, lautet der Ansatz für eine
partikuläre Lösung von (4.17)

$$y_{II}(x) = B_0 \frac{1}{x} \ln x. \tag{4.21}$$

Einsetzen von (4.21) in (4.17) ergibt schließlich für die Unbekannte $B_0$ den Wert

$$B_0 = -\frac{1}{3}. \tag{4.22}$$

Aus (4.22) und (4.21) folgt

$$y_{II}(x) = -\frac{1}{3x} \ln x. \tag{4.23}$$

Setzt man (4.20) und (4.23) in (4.18) ein, so ergibt sich eine partikuläre Lösung $y_p(x)$ von (4.14). Addieren von (4.15) führt dann schließlich zu der folgenden allgemeinen Lösung der Differentialgleichung (4.14):

$$y(x) = \frac{1}{3}\left(x^2 - \frac{1}{x}\right)\ln x + C_1 x^2 + C_2 \frac{1}{x}.$$

**Aufgabe 4.1**   Man löse die Anfangswertaufgabe

$$x^2 y'' + x y' + y = \frac{2}{x}, \quad y(1) = 3, \quad y'(1) = -2.$$

**Aufgabe 4.2**   Man bestimme die allgemeine Lösung $x(t)$ von

$$t^2 \ddot{x} + t \dot{x} + x = 4\cos(\ln t).$$

**Aufgabe 4.3**   Gesucht ist die allgemeine Lösung von

$$x^2 y'' + 4x y' + 2y = \cos x.$$

**Aufgabe 4.4**   Man bestimme $y(x) = G(x, x_\nu) \quad (0 < x_\nu < 1)$ von

$$-x y'' - y' = \delta(x - x_\nu), \quad y(1) = 0, \quad \lim_{x \to +0} y(x) \quad \text{soll existieren.}$$

**Aufgabe 4.5**   Durch Anwenden von Satz 1.2 bestimme man die allgemeine Lösung des Differentialgleichungssystems für $y(x), z(x)$

$$x y' + 2(y - z) = x, \quad x z' + y + 5z = x^2.$$

**Aufgabe 4.6**   Man bestimme $w = w(r)$ der Randwertaufgabe

$$w^{(4)} + \frac{2}{r} w''' - \frac{1}{r^2} w'' + \frac{1}{r^3} w' = \frac{p}{K} \quad (p, K \text{ const}),$$

$\lim\limits_{r \to +0} w(r)$ und $\lim\limits_{r \to +0} w''(r)$ sollen existieren,

   a) $w(R) = 0, \quad w'(R) = 0,$

   b) $w(R) = 0, \quad w''(R) + (\mu/R)w'(R) = 0, \quad (0 < \mu < 1/2, \ \mu = \text{const}).$

Durchbiegung $w$ einer Kreisplatte unter konstanter Vollbelastung $p$ [N/m$^2$]; Biegesteifigkeit der Platte: $K$ [Nm]; Querkontraktionszahl $\mu$. Am Rand $r = R$ ist die Platte a) eingespannt und b) frei drehbar gelagert).

# 5 Nichtlineare Differentialgleichungen

Nach der geometrischen Veranschaulichung von Differentialgleichungen und Differentialgleichungssystemen im Abschnitt 5.1 beschäftigen wir uns in 5.2 mit der Existenz und Unität (Einzigkeit) der Lösung von Anfangswertaufgaben. Im Mittelpunkt von 5.3 stehen Differentialgleichungen erster Ordnung, die durch die Methode der Trennung der Veränderlichen gelöst werden können. Im Abschnitt 5.4 werden die sogenannten exakten Differentialgleichungen behandelt. Schließlich werden in 5.5 solche Differentialgleichungen zweiter Ordnung vorgeführt, deren Lösungen auf die Lösung von Differentialgleichungen erster Ordnung zurückgeführt werden können.

## 5.1 Geometrische Veranschaulichung

Im Abschnitt 5.1.1 lernen Sie Richtungsfelder von Differentialgleichungen erster Ordnung kennen. Es zeigt sich in 5.1.2, daß man analog hierzu für Differentialgleichungssysteme Richtungsfelder einführen kann.

### 5.1.1 Differentialgleichungen erster Ordnung

Aus (1.6) und (1.8) ergibt sich, daß die implizite gewöhnliche Differentialgleichung erster Ordnung für $y = y(x)$ durch

$$F(x, y, y') = 0 \qquad (5.1)$$

und die explizite gewöhnliche Differentialgleichung erster Ordnung durch

$$y' = f(x, y) \qquad (5.2)$$

gegeben ist. Wir gehen nunmehr zur geometrischen Deutung von (5.2) über.
In der Differential- und Integralrechnung ist es üblich, die Funktion $f(x, y)$ anschaulich als Funktionsgebirge über dem in der $(x, y)$-Ebene liegenden Definitionsbereich $B$ zu deuten. Hier empfiehlt sich eine andere anschauliche Darstellung. Angenommen, wir würden die Lösung von (5.2) kennen, die durch den Punkt $(x, y)$ der $(x, y)$-Ebene geht, dann gibt $y'$ den Anstieg der Tangente an die Lösungskurve im Punkt $(x, y)$ an. Man wird also im jetzigen Zusammenhang $f(x, y)$ als Gesamtheit von *Richtungselementen (Linienelementen)*, d. h. Punkte mit angehefteten Geradenstücken, die den Anstieg $y' = f(x, y)$ besitzen, deuten. Man spricht von einem *Richtungsfeld*. Die Differentialgleichung lösen heißt in geometrischer Sprechweise: Es sind Kurven $y = y(x)$ gesucht, die auf das Richtungsfeld passen, d. h. Kurven, deren Tangentenrichtung im Punkt $(x, y)$ mit der dort vorliegenden Richtung des Richtungsfeldes zusammenfällt

(Bild 5.1). Ersetzt man in (5.2) $y'$ durch eine Konstante $c$, so werden hierdurch Kurven - sie heißen *Isoklinen* - dargestellt. Die auf einer Isokline liegenden Richtungselemente weisen also alle in die gleiche Richtung.

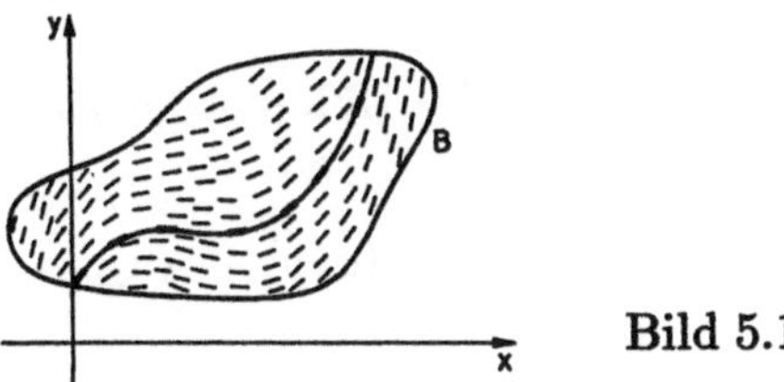

Bild 5.1

**Beispiel 5.1** Hat die rechte Seite von (5.2) speziell die Struktur $f(y/x)$, so sind die Isoklinen stets Geraden durch den Nullpunkt des Koordinatensystems. So gehören zu (5.3) und (5.4) die Bilder 5.2 und 5.3.

$$y' = \frac{x}{x-y}, \quad \text{also} \quad y' = (1-z)^{-1} \quad \text{mit} \quad z = \frac{y}{x}, \tag{5.3}$$

$$y' = \frac{x-y}{y}, \quad \text{also} \quad y' = \frac{1-z}{z} \quad \text{mit} \quad z = \frac{y}{x}. \tag{5.4}$$

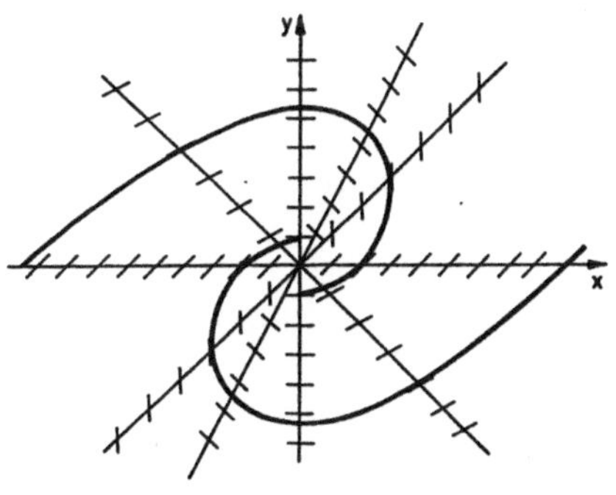

Bild 5.2

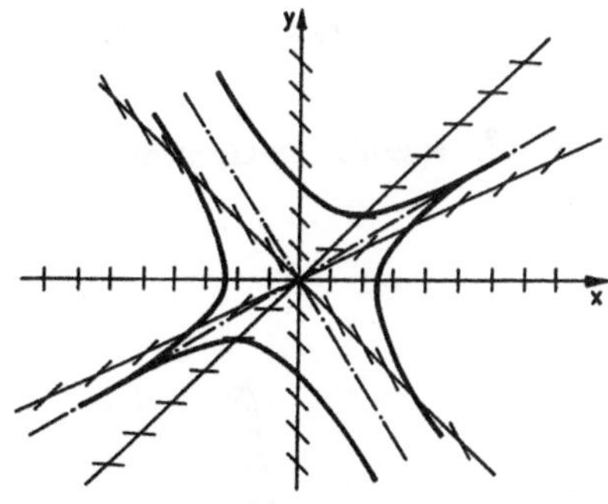

Bild 5.3

**Aufgabe 5.1** Analog zu den Bildern 5.2 und 5.3 zeichne man einige Isoklinen der Differentialgleichungen $y' = x$ und $y' = y$ mit den zugehörigen Richtungselementen und deute den Verlauf einiger Lösungskurven an.

Zur Deutung der *impliziten* Differentialgleichung (5.1) wird man zunächst eine Auflösung nach $y'$ vornehmen. Es kann vorkommen, daß sich dabei *mehrere*

Differentialgleichungen der Gestalt (5.2) ergeben, die dann ihrerseits in obiger Weise durch Richtungsfelder dargestellt werden können. Bei der Herstellung der Isoklinen von *impliziten* Differentialgleichungen erster Ordnung kann man auf die konkrete Auflösung nach $y'$ auch verzichten. Wir zeigen dies am

**Beispiel 5.2**   Die Isoklinen der Differentialgleichung (1.5) genügen mit $y' = c$ der Gleichung

$$\sigma_x(x,y) - \sigma_y(x,y) - K\tau_{xy}(x,y) = 0, \tag{5.5}$$

wobei

$$K = \frac{1 - c^2}{c} = \frac{1}{c} - c \tag{5.6}$$

ist. Erhält man in (5.6) für $c = c_1$ den Wert $K_1$, so ergibt sich dieses Ergebnis ebenfalls mit $c = -(1/c_1)$. Deshalb hat jeder Lösungspunkt $(x,y)$ von (5.5) zwei aufeinander senkrecht stehende Linienelemente.

**Aufgabe 5.2**   Im Dreieck $D$ *(Querschnitt einer Staumauer unter Wasserdruckbelastung;* Bild 5.4) mit den Eckpunkten $(0,0)$, $(l,0)$, $(0,h)$   $(l > 0,\ h > 0)$ liege ein ebenes Spannungstensorfeld mit

$$\sigma_x = -\gamma(h - y), \ \sigma_y = \gamma\frac{h^2}{l^2}\left(h - y - 2\frac{h}{l}x\right), \ \tau_{xy} = \gamma\frac{h^2}{l^2}x \tag{5.7}$$

($\gamma$ [N/m$^3$]: spezifisches Gewicht des Wassers) vor.

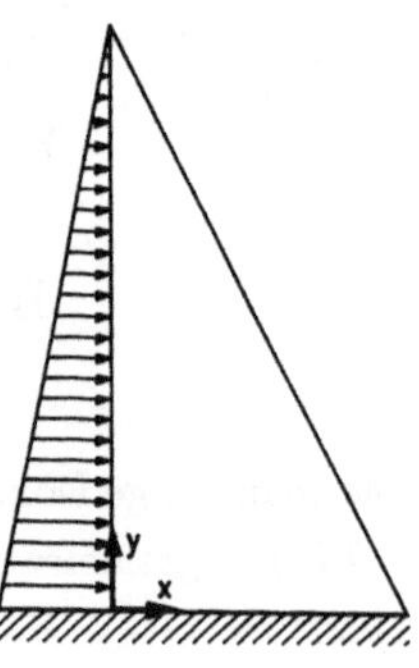


Bild 5.4

Bild 5.5

Man berechne den Spannungsvektor $S_x\mathbf{e}_x + S_y\mathbf{e}_y$ mit

$$\begin{pmatrix} S_x \\ S_y \end{pmatrix} = \begin{pmatrix} \sigma_x & \tau_{xy} \\ \tau_{yx} & \sigma_y \end{pmatrix} \begin{pmatrix} n_x \\ n_y \end{pmatrix}, \quad \tau_{xy} = \tau_{yx},$$

längs des Randes von $D$, wobei der Vektor $\mathbf{n} = n_x\mathbf{e}_x + n_y\mathbf{e}_y$, $|\mathbf{n}| = 1$, jeweils senkrecht auf dem Rand von $D$ steht und in das Äußere von $D$ weist. Man vergleiche das Ergebnis mit Bild 5.4. Weiterhin zeichne man im Fall $(h/l) = 2$ Isoklinen der Differentialgleichung (1.5) in unserem Fall (5.7), versehe sie mit den zugehörigen Richtungselementen und überzeuge sich, daß die Lösungskurven von (1.5) im Bild 5.5 auf das hergestellte Richtungsfeld passen.

### 5.1.2  Differentialgleichungssysteme

Die Lösungen $y(x)$, $z(x)$ des Differentialgleichungssystems

$$y' = f(x,y,z), \quad z' = g(x,y,z) \tag{5.8}$$

kann man im kartesischen $(x,y,z)$-Koordinatensystem durch Kurven darstellen, indem man das $x$ als Parameter wählt und die Ortsvektoren durch $x\mathbf{e}_x + y(x)\mathbf{e}_y + z(x)\mathbf{e}_z$ angibt. In Analogie zu Abschnitt 5.1.1 ergeben sich somit zu (5.8) gehörige Richtungsfelder, indem man Linienelemente in den Punkten $(x,y,z)$ anheftet, die in die jeweilige Tangentenrichtung der durch $(x,y,z)$ gehenden Lösungskurve weisen, also die Richtung des Vektors $\mathbf{e}_x + y'\mathbf{e}_y + z'\mathbf{e}_z = \mathbf{e}_x + f(x,y,z)\mathbf{e}_y + g(x,y,z)\mathbf{e}_z$ besitzen. In diesem Zusammenhang ist es naheliegend, auch beim System (1.31) von einem Richtungsfeld zu sprechen. In einem $(n+1)$-dimensionalen Raum werden in einem kartesischen $(x,y_1,\ldots,y_n)$-Koordinatensystem im jeweiligen Punkt $(x,y_1,\ldots,y_n)$ Richtungselemente angeheftet, die in die Richtung des Vektors

$$\mathbf{e}_x + y_1'\mathbf{e}_{y_1} + \ldots + y_n'\mathbf{e}_{y_n} = \mathbf{e}_x + f_1(x,y_1,\ldots,y_n)\mathbf{e}_{y_1} + \ldots + f_n(x,y_1,\ldots,y_n)\mathbf{e}_{y_n}$$

weisen. Wegen Satz 1.1 werden damit auch Differentialgleichungen und Differentialgleichungssysteme $n$-ter Ordnung erfaßt.
Eine weitere Möglichkeit der geometrischen Veranschaulichung zeigt die Definition 9.1.

## 5.2  Existenz und Unität der Lösungen von Anfangswertaufgaben

Angeregt durch den Abschnitt 5.1.1 formulieren wir in 5.2.1 Sätze über Existenz und Unität von Lösungen der Differentialgleichungen erster Ordnung. Dies wird in 5.2.2 und 5.2.3 auf Differentialgleichungssysteme und auf Differentialgleichungen höherer Ordnung ausgedehnt.

### 5.2.1  Lösung von Differentialgleichungen erster Ordnung

Von der geometrischen Vorstellung des Richtungsfeldes geleitet, wird man folgende Vermutungen aufstellen:

a) Es gibt *unendlich viele* Lösungen $y = y(x)$ von $y' = f(x,y)$.

b) Es gibt durch jeden Punkt des Definitionsbereiches $B$ von $f(x,y)$ *genau eine* Lösung $y = y(x)$ von $y' = f(x,y)$.

Es zeigt sich, daß die Vermutungen das Richtige treffen, falls man geeignete Voraussetzungen macht. Es gelten die folgenden Sätze:

---

**Satz 5.1**   *Ist $f(x,y)$ im Bereich $B$ stetig, so geht durch jeden Punkt $(x,y)$ aus $B$   m i n d e s t e n s   e i n e Lösungskurve $y = y(x)$ der Differentialgleichung $y' = f(x,y)$.*

---

**Satz 5.2**     *Ist neben der Stetigkeit von $f(x,y)$ in $B$ gesichert, daß $\partial f(x,y)/\partial y$ in $B$ existiert und dort stetig ist, so geht durch jeden Punkt $(x,y)$ von $B$   g e n a u   e i n e Lösungskurve $y = y(x)$ der Differentialgleichung $y' = f(x,y)$, d. h., Existenz und Unität (Einzigkeit) der Lösung der Anfangswertaufgabe, bestehend aus der Differentialgleichung*

$$y' = f(x,y), \quad (x,y) \in B \tag{5.9}$$

*und der Anfangsbedingung*

$$y(x_0) = y_0, \quad (x_0, y_0) \in B, \tag{5.10}$$

*sind gesichert.*

---

**Zusatz zu Satz 5.2**    Für die Lösung von (5.9), (5.10) gilt $y(x) = \lim\limits_{k \to \infty} y_k(x)$, $(|x - x_0| < r, r$ hinreichend klein), wobei die Funktionenfolge $y_0(x), y_1(x), \ldots$ schrittweise gemäß

$$y_0(x) = y_0, \; y_k(x) = y_0 + \int_{x_0}^{x} f(\tilde{x}, y_{k-1}(\tilde{x}))\mathrm{d}\tilde{x} \quad (k = 1, 2, \ldots) \tag{5.11}$$

zu berechnen ist (*Verfahren von Picard-Lindelöf*).

**Aufgabe 5.3**    Wie lauten $y_0(x), y_1(x), y_2(x)$ des Verfahrens von Picard-Lindelöf, falls die Anfangswertaufgabe $y' = x^2 + y^2$, $y(0) = 0$ vorliegt?

Die im Zusatz zu Satz 5.2 beim Verfahren von Picard-Lindelöf gemachte Aussage „hinreichend klein" wird nunmehr illustriert. Es sei $y_1(x)$ eine Näherung der Lösung $y(x)$ von (5.9), (5.10). Diese Funktion kann (5.11) entnommen werden; sie kann aber auch (eine möglichst bessere) andere Näherung sein. Über die Güte der jetzt mittels (5.11) gebildeten Näherung

$$y_2(x) = y_0 + \int_{x_0}^{x} f(\tilde{x}, y_1(\tilde{x}))\mathrm{d}\tilde{x} \tag{5.12}$$

gibt die folgende Rechnung Auskunft. Denkt man sich in (5.9) die Lösung $y(x)$ eingesetzt, so erhält man

$$y'(x) = f(x, y(x)). \tag{5.13}$$

Hieraus entsteht durch Integration zwischen $x_0$ und $x$ unter Beachtung von (5.10)

$$y(x) = y_0 + \int_{x_0}^{x} f(\tilde{x}, y(\tilde{x}))\mathrm{d}\tilde{x}. \tag{5.14}$$

Wir subtrahieren (5.14) von (5.12) und führen unter Benutzen des Mittelwertsatzes der Differentialrechnung für $f(x, y)$ bezüglich des zweiten Argumentes und der Beschränktheit von $|\partial f/\partial y|$ (wegen der Stetigkeit dieser partiellen Ableitung gilt in einem beschränkten abgeschlossenen Teilbereich von $B$ $|\partial f/\partial y| \leq K = $ const) die folgende Abschätzung durch

$$|y_2(x) - y(x)| \leq |\int_{x_0}^{x} |f(\tilde{x}, y_1(\tilde{x})) - f(\tilde{x}, y(\tilde{x}))|\,\mathrm{d}\tilde{x}| \leq K|x - x_0|\max|y_1(\tilde{x}) - y(\tilde{x})|, \tag{5.15}$$

wobei in der letzten Maximumbildung $\tilde{x}$ zwischen $x_0$ und $x$ variiert. Die Näherung $y_2(x)$ ist also an der Stelle $x$ besser als die Näherung $y_1(x)$, falls nur $K|x - x_0| < 1$ ist (in der Praxis denkt man besser an $K|x - x_0| < 0,1$), solange sich also $x$ von der Ausgangsstelle $x_0$ um ein nicht zu großes Stück entfernt. Der Abstand zwischen $x$ und $x_0$ kann um so größer sein, je kleiner die Konstante $K$ wählbar ist.

Will man den Begriff der allgemeinen Lösung aus Satz 1.4 auf die Gesamtheit der Lösungen von (5.9) übertragen, so stellt man fest, daß die Integrationskonstante $C$ (es ist hier nur eine einzige Konstante, denn es handelt sich um eine Differentialgleichung *erster* Ordnung) wegen der im allgemeinen vorliegenden Nichtlinearität keinesfalls in so übersichtlicher Weise wie in (1.59), (1.55) in der Lösungsformel auftritt. Hier gilt lediglich

> **Satz 5.3**  *Sind die Voraussetzungen von Satz 5.2 erfüllt, so kann die Gesamtheit der Lösungen $y = y(x)$ implizit in der Gestalt*
>
> $$\Phi(x, y) = C \quad ((x, y) \in B; \quad C\ \textit{Scharparameter}) \tag{5.16}$$
>
> *angegeben werden.*

Sind jedoch die Voraussetzungen von Satz 5.2 *nicht* überall in $B$ erfüllt, so kann es vorkommen, daß es nicht gelingt, die Gesamtheit der Lösungen in der Gestalt (5.16) anzugeben, weil sie einige Lösungen der Differentialgleichung nicht erfaßt. Man vergleiche hierzu das Ende von Beispiel 5.3.

### 5.2.2   Lösung von Differentialgleichungssystemen

Es ist verständlich, daß wegen des Abschnittes 5.1.2 die Sätze aus 5.2.1 auf Differentialgleichungssysteme übertragbar sind. Wir formulieren hier

---

**Satz 5.4**   *Sind die Elemente $f_\nu(x, y_1, \ldots, y_n)$   $(\nu = 1, \ldots, n)$ der einspaltigen Matrix $\mathbf{f}(x, \mathbf{y})$ aus (1.45) stetig in einem Bereich $B$ des $(n+1)$-dimensionalen $(x, y_1, \ldots, y_n)$-Raumes und existieren darüber hinaus ihre partiellen Ableitungen $\partial f_\nu(x, y_1, \ldots, y_n)/\partial y_\mu$ $(\nu = 1, \ldots, n;\ \mu = 1, \ldots, n)$ und sind diese in $B$ stetig, so sind Existenz und Unität der Anfangswertaufgabe, bestehend aus dem Differentialgleichungssystem*

$$\mathbf{y}' = \mathbf{f}(x, \mathbf{y})   (x, y_1, \ldots, y_n) \in B \tag{5.17}$$

*(s. (1.46), (1.45)) und der Anfangsbedingung*

$$\mathbf{y}(x_0) = \mathbf{y}_0   (\mathbf{y}_0 = (y_{10}, \ldots, y_{n0})^\mathrm{T}, (x_0, y_{10}, \ldots, y_{n0}) \in B), \tag{5.18}$$

*gesichert.*

---

**Zusatz zu Satz 5.4** Für die Lösung von (5.17), (5.18) gilt $\mathbf{y}(x) = \lim\limits_{k \to \infty} \mathbf{y}_k(x)$ $(|x - x_0| < r,\ r$ hinreichend klein), wobei die Folge der einspaltigen Matrizen (Spaltenvektoren) $\mathbf{y}_0(x), \mathbf{y}_1(x), \ldots$ schrittweise gemäß

$$\mathbf{y}_0(x) = \mathbf{y}_0, \quad \mathbf{y}_k(x) = \mathbf{y}_0 + \int_{x_0}^{x} \mathbf{f}(\tilde{x}, \mathbf{y}_{k-1}(\tilde{x}))\mathrm{d}\tilde{x}   (k = 1, 2, \ldots) \tag{5.19}$$

zu berechnen ist. (*Verfahren von Picard-Lindelöf*).

### 5.2.3   Lösung von Differentialgleichungen $n$-ter Ordnung

Mit Satz 1.1 folgt aus Satz 5.4 speziell

---

**Satz 5.5**  *Für die Anfangswertaufgabe, bestehend aus der Differentialgleichung*

$$y^{(n)} = f(x, y, y', \ldots, y^{(n-1)}) \qquad (5.20)$$

*(s. (1.8))* **und den Anfangsbedingungen**

$$y(x_0) = y_0, \quad y'(x_0) = y_0', \ldots, \; y^{(n-1)}(x_0) = y_0^{(n-1)}, \qquad (5.21)$$

*sind Existenz und Unität gesichert, wenn $f(x, y, y', \ldots, y^{(n-1)})$ als Funktion von ihren $n+1$ Argumenten in ihrem Definitionsbereich $B$ stetig ist, dort auch ihre partiellen Ableitungen $\frac{\partial f}{\partial y}, \frac{\partial f}{\partial y'}, \ldots, \frac{\partial f}{\partial y^{(n-1)}}$ existieren und ebenfalls in $B$ stetig sind und falls $(x_0, y_0, y_0', \ldots, y_0^{(n-1)}) \in B$ gilt.*

---

Um Umständlichkeiten der Bezeichnung zu vermeiden, formulieren wir das Verfahren von Picard-Lindelöf nur im Fall $n = 2$ :

---

**Satz 5.6**  *Für die Lösung von $y'' = f(x, y, y'), y(x_0) = y_0, \; y'(x_0) = y_0'$ gilt $y(x) = \lim\limits_{k \to \infty} y_k(x) \; (|x - x_0| < r, r \text{ hinreichend klein}),$ wobei die Funktionenfolge $y_0(x), y_1(x), \ldots$ unter Hinzuziehen von $z_0(x), z_1(x), \ldots$ gemäß*

$$y_0(x) = y_0, \, z_0(x) = y_0', \, y_k(x) = y_0 + \int_{x_0}^{x} z_{k-1}(\tilde{x}) \mathrm{d}\tilde{x},$$

$$z_k(x) = y_0' + \int_{x_0}^{x} f(\tilde{x}, y_{k-1}(\tilde{x}), z_{k-1}(\tilde{x})) \mathrm{d}\tilde{x} \quad (k = 1, 2, \ldots)$$

*zu berechnen ist.*

---

## 5.3  Trennung der Veränderlichen

Die Methode der *Trennung der Veränderlichen* wird im Abschnitt 5.3.1 vorgeführt. Damit beherrschen wir auch lineare Differentialgleichungen erster Ordnung mit *variablen* Koeffizienten. Das wird in 5.3.2 gezeigt. Mittels Trennen der Veränderlichen kann man auch die Ähnlichkeitsdifferentialgleichungen und die Bernoullischen Differentialgleichungen in 5.3.3 und 5.3.4 lösen.

### 5.3.1  Differentialgleichungen mit trennbaren Veränderlichen

Wie in 1.3 bereits ausgeführt, beschäftigen wir uns zunächst mit gewissen Spezialfällen von $y' = f(x, y)$, deren Lösungen (oder deren Umkehrfunktionen) durch elementare Funktionen oder wenigstens durch Integrale über elementare Funktionen darstellbar sind. Wir beginnen mit

---

**Definition 5.1**    *Unter einer gewöhnlichen Differentialgleichung erster Ordnung mit t r e n n b a r e n  V e r ä n d e r l i c h e n für die Funktion $y = y(x)$ versteht man eine Differentialgleichung der Gestalt*

$$y' = g(x)\, h(y). \tag{5.22}$$

---

Es handelt sich also um eine explizite gewöhnliche Differentialgleichung erster Ordnung $y' = f(x,y)$, wobei die gegebene rechte Seite die spezielle Struktur $f(x,y) = g(x)\, h(y)$ besitzt, d. h. darstellbar ist als Produkt zweier Funktionen $g$ und $h$, wobei $g$ bzw. $h$ jeweils nur von $x$ bzw. $y$ abhängen.

**Aufgabe 5.4**   Welche der folgenden Differentialgleichungen sind Differentialgleichungen mit trennbaren Veränderlichen?
a) $y' = \sqrt{y}$,   b) $y' = 1 + y$,   c) $y' = x + y$,   d) $\dot{x} = tx^{-2}$,   e) $y' = \sin(xy)$.

Die Lösungstheorie von Differentialgleichungen mit trennbaren Veränderlichen beginnt mit dem

---

**Satz 5.7**    *Ist $y = y_0$ eine Nullstelle der gegebenen Funktion $h(y)$ aus (5.22), d. h. gilt $h(y_0) = 0$, so ist die konstante Funktion $y(x) \equiv y_0$ $(x \in D_g)$ (gelesen: $y$ ist identisch gleich $y_0$ im Definitionsbereich $D_g$ der Funktion $g = g(x)$) eine Lösung der Differentialgleichung (5.22).*

---

Zum Beweis setze man $y(x) \equiv y_0$ in (5.22) ein.

**Aufgabe 5.5**    Gesucht sind konstante Funktionen, die jeweils Lösungen der folgenden Differentialgleichungen mit trennbaren Veränderlichen sind:
a) $y' = 2 + y^{-1}$,   b) $y' = 1 + \sqrt{y}$,   c) $y' = (y^2 - 5y + 6)e^{-x}$,   d) $y' = \sin x \sin y$.

Nach Behandlung dieses Spezialfalles untersuchen wir nunmehr die Lösungen $y(x)$ mit

$$h(y(x)) \neq 0. \tag{5.23}$$

Grundgedanke der Lösungsmethode ist die Trennung der Veränderlichen.
Ist $y = y(x)$ eine Lösung von (5.22), so ist (5.22) beim Einsetzen von $y = y(x)$ erfüllt, d. h. es gilt

$$y'(x) = g(x)h(y(x)) \tag{5.24}$$

für alle $x$ des Definitionsbereiches der Lösung $y = y(x)$. Wegen (5.23) kann nun die Trennung der Veränderlichen eingeleitet werden, denn mit (5.23) ist (5.24) äquivalent zu

$$\frac{y'(x)}{h(y(x))} = g(x), \tag{5.25}$$

d. h., (5.25) folgt aus (5.24), und umgekehrt kann (5.24) aus (5.25) gefolgert werden. Von der linken Seite von (5.25) bilden wir eine Stammfunktion

$$\int \frac{y'(x)}{h(y(x))}\,\mathrm{d}x \tag{5.26}$$

und ebenso eine Stammfunktion der rechten Seite von (5.25) (Verzicht auf Integrationskonstante)

$$\int g(x)\mathrm{d}x. \tag{5.27}$$

Gestützt auf die Theorie der Stammfunktionen erkennt man, daß sich (5.26) und (5.27) nur um eine additive Konstante unterscheiden:

$$\int \frac{y'(x)}{h(y(x))}\,\mathrm{d}x = \int g(x)\mathrm{d}x + C. \tag{5.28}$$

Auf der linken Seite von (5.28) wird durch die Substitution $y = y(x)$ die neue Integrationsvariable $y$ eingeführt:

$$\int \frac{\mathrm{d}y}{h(y)} = \int g(x)\mathrm{d}x + C. \tag{5.29}$$

Zusammengefaßt ergibt sich die Äquivalenz der Gleichungen (5.22) und (5.29). Folglich ist die Frage der Existenz und Unität von Lösungen der Differentialgleichung (5.22) im Fall $h(y) \neq 0$ äquivalent mit der Frage, ob im Fall $h(y) \neq 0$ durch

$$\Phi(x, y) = C \quad \text{mit} \quad \Phi(x, y) = \int \frac{\mathrm{d}y}{h(y)} - \int g(x)\mathrm{d}x \tag{5.30}$$

differenzierbare Funktionen $y = y(x)$ implizit dargestellt werden, d. h. nach der Möglichkeit der Auflösung von $\Phi(x, y) = C$ nach $y$. Dies ist für stetiges $g(x)$ und $h(y)$ wegen (5.23) theoretisch gesichert.

---

Zur Durchführung der *Methode der Trennung der Veränderlichen* notieren wir

$$y' = g(x)h(y),\ h(y) \neq 0,\ \text{d. h. } \frac{\mathrm{d}y}{\mathrm{d}x} = g(x)h(y), h(y) \neq 0.$$

Trennen von $x$ und $y$, indem man $\frac{\mathrm{d}y}{\mathrm{d}x}$ als Bruch behandelt, ergibt

$$\frac{\mathrm{d}y}{h(y)} = g(x)\mathrm{d}x. \quad \text{Integrieren}: \quad \int \frac{\mathrm{d}y}{h(y)} = \int g(x)\mathrm{d}x + C, \tag{5.31}$$

wobei $C$ eine Konstante ist und die Integrale jeweils eine Stammfunktion darstellen, also selbst keine Integrationskonstante enthalten.

Die Gleichung (5.31) gibt im Fall $h(y) \neq 0$ die Gesamtheit der Lösungen von $y' = g(x)h(y)$ an. Der weitere Schritt „(5.31) nach $y$ auflösen" ist in einfachen Fällen durchführbar und sollte gegebenenfalls erfolgen.

**Aufgabe 5.6**    Man bestimme die Gesamtheit der Lösungen von $y' = x(y + 1)$ $(-\infty < x < +\infty; -\infty < y < -1)$. Welche Werte kann die Konstante $C$ aus (5.16) im vorliegenden Fall annehmen?

**Beispiel 5.3**    Gesucht sind alle Lösungen der Differentialgleichung

$$y' = \sqrt{y}. \tag{5.32}$$

(5.32) ist eine Differentialgleichung mit trennbaren Veränderlichen. Gemäß Satz 5.7 stellen wir fest, daß $y \equiv 0$ eine Lösung von (5.32) ist. Weiterhin setzen wir $y > 0$ voraus und können damit die Methode der Trennung der Veränderlichen durchführen:

$$\frac{dy}{dx} = \sqrt{y} \Rightarrow \frac{dy}{\sqrt{y}} = dx \Rightarrow \int \frac{dy}{\sqrt{y}} = \int dx + C \Rightarrow 2\sqrt{y} = x + C \Rightarrow y = \frac{1}{4}(x + C)^2. \tag{5.33}$$

Beim Anblick der Ergebnisformel sind Sie vielleicht geneigt, diese durch den Zusatz $-\infty < x < +\infty$ zu ergänzen. Das ist jedoch falsch. Die vorletzte Formel des Rechnungsganges, nämlich $2\sqrt{y} = x + C$, zeigt in Verbindung mit $y > 0$, daß $x + C > 0$ und damit $x > -C$ ist. Also lautet das Ergebnis

$$y = \frac{1}{4}(x + C)^2 \quad \text{mit} \quad -C < x < +\infty. \tag{5.34}$$

Um sich vor solchen Fehlern zu schützen, kann man anders vorgehen. Man nimmt zunächst in Kauf, daß sich beim formalen Rechnen gemäß dem obigen Lösungsschemas gewisse „Scheinlösungen" (im vorliegenden Beispiel $y = \frac{1}{4}(x + C)^2$ mit $x \leq -C$) ergeben, die jedoch keine Lösungen sind. Das Eliminieren solcher Scheinlösungen geschieht durch die Probe. In unserem Beispiel hatten wir (fälschlicherweise) zunächst das Ergebnis $y = \frac{1}{4}(x + C)^2$ mit $-\infty < x < +\infty$ erhalten. Wir setzen dies in (5.32) ein. Es ergibt sich:

$$\text{\textit{linke Seite von}} \ (5.32): y' = \frac{1}{2}(x + C), \tag{5.35}$$

$$\text{\textit{rechte Seite von}} \ (5.32): \sqrt{y} = \sqrt{\frac{1}{4}(x + C)^2} = \frac{1}{2}|x + C|. \tag{5.36}$$

Aus (5.35) und (5.36) folgt zunächst, daß gewiß keine Gleichheit im Fall $x < -C$ besteht, weil in diesem Fall $\frac{1}{2}|x + C| = -\frac{1}{2}(x + C)$ ist. Damit ist bewiesen, daß

$y = \frac{1}{4}(x + C)^2$ mit $x < -C$ keine Lösung von (5.32) ist. Andererseits zeigt die Probe, daß die Funktion aus (5.34) auch dann noch Lösung von (5.32) ist, wenn dort $-C < x < +\infty$ durch $-C \leq x < +\infty$ ersetzt wird:

$$y = \frac{1}{4}(x + C)^2 \quad \text{mit} \quad -C \leq x < +\infty. \tag{5.37}$$

Neben $y \equiv 0$ und (5.37) gibt es noch weitere Lösungen, nämlich

$$y(x) = \begin{cases} 0 & \text{für} \quad -\infty < x < -C \\ \frac{1}{4}(x + C)^2 & \text{für} \quad -C \leq x < +\infty. \end{cases} \tag{5.38}$$

Zum Nachweis setzt man (5.38) in (5.32) ein und weist nach, daß die Gleichung (5.32) erfüllt ist. Insbesondere sei bemerkt, daß (5.38) an der „Stoßstelle" $x = -C$ differenzierbar ist, weil dort sowohl die rechtsseitige Ableitung als auch die linksseitige Ableitung existieren und den gleichen Wert 0 haben. Mit $y \equiv 0$ und (5.37), (5.38) sind alle Lösungen von (5.32) erfaßt. Es ist (5.37) äquivalent zu (5.16) mit $\Phi(x, y) = 2\sqrt{y} - x$ $(-\infty < x < +\infty, \quad 0 \leq y < +\infty)$. Längs $y = 0$ sind die Voraussetzungen von Satz 5.2 verletzt, denn dort ist $\frac{\partial f}{\partial y} = \frac{\partial \sqrt{y}}{\partial y}$ nicht bildbar, auch nicht im Sinne einseitiger Ableitung. Es ist deshalb verständlich, daß durch die Punkte der $x$-Achse jeweils mehr als eine Lösungskurve geht (Bild 5.6). Hier werden die Lösungen $y \equiv 0$ und (5.38) von der Formel $2\sqrt{y} - x = C$ *nicht* erfaßt.

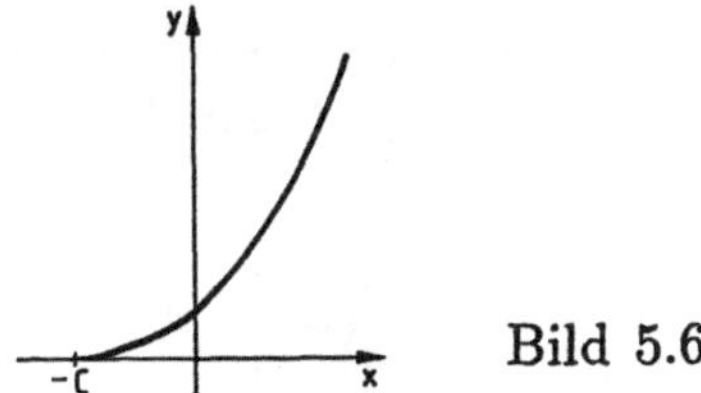


Bild 5.6

Das Herausgreifen derjenigen Lösung aus der Lösungsgesamtheit, die einer gegebenen Anfangsbedingung genügt, kann oft beim Vorliegen der *impliziten* Darstellung (5.16) erfolgen. Verfahren Sie so in der

**Aufgabe 5.7**  Man löse die Anfangswertaufgabe $y' = \sin x \sin y$, $y(0) = \pi/2$.

### 5.3.2  Lineare Differentialgleichungen erster Ordnung mit variablen Koeffizienten

Gemäß Satz 1.4 kann die allgemeine Lösung $y(x)$ von

$$a_1(x)y' + a_0(x)y = g(x) \quad (a_1(x) \neq 0) \tag{5.39}$$

durch

$$y(x) = y_h(x) + y_p(x) \qquad (5.40)$$

angegeben werden, wobei $y_h(x)$ der zugehörigen homogenen Differentialgleichung

$$a_1(x)y_h' + a_0(x)y_h = 0 \qquad (5.41)$$

genügt und $y_p(x)$ eine partikuläre Lösung von (5.39) ist. Offenbar ist $y_h \equiv 0$ eine Lösung von (5.41). Im Fall $y_h \neq 0$ ergibt die Methode der Trennung der Veränderlichen:

$$\frac{dy_h}{dx} = -\frac{a_0(x)}{a_1(x)}y_h \Longrightarrow \frac{dy_h}{y_h} = -\frac{a_0(x)}{a_1(x)}dx \Longrightarrow$$

$$\int \frac{dy_h}{y_h} = -\int \frac{a_0(x)}{a_1(x)}dx + C_1 \Longrightarrow \ln|y_h| = -\int \frac{a_0(x)}{a_1(x)}dx + C_1 \Longrightarrow$$

$$|y_h| = e^{C_1} \exp\left[-\int \frac{a_0(x)}{a_1(x)}dx\right].$$

Hierbei wurde die Bezeichnung $\exp z$ für $e^z$ benutzt. Wir befreien uns von den Absolutzeichen von $|y_h|$, indem wir notieren:

$$y_h(x) = C_2 \exp\left[-\int \frac{a_0(x)}{a_1(x)}dx\right]$$

mit $C_2 = e^{C_1}$, falls $y_h > 0$, und $C_2 = -e^{C_1}$, falls $y_h < 0$ ist. Diese Lösung kann mit der oben erhaltenen Lösung $y_h \equiv 0$ in der folgenden Formel zusammengefaßt werden:

$$y_h(x) = C \exp\left[-\int \frac{a_0(x)}{a_1(x)}dx\right] \quad (C \text{ beliebige Konstante}). \qquad (5.42)$$

Mit Hilfe von (5.42) kann man die allgemeine Lösung von (5.41) also leicht ermitteln, ohne jedesmal die Herleitung von (5.42) durchführen zu müssen. Die partikuläre Lösung $y_p(x)$ von (5.39) wird mit Hilfe der Methode der Variation der Konstanten aus dem Abschnitt 3.3.1 ermittelt. (3.48) geht im Fall *einer* Differentialgleichung in (5.39) über. (3.51) spezialisiert sich in der jetzigen Anwendung wegen (5.42) zu

$$y_p(x) = u(x) \exp\left[-\int \frac{a_0(x)}{a_1(x)}dx\right], \qquad (5.43)$$

wobei $u(x)$ gemäß (3.53) durch Integration aus

$$u'(x) = \frac{g(x)}{a_1(x)} \exp \int \frac{a_0(x)}{a_1(x)}dx \qquad (5.44)$$

zu bestimmen ist. Auf die Integrationskonstante kann – wie Sie bereits wissen – verzichtet werden, da nur eine einzige partikuläre Lösung benötigt wird.

**Aufgabe 5.8**   Man löse die folgende Anfangswertaufgabe für $y = y(x)$ :

$$xy' + y + x\mathrm{e}^x = 0, \quad y(1) = 0.$$

**Aufgabe 5.9**   Wie lautet die Lösung $x = x(t)$ von

$$(t^2 - 1)\dot{x} = x + (t^2 - 1)^{1/2}, \qquad x(2) = 1\ ?$$

**Aufgabe 5.10**   In einem Stromkreis genügt die Stromstärke $I$ als Funktion der Zeit $t$ der Differentialgleichung $\dot{I} + (R/L)I = U/L$. Man bestimme unter der Voraussetzung, daß der Widerstand $R$, die Selbstinduktion $L$ und die Spannung $U$ konstant sind, diejenige Lösung $I(t)$, die der Anfangsbedingung $I(0) = 0$ genügt.

### 5.3.3  Ähnlichkeitsdifferentialgleichung

Gegeben sei die spezielle explizite Differentialgleichung erster Ordnung – sie heißt *Ähnlichkeitsdifferentialgleichung* –

$$y' = f\cdot\left(\frac{y}{x}\right).\tag{5.45}$$

Jeder Lösung von (5.45) wird durch

$$z = z(x) = \frac{1}{x}y(x)\tag{5.46}$$

eine Funktion $z = z(x)$ zugeordnet. Auflösen von (5.46) nach $y(x)$ führt zu

$$y(x) = x\,z(x).\tag{5.47}$$

Die Differentiation ergibt

$$y'(x) = z(x) + x\,z'(x).\tag{5.48}$$

Durch Einsetzen von (5.48) und (5.47) in (5.45) erhält man für $z(x)$ die Differentialgleichung mit trennbaren Veränderlichen

$$z' = \frac{1}{x}(f(z) - z).\tag{5.49}$$

Die Lösungen $z(x)$ von (5.49) ergeben mittels (5.47) Lösungen $y(x)$ von (5.45).

**Aufgabe 5.11**   Man bestimme alle Lösungskurven $y = y(x)$ der Differentialgleichungen (5.3) und (5.4) in der Parametergestalt $x = x(z), y = z\cdot x(z)$.

Liegt die Differentialgleichung

$$y' = f\left(\frac{a_1 x + b_1 y + c_1}{a_2 x + b_2 y + c_2}\right) \quad \text{mit} \quad \begin{vmatrix} a_1 & b_1 \\ a_2 & b_2 \end{vmatrix} \neq 0 \tag{5.50}$$

vor, so führe man gemäß der Ähnlichkeitstransformation

$$y = w + B, \quad x = t + A \quad (A, B: \text{Konstanten}) \tag{5.51}$$

die Funktion $w = w(t)$ ein. Wegen

$$\frac{\mathrm{d}w}{\mathrm{d}t} = \frac{\mathrm{d}w}{\mathrm{d}x}\frac{\mathrm{d}x}{\mathrm{d}t} = \frac{\mathrm{d}y}{\mathrm{d}x}$$

folgt aus (5.51) für (5.50) die Differentialgleichung

$$\frac{\mathrm{d}w}{\mathrm{d}t} = f\left(\frac{a_1 t + b_1 w + a_1 A + b_1 B + c_1}{a_2 t + b_2 w + a_2 A + b_2 B + c_2}\right), \tag{5.52}$$

$A$ und $B$ werden so festgelegt, daß

$$a_1 A + b_1 B = -c_1, \quad a_2 A + b_2 B = -c_2 \tag{5.53}$$

gilt. Wegen der Voraussetzung $a_1 b_2 - a_2 b_1 \neq 0$ aus (5.50) hat (5.53) genau eine Lösung $(A, B)$. Es folgt somit aus (5.52) die Ähnlichkeitsdifferentialgleichung

$$\frac{\mathrm{d}w}{\mathrm{d}t} = f\left(\frac{a_1 + b_1(w/t)}{a_2 + b_2(w/t)}\right) = f_1\left(\frac{w}{t}\right). \tag{5.54}$$

Ist $w = w(t)$ bekannt, so folgt aus (5.51) $y(x) = w(x - A) + B$.

**Aufgabe 5.12**    Man gebe die Lösungskurven $y = y(x)$ der Differentialgleichung (1.5) im Fall (5.7) mit $(h/l) = 2$ in Parametergestalt an. Für welche Lösung gilt $\lim\limits_{x \to +0} y(x) = \frac{h}{2}$, wobei $\lim\limits_{x \to +0} y'(x)$ existieren soll (Bild 5.5)?

Ist in (5.50) jetzt $a_1 b_2 - a_2 b_1 = 0$ und darüberhinaus $b_1 \neq 0$ und damit $a_2 = a_1 b_2 / b_1$, so bilde man die Funktion

$$w(x) = a_1 x + b_1 y(x) + c_1. \tag{5.55}$$

Es ergibt sich damit aus (5.50) für $w(x)$ die Differentialgleichung

$$w' = a_1 + b_1 f\left(\frac{b_1 w}{b_2 w + b_1 c_2 - c_1 b_2}\right). \tag{5.56}$$

(5.56) ist eine Differentialgleichung mit trennbaren Veränderlichen. Ist $w(x)$ bekannt, so ergibt sich $y(x)$ durch Auflösen von (5.55) nach $y(x)$.

**Aufgabe 5.13**   Man diskutiere die Differentialgleichung aus (5.50) im Fall „Determinante gleich null" und $b_2 \neq 0$ durch Einführen von

$$w(x) = a_2 x + b_2 y(x) + c_2. \tag{5.57}$$

**Aufgabe 5.14**   Man löse die Anfangswertaufgabe für $y(x)$

$$y' = (x - y)^2 + 1, \quad y(0) = 1.$$

### 5.3.4   Bernoullische Differentialgleichung

Liegt die *Bernoullische Differentialgleichung*

$$y' + f(x)y + g(x)y^\alpha = 0 \quad (\alpha \neq 1) \tag{5.58}$$

vor, so erhält man mit

$$w(x) = y(x)^{1-\alpha} \tag{5.59}$$

die lineare Differentialgleichung für $w(x)$

$$w' + (1 - \alpha)f(x)w + (1 - \alpha)g(x) = 0. \tag{5.60}$$

Bei bekanntem $w(x)$ ergibt sich $y(x)$ aus (5.59).

**Aufgabe 5.15**   Man bestimme die allgemeine Lösung von $y' - y + xy^2 = 0$.

## 5.4   Exakte Differentialgleichungen

Nach der Einführung von exakten Differentialgleichungen im Abschnitt 5.4.1 wird in 5.4.2 gezeigt, wie man mittels eines sogenannten *integrierenden Faktors* nichtexakte Differentialgleichungen auf exakte zurückführen kann.

### 5.4.1   Definition und Lösung

Wir verallgemeinern den Begriff der Differentialgleichung. Mit

$$P(x,y)\mathrm{d}x + Q(x,y)\mathrm{d}y = 0, \quad (x,y) \in B, \tag{5.61}$$

meint man die Aufgabe, bei bekannten Funktionen $P(x,y), Q(x,y)$ entweder Funktionen $y = y(x)$ zu bestimmen, die der Differentialgleichung (Division von 5.61) durch $\mathrm{d}x$) $P(x,y)+Q(x,y)y'(x) = 0, (x,y) \in B$, genügen, oder aber auch die Aufgabe, Funktionen $x = x(y)$ zu ermitteln, die der Differentialgleichung

(Division von (5.61) durch d$y$) $P(x,y)x'(y) + Q(x,y) = 0$, $(x,y) \in B$, genügen. Hiermit formulieren wir die

---

**Definition 5.2**   *Die Differentialgleichung*

$$P(x,y)\mathrm{d}x + Q(x,y)\mathrm{d}y = 0, \quad (x,y) \in B, \tag{5.61}$$

*(P und Q stetig) heißt e x a k t , falls es in B eine Funktion $U = U(x,y)$ mit*

$$\frac{\partial U(x,y)}{\partial x} = P(x,y) \quad \text{und} \quad \frac{\partial U(x,y)}{\partial y} = Q(x,y) \tag{5.62}$$

*gibt.*

---

Differenziert man die erste Identität aus (5.62) partiell nach $y$ sowie die zweite partiell nach $x$ und sind die erhaltenen Ableitungen stetig in $B$, so folgt

$$\frac{\partial^2 U}{\partial x \partial y} = \frac{\partial^2 U}{\partial y \partial x},$$

und es gilt der

---

**Satz 5.8**   *Wenn die partiellen Ableitungen $\frac{\partial P(x,y)}{\partial y}$ und $\frac{\partial Q(x,y)}{\partial x}$ existieren und stetig sind, dann ist die I n t e g r a b i l i t ä t s b e d i n g u n g*

$$\frac{\partial P(x,y)}{\partial y} = \frac{\partial Q(x,y)}{\partial x} \tag{5.63}$$

*n o t w e n d i g dafür, daß (5.61) eine exakte Differentialgleichung ist.*

---

Darüber hinaus gilt

---

**Satz 5.9**   *(5.63) ist für stetig differenzierbares P und Q h i n r e i c h e n d für das Vorliegen einer exakten Differentialgleichung, falls der zur Differentialgleichung gehörige Bereich einfach zusammenhängend ist.*

---

Der Beweis kann mit Hilfe des Integralsatzes von Stokes geführt werden.

**Beispiel 5.4**   Die Differentialgleichung $\mathrm{e}^{-y}dx + (1 - x\mathrm{e}^{-y})dy = 0$ ist exakt, denn als $B$ kann die ganze $(x,y)$-Ebene genommen werden (diese ist einfach zusammenhängend), und die Integrabilitätsbedingung ist wegen $\frac{\partial \mathrm{e}^{-y}}{\partial y} = -\mathrm{e}^{-y}$ und $\frac{\partial (1-x\mathrm{e}^{-y})}{\partial x} = -\mathrm{e}^{-y}$ erfüllt.

**Aufgabe 5.16**    Es werde die Differentialgleichung mit trennbaren Veränderlichen $y' = g(x)h(y)$   $(h(y) \neq 0, a < x < b, c < y < d)$ einerseits in der Gestalt

$$g(x)h(y)\mathrm{d}x - \mathrm{d}y = 0, \tag{5.64}$$

andererseits in der Gestalt

$$g(x)\mathrm{d}x - \frac{1}{h(y)}\mathrm{d}y = 0 \tag{5.65}$$

angegeben. Was kann man über die Exaktheit von (5.64) und (5.65) sagen?

Aus der Definition 5.2 folgt, daß die exakte Differentialgleichung (5.61), (5.62) mit dem *vollständigen Differential*

$$\mathrm{d}U = \frac{\partial U}{\partial x}\mathrm{d}x + \frac{\partial U}{\partial y}\mathrm{d}y \tag{5.66}$$

in der Gestalt $\mathrm{d}U = 0$ angegeben werden kann. Sind $y = y(x)$ bzw. $x = x(y)$ Lösungen von $\mathrm{d}U = 0$, so kann bei Beachtung der verallgemeinerten Kettenregel

$$\frac{\partial U}{\partial x} + \frac{\partial U}{\partial y}y' = 0, \quad \text{d. h.} \quad \frac{\mathrm{d}U(x, y(x))}{\mathrm{d}x} = 0, \tag{5.67}$$

bzw.

$$\frac{\partial U}{\partial x}x' + \frac{\partial U}{\partial y} = 0, \quad \text{d. h.} \quad \frac{\mathrm{d}U(x(y), y)}{\mathrm{d}y} = 0, \tag{5.68}$$

geschrieben werden. Wegen (5.67) und (5.68) werden also die Lösungen $y = y(x)$ bzw. $x = x(y)$ durch

$$U(x, y) = \text{const} = C \tag{5.69}$$

implizit dargestellt. In einfachen Fällen wird man (5.69) nach $y$ bzw. nach $x$ auflösen können. Über die theoretischen Auflösungsmöglichkeit gibt die Theorie der implizit dargestellten Funktionen Auskunft.

**Beispiel 5.5**    Es sollen die Lösungen der Differentialgleichung aus dem Beispiel 5.4 ermittelt werden. Da eine exakte Differentialgleichung vorliegt, existiert eine Funktion $U = U(x, y)$ mit

$$\frac{\partial U}{\partial x} = \mathrm{e}^{-y} \tag{5.70}$$

und

$$\frac{\partial U}{\partial y} = 1 - x\mathrm{e}^{-y}. \tag{5.71}$$

Zunächst wird (5.70) diskutiert. Wir machen die partielle Ableitung nach $x$ rückgängig, indem wir nach $x$ integrieren und $y$ hierbei als Konstante behandeln. Somit folgt auch (5.70)

$$U(x, y) = x\mathrm{e}^{-y} + C_1(y). \tag{5.72}$$

Man beachte, daß in (5.72) die Integrationskonstante $C_1$ nur bezüglich $x$ konstant ist. Sie hängt im allgemeinen noch von $y$ ab. Zur Bestimmung von $C_1(y)$ setzen wir (5.72) in (5.71) ein und erhalten $-xe^{-y}+C_1'(y) = 1-xe^{-y}$ und damit

$$C_1'(y) = 1. \tag{5.73}$$

Aus (5.73) folgt für $C_1(y)$ (Verzicht auf Integrationskonstante, da nur *ein* $U(x,y)$ benötigt wird)

$$C_1(y) = y. \tag{5.74}$$

Einsetzen von (5.74) in (5.72) liefert $U(x,y) = xe^{-y}+y$. Also werden die Lösungen $y = y(x)$ bzw. $x = x(y)$ implizit durch

$$xe^{-y} + y = C \tag{5.75}$$

dargestellt. In (5.75) ist eine Auflösung nach $x$ sofort möglich:

$$x = x(y) = e^{y}(C - y).$$

**Aufgabe 5.17**   Man prüfe, ob die Differentialgleichung $x(x+2y)\mathrm{d}x+(x^2-y^2)\mathrm{d}y = 0$ exakt ist und gebe gegebenenfalls eine implizite Darstellung der Lösungen an.

### 5.4.2   Integrierender Faktor

**Definition 5.3**    *Multipliziert man die gegebene nichtexakte Differentialgleichung*

$$P(x,y)\mathrm{d}x + Q(x,y)\mathrm{d}y = 0, \quad (x,y) \in B, \tag{5.76}$$

*mit einer Funktion*

$$\mu(x,y) \neq 0, \quad (x,y) \in B, \tag{5.77}$$

*und ist die sich hierdurch ergebende Differentialgleichung*

$$(\mu P)\mathrm{d}x + (\mu Q)\mathrm{d}y = 0, \quad (x,y) \in B, \tag{5.78}$$

*exakt, so heißt* $\mu(x,y)$ *i n t e g r i e r e n d e r   F a k t o r   ( E u l e r s c h e r   M u l t i p l i k a t o r ) der Differentialgleichung* (5.76).

Die Forderung (5.77) garantiert, daß nicht nur jede Lösung von (5.76) auch Lösung von (5.78) ist, sondern daß auch umgekehrt jede Lösung von (5.78) die Differentialgleichung (5.76) löst.

> **Satz 5.10**  *Die Integrabilitätsbedingung für* (5.78) *lautet*
>
> $$P\frac{\partial \mu}{\partial y} - Q\frac{\partial \mu}{\partial x} + \mu \left(\frac{\partial P}{\partial y} - \frac{\partial Q}{\partial x}\right) = 0. \tag{5.79}$$

Der Beweis ergibt sich aus der Integrabilitätsbedingung $\partial(\mu P)/\partial y = \partial(\mu Q)/\partial x$ für die Differentialgleichung (5.78). Es ist schwierig, die partielle Differentialgleichung (5.79) für $\mu = \mu(x,y)$ zu lösen. Man versucht, mit speziellen Ansätzen für $\mu = \mu(x,y)$ zum Ziel zu kommen. Ob diese Versuche gelingen, hängt von der Struktur von $P$ und $Q$ ab. Als Beispiele für Ansätze seien genannt $\mu = \mu(x), \mu = \mu(y), \mu = \mu(z)$ mit $z = xy$, $\mu = \mu(z)$ mit $z = y/x$, $\mu = \mu(z)$ mit $z = x^2 + y^2$.

Ein solcher Ansatz führt zum Ziel, wenn damit (5.79) in eine *gewöhnliche* Differentialgleichung für die nur von *einer* unabhängigen Variablen abhängige Funktion $\mu$ umgeformt werden kann, wobei neben $\mu$ und $\mu'$ nur die unabhängige Variable von $\mu$ vorkommt.

**Aufgabe 5.18**     Es ist nachzuweisen, daß die nichtexakte Differentialgleichung $(y^2 - 2x - 2)\mathrm{d}x + 2y\mathrm{d}y = 0$ einen integrierenden Faktor der speziellen Struktur $\mu = \mu(x)$ besitzt. Man gebe einen solchen Faktor an.

**Aufgabe 5.19**   Die Differentialgleichung $xy^3\mathrm{d}x + (1 + 2x^2y^2)\mathrm{d}y = 0$ $(x \neq 0, y \neq 0)$ ist nicht exakt (warum?). Gibt es einen integrierenden Faktor der speziellen Gestalt $\mu = \mu(x)$ oder $\mu = \mu(y)$? Wenn ja, bestimmen Sie einen solchen und lösen Sie damit die Differentialgleichung. Die Darstellung der Lösung in impliziter Gestalt genügt.

**Beispiel 5.6**    Zu einem thermodynamischen System, das im thermischen Gleichgewicht ist und durch die Zustandsgrößen $p$ (Druck [N/m$^2$]), $V$ (Volumen [m$^3$]), $T$ (Temperatur [K = Kelvin]) beschrieben wird, gehören die *(thermische) Zustandsgleichung* $p = p(V,T)$ und die *innere Energie (kalorische Zustandsgleichung)* $E = E(V,T)$. Der *erste Hauptsatz der Thermodynamik* (Energiesatz) besagt, daß die (differentielle) Erhöhung d$E$ der Energie (d$E$ ist vollständiges Differential von $E$) durch Zuführen von Wärme $\delta Q$ ($\delta Q$ ist *kein* vollständiges Differential einer Funktion $Q$) und (differentielle) Kompressionsarbeit $-p\mathrm{d}V$ erfolgt, also d$E = \delta Q - p\mathrm{d}V$, d. h. $\delta Q = \mathrm{d}E + p\mathrm{d}V$ und damit

$$\delta Q = \left(\frac{\partial E}{\partial V} + p\right)\mathrm{d}V + \frac{\partial E}{\partial T}\mathrm{d}T \tag{5.80}$$

ist. Wählt man die rechte Seite von (5.80) als linke Seite der Differentialgleichung (5.76), so entsteht eine nichtexakte Differentialgleichung. Wenn die obige

Wärmezufuhr quasistatisch und damit reversibel erfolgt, so besagt der *zweite Hauptsatz der Thermodynamik* (Entropiesatz), daß nummehr $T$ ein integrierender Nenner ist, d. h., $(1/T)$ ist ein integrierender Faktor. Im jetzigen Zusammenhang ist die linke Seite der Lösung (5.69) der nunmehr exakten Differentialgleichung die (bis auf eine additive Konstante bestimmte) *Entropiefunktion* $S = S(V, T)$.

**Aufgabe 5.20**   In Fortführung von Beispiel 5.6 formuliere man die Bedingung für $E = E(V, T)$, falls $p = p(V, T)$ gegeben ist. Welcher Bedingung muß bei vorliegendem $p = p(V, T)$ darüber hinaus die *Wärmekapazität* (bei konstantem Volumen) $C_V(V, T) = \partial E / \partial T$ genügen, damit $dE = (\partial E / \partial V)dV + (\partial E / \partial T)dT$ ein vollständiges Differential ist?

**Aufgabe 5.21**   In Fortführung von Aufgabe 5.20 bestimme man $E = E(V, T)$ und $S = S(V, T)$, falls ein Mol eines Gases vorliegt, wobei a) die Zustandsgleichung des idealen Gases $pV = RT$ ($R$ : Gaskonstante) und b) die van der Waalsche Zustandsgleichung $p = (RT/(V-b)) - a/V^2$ ($a, b$ : Konstanten) gelte. Weiterhin setze man voraus, daß $C_V(V, T)$ von $T$ unabhängig ist.

## 5.5  Differentialgleichungen zweiter Ordnung

Wir beschäftigen uns mit Spezialfällen von $y'' = f(x, y, y')$, deren Lösungen (oder deren Umkehrfunktionen) durch elementare Funktionen oder wenigstens durch Integrale über elementare Funktionen darstellbar sind. Weiterhin interessieren wir uns für solche Spezialfälle, deren Lösungen sich aus gewissen Differentialgleichungen erster Ordnung ergeben. So behandeln wir in den Abschnitten 5.5.1 bis 5.5.4 die Differentialgleichungen $y'' = f(x)$, $y'' = f(y)$, $y'' = f(x, y')$, $y'' = f(y, y')$.

### 5.5.1  Die Differentialgleichung $y'' = f(x)$

Die allgemeine Lösung von $y'' = f(x)$ kann durch zweimalige Integration gewonnen werden, wobei die stückweise Stetigkeit von $f(x)$ vorausgesetzt wird. Man kann sie auch in der Gestalt

$$y(x) = \int_{x_0}^{x} (x - \tilde{x}) f(\tilde{x}) d\tilde{x} + C_1(x - x_0) + C_2 \tag{5.81}$$

angeben, wobei $x_0$ eine feste Zahl aus dem Definitionsbereich von $f(x)$ ist.

**Aufgabe 5.22**  Man bilde in (5.81) die zweite Ableitung und zeige, daß (5.81) die allgemeine Lösung von $y'' = f(x)$ darstellt.

### 5.5.2  Die Differentialgleichung $y'' = f(y)$, Energiemethode

Ist die Funktion $y(x)$ zweimal differenzierbar, so liefert die Kettenregel für die Ableitung der Funktion $\frac{1}{2}(y'(x))^2$ die Formel

$$\frac{\mathrm{d}}{\mathrm{d}x}\left[\frac{1}{2}(y'(x))^2\right] = y'(x)y''(x). \tag{5.82}$$

Multiplizieren wir daher die Differentialgleichung für $y = y(x)$

$$y'' = f(y) \quad (f(y) \quad \text{stetig}) \tag{5.83}$$

mit $y'$, so kann das Ergebnis $y'y'' = f(y)y'$ wegen (5.82) in der Gestalt

$$\frac{1}{2}\frac{\mathrm{d}(y')^2}{\mathrm{d}x} = f(y)y' \tag{5.84}$$

geschrieben werden. Geht man davon aus, daß $y(x)$ – falls $x$ als Zeit und $y$ als Weg gedeutet wird – die geradlinige Bewegung eines Massenpunktes mit der Masse 1 bezeichnen soll, so stellt der Term $\frac{1}{2}(y')^2$ die kinetische Energie dieses Punktes dar. Darauf beruht u. a. die Bezeichnung *Energiemethode*. Ist $y = y(x)$ eine Lösung von (5.83), so auch von (5.84). Ist umgekehrt $y = y(x)$ eine Lösung von (5.84) und damit von $y'y'' = f(y)y'$, so ist im Fall

$$y'(x) \neq 0 \tag{5.85}$$

gesichert, daß $y = y(x)$ auch (5.83) löst. Zum Beweis ist $y'y'' = f(y)y'$ mit $\frac{1}{y'}$ zu multiplizieren.

Beim Übergang von (5.83) zu (5.84) kann es deshalb vorkommen, daß sich Scheinlösungen ergeben, d. h. Funktionen $y = y(x)$, die zwar (5.84), aber nicht (5.83) genügen. So ist $y(x) \equiv$ const $= c$ eine Lösung von (5.84), jedoch im Fall $f(c) \neq 0$ keine Lösung von (5.83). Zusammenfassend können wir sagen:

> *Unter der Voraussetzung* (5.85) *sind die Differentialgleichungen* (5.83) *und* (5.84) *bezüglich ihrer Lösungen einander äquivalent.* $\tag{5.86}$

Wir knüpfen an (5.84) an. Wenn wir eine Stammfunktion der linken Seite von (5.84) – unter Verzicht auf eine Integrationskonstante – bilden, ebenso mit der rechten Seite von (5.84) verfahren und beachten, daß zwei Funktionen, deren Ableitungen einander gleich sind, sich höchstens um eine additive Konstante unterscheiden, so erhalten wir

$$\frac{1}{2}(y')^2 = \int f(y)y'\mathrm{d}x + C. \tag{5.87}$$

Im Integral aus (5.87) wird die Substitution $y = y(x)$ ausgeführt:

$$\frac{1}{2}(y')^2 = \int f(y)\mathrm{d}y + C. \tag{5.88}$$

Auflösen von (5.88) nach $y'$ liefert *entweder*

$$y' = \left(2\int f(y)\mathrm{d}y + 2C\right)^{\frac{1}{2}} \; oder \; y' = -\left(2\int f(y)\mathrm{d}y + 2C\right)^{\frac{1}{2}}. \tag{5.89}$$

Die Differentialgleichungen in (5.89) sind Differentialgleichungen mit trennbaren Veränderlichen. Wegen (5.86) interessieren wir uns nur für den Fall $y' \neq 0$ und können daher in (5.89) die Methode der Trennung der Veränderlichen anwenden. Wir verzichten auf die allgemeine Durchführung und bringen zur Illustration als Beispiel die Lösung einer Anfangswertaufgabe. Um Fallunterscheidungen zu vermeiden, ist es zweckmäßig, einerseits bereits in (5.87) $C$ aus den Anfangsbedingungen zu bestimmen und andererseits zu ermitteln, welche der beiden Differentialgleichungen aus (5.89) für die Anfangswertaufgabe maßgebend sind.

**Beispiel 5.7**   Gegeben sei die Anfangswertaufgabe für $y = y(x)$

$$y'' = 2y^3, \; y(-2) = 1, \; y'(-2) = -1. \tag{5.90}$$

Der Übergang von (5.83) zu (5.88) führt im vorliegenden Beispiel zu

$$\frac{1}{2}(y')^2 = \frac{1}{2}y^4 + C. \tag{5.91}$$

An der Stelle $x = -2$ muß (5.91) die Anfangsbedingungen (5.90) erfüllen. Also ist $C = 0$ und damit

$$entweder \quad y' = y^2 \quad oder \quad y' = -y^2. \tag{5.92}$$

Wegen der Anfangsbedingung $y'(-2) = -1 < 0$ ist aus (5.92) nur $y' = -y^2$ maßgebend. Man erhält weiter

$$y' = -y^2 \Rightarrow \int \frac{\mathrm{d}y}{y^2} = -\int \mathrm{d}x \Rightarrow -\frac{1}{y} = -x + C_1.$$

Die Anfangsbedingung $y(-2) = 1$ liefert $C_1 = -3$, so daß sich als Lösung der Anfangswertaufgabe (5.90) schließlich $y = \frac{1}{x+3}$   $(x > -3)$ ergibt.

**Aufgabe 5.23**   Man löse die Anfangswertaufgabe für $y(x)$

$$y'' = y^{-\frac{1}{2}}, \quad y(1) = 1, \quad y'(1) = -2.$$

**Beispiel 5.8**  Die Bewegungsgleichung des *mathematischen Pendels* (Bild 1.3) liefert bei Vernachlässigung der Reibung für den Ausschlagwinkel $\varphi$ als Funktion der Zeit $t$ die nichtlineare Differentialgleichung zweiter Ordnung

$$- mg \sin \varphi = ml\ddot{\varphi}. \tag{5.93}$$

Die Gleichung (5.93) ergibt sich aus dem Newtonschen Grundgesetz *Kraft gleich Masse mal Beschleunigung*. Man kann sie auch aus (1.3) herleiten, indem man dort nach $t$ differenziert und anschließend das Ergebnis durch $\dot{\varphi}$ dividiert. Es soll jetzt (5.93) gelöst werden, wobei die Lösung $\varphi(t)$ noch Anfangsbedingungen genügen soll. Wir schreiben vor, daß der Ausschlagwinkel zur Zeit $t = 0$ selbst gleich null und die Anfangsgeschwindigkeit $l\dot{\varphi}(0)$ gleich $v_0 > 0$ sein sollen, d. h.

$$\varphi(0) = 0, \quad \dot{\varphi}(0) = \frac{v_0}{l}, \quad (v_0 > 0). \tag{5.94}$$

Der Übergang von (5.83) zu (5.88) führt im vorliegenden Beispiel zu

$$\frac{1}{2}\dot{\varphi}^2 = \frac{g}{l}\cos\varphi + C. \tag{5.95}$$

Multipliziert man (5.95) mit $ml^2$, so ergibt sich mit der Abkürzung $ml^2 C = E$ die Gleichung (1.3). Hiermit wird erneut der Name *Energiemethode* für die vorliegende Lösungsmethode verdeutlicht. Mit den Anfangsbedingungen (5.94) folgt aus (5.95)

$$C = \frac{1}{2}\left(\frac{v_0}{l}\right)^2 - \frac{g}{l}. \tag{5.96}$$

Wir setzen $C$ aus (5.96) in (5.95) ein und erhalten:

$$\dot{\varphi} = \pm\frac{v_0}{l}\left[1 + \frac{2gl}{v_0^2}(-1 + \cos\varphi)\right]^{\frac{1}{2}}, \tag{5.97}$$

wobei wegen (5.94) nur das *obere* Vorzeichen brauchbar ist. Es ist $\varphi(t) \equiv c$ keine Lösung von (5.93), (5.94), denn das würde den Anfangsbedingungen (5.94) widersprechen. Nunmehr kann wegen $\dot{\varphi} \neq 0$ auf (5.97) die Methode der Trennung der Veränderlichen angewandt werden. Hierbei wird (5.97) (jetzt nur mit dem oberen Vorzeichen) in

$$\frac{l}{v_0}\int\left[1 + \frac{2gl}{v_0^2}(-1 + \cos\varphi)\right]^{-\frac{1}{2}}\mathrm{d}\varphi = t + C_1 \tag{5.98}$$

überführt. $C_1$ ist mittels $\varphi(0) = 0$ (siehe (5.94)) bestimmbar. Das Ergebnis kann durch ein bestimmtes Integral mit variabler oberer Grenze angegeben werden:

$$t = \frac{l}{v_0}\int_0^\varphi\left[1 + \frac{2gl}{v_0^2}(-1 + \cos\tilde{\varphi})\right]^{-\frac{1}{2}}\mathrm{d}\tilde{\varphi}. \tag{5.99}$$

Das Integral in (5.99) gehört zu den *elliptischen Integralen*, die im allgemeinen nicht durch elementare Funktionen angebbar sind. Durch (5.99) wird die gesuchte Funktion $\varphi = \varphi(t)$ in der nach $t$ aufgelösten Gestalt $t = t(\varphi)$ angegeben. Im Fall $v_0^2 > 4gl$ ist der Integrand aus (5.99) stets positiv, also $t = t(\varphi)$ und damit auch $\varphi = \varphi(t)$ für alle $t$ monoton wachsend. Das bedeutet ein ständiges Überschlagen des Pendels. Ist $v_0^2 < 4gl$, so ist bei der Differentialgleichung (5.97) die Methode der Trennung der Veränderlichen nur in einem Bereich der kartesischen $(t, \varphi)$-Ebene erlaubt, wo die rechte Seite von (5.97) stets ungleich null ist. Hierbei soll wegen (5.94) $\varphi = 0$ zum Bereich gehören. Also muß $|\varphi| < \varphi_1$ sein, wobei $\varphi_1$ die kleinste positive Lösung von $1 + (2gl/v_0^2)(-1 + \cos\varphi) = 0$, also

$$\varphi_1 = \text{arc}\cos\left(1 - \frac{v_0^2}{2gl}\right) \tag{5.100}$$

ist. Wir prüfen, ob die Formel (5.99) als Lösung auch noch brauchbar ist, wenn man zur Grenze $\varphi \to \varphi_1 - 0$ übergeht. Der Integrand aus (5.99) und damit auch $t'(\varphi)$ divergieren für $\varphi \to \varphi_1 - 0$ nach unendlich. $t(\varphi)$ aus (5.99) strebt hierbei nach dem bezüglich der oberen Grenze konvergenten uneigentlichen Integral

$$T_1 = \frac{l}{v_0}\int_0^{\varphi_1}\left[1 + \frac{2gl}{v_0^2}(-1 + \cos\tilde{\varphi})\right]^{-\frac{1}{2}}\mathrm{d}\tilde{\varphi}. \tag{5.101}$$

(Zum Beginn des Nachweises der Konvergenz dieses Integrals entwickelt man zweckmäßig $1 + (2gl/v_0^2)(-1 + \cos\tilde{\varphi})$ an der Stelle $\tilde{\varphi} = \varphi_1$ in eine Taylorreihe.) Infolgedessen konvergiert die Lösung $\varphi = \varphi(t)$ von (5.97) für $t \to T_1 - 0$ nach $\varphi_1$, und $\dot{\varphi}(t)$ strebt für $t \to T_1 - 0$ nach 0. Also genügt $\varphi = \varphi(t)$ aus (5.99) auch für $t = T_1$ der Differentialgleichung (5.97) mit dem oberen Vorzeichen. Wie sieht die Lösung $\varphi = \varphi(t)$ von (5.93) für $t > T_1$ aus? Hierzu ist (5.93) mit der neuen Anfangsbedingung

$$\varphi(T_1) = \varphi_1, \quad \dot{\varphi}(T_1) = 0 \tag{5.102}$$

zu lösen. Auch jetzt wird (5.93) in (5.95) überführt. In (5.95) muß $C$ wegen (5.102) den Wert $C = -(g/l)\cos\varphi_1$ haben; das ist wegen (5.100) der Wert aus (5.96). Also ist wiederum (5.97) zu diskutieren. Überzeugen Sie sich, daß die rechte Seite von (5.97) in einer rechtsseitigen Umgebung von $\varphi = \varphi_1$ keine reellen Werte liefert. Es kann also $\dot{\varphi}(t)$ in einer rechtsseitigen Umgebung von $t = T_1$ nicht größer als null sein. Damit ist jetzt in (5.97) nur das *untere* Vorzeichen gültig. Gemäß Satz 5.7 ist nunmehr die konstante Funktion $\varphi(t) \equiv \varphi_1$ $(t \geq T_1)$ Lösung der Anfangswertaufgabe (5.97) (unteres Vorzeichen), (5.102). Sie ist aber eine Scheinlösung (vgl. den Text vor (5.86)), denn sie genügt wegen $0 < \varphi_1 < \pi$ nicht der Differentialgleichung (5.93). Für $\varphi = \varphi_1$ versagt in (5.97) die Voraussetzung von Satz 5.2. Es ist deshalb nicht verwunderlich, wenn es noch eine weitere Lösung von (5.97) (unteres Vorzeichen), (5.102) gibt. Durch Trennen der Veränderlichen in (5.97) (jetzt mit dem unteren Vorzeichen) ergibt sich unter Beachtung von (5.102) schließlich

$$t = T_1 - \frac{l}{v_0}\int_{\varphi_1}^{\varphi}\left[1 + \frac{2gl}{v_0^2}(-1 + \cos\tilde{\varphi})\right]^{-\frac{1}{2}}\mathrm{d}\tilde{\varphi}, \tag{5.103}$$

wobei das Integral bezüglich der unteren Integrationsgrenze $\varphi_1$ uneigentlich und konvergent ist. Hierbei variiert $\varphi$ von $\varphi_1$ bis $-\varphi_1$ und damit $t$ von $T_1$ bis $3T_1$, denn der Integrand aus (5.101) ist eine gerade Funktion von $\tilde{\varphi}$. Die weitere Diskussion ergibt analog zum bisherigen Vorgehen einerseits die Scheinlösung $\varphi(t) \equiv -\varphi_1$ $(t \geq 3T_1)$ und

$$t = 3T_1 + \frac{l}{v_0}\int_{-\varphi_1}^{\varphi}\left[1 + \frac{2gl}{v_0^2}(-1 + \cos\tilde{\varphi})\right]^{-\frac{1}{2}}\mathrm{d}\tilde{\varphi}. \tag{5.104}$$

Läßt man hier $\varphi$ von $-\varphi_1$ bis 0 variieren, so geht $t$ von $3T_1$ bis $t = T = 4T_1$. Der weitere Verlauf von $\varphi(t)$ erfolgt nunmehr durch periodische Fortsetzung der bisher diskutierten Lösung $\varphi =$

$\varphi(t)$. Die Periode $T$ ist wegen $T = 4T_1$ und (5.101) gleich

$$T = \frac{4l}{v_0} \int_0^{\varphi_1} \left[ 1 + \frac{2gl}{v_0^2}(-1 + \cos\tilde{\varphi}) \right]^{-\frac{1}{2}} d\tilde{\varphi}. \tag{5.105}$$

Im Fall $v_0^2 = 4gl$ gehen wir wie im Fall $v_0^2 < 4gl$ vor. $\varphi_1$ aus (5.100) ist jetzt gleich $\pi$. An die Stelle von (5.99) tritt jetzt wegen $1 + \cos\tilde{\varphi} = 2\cos^2(\tilde{\varphi}/2)$

$$t = \frac{l}{v_0} \int_0^{\varphi} \frac{d\tilde{\varphi}}{\cos(\tilde{\varphi}/2)} = \frac{2l}{v_0} \ln\left[ \tan\left( \frac{1}{4}(\varphi + \pi) \right) \right]. \tag{5.106}$$

Für $\varphi \rightarrow \varphi_1 - 0 = \pi - 0$ strebt jetzt $t = t(\varphi)$ nicht nach einer Zahl $T_1$, sondern nach unendlich, d. h., die Punktmasse des Pendels braucht (theoretisch) unendlich lange Zeit, bis sie ihre höchstmögliche Lage $\varphi = \pi$ erreicht.

**Aufgabe 5.24**   Man kann im Beispiel 5.8 bei „kleinem" $v_0$ mit guter Näherung die Kosinusfunktion durch die ersten beiden von null verschiedenen Glieder ihrer Taylorentwicklung (Entwicklungsstelle null) ersetzen.

 a) Welche Näherungsformel ergibt sich für $\varphi_1$ aus (5.100)?

 b) Welchen Näherungswert erhält man für $T$ aus (5.105)?

 c) Man werte die jetzt aus (5.99), (5.103), (5.104) entstehenden Näherungsformeln aus und löse die erhaltenen Gleichungen nach $\varphi$ auf (jeweils den Definitionsbereich von $\varphi = \varphi(t)$ angeben!).

 d) Was ergibt sich jetzt für die im Beispiel 5.8 genannte periodische Fortsetzung?

### 5.5.3   Die Differentialgleichung $y'' = f(x, y')$

Die Differentialgleichung

$$y'' = f(x, y') \tag{5.107}$$

ist für die Funktion

$$p(x) = y'(x) \tag{5.108}$$

eine Differentialgleichung erster Ordnung, nämlich

$$p' = f(x, p). \tag{5.109}$$

Sind die Lösungen $p(x)$ von (5.109) mittels der Methoden aus den Abschnitten 5.3 und 5.4 oder mittels des Zusatzes zu Satz 5.2 bestimmt, so ergeben sich die gesuchten Lösungen von (5.107) durch unbestimmte Integration von (5.108).

**Aufgabe 5.25**   Man löse die Anfangswertaufgabe $y'' = -xy'$,   $y(0) = 0$,   $y'(0) = 1$ durch Angabe eines bestimmten Integrals mit variabler oberer Grenze.

### 5.5.4   Die Differentialgleichung $y'' = f(y, y')$

Beim Vorliegen der Differentialgleichung

$$y'' = f(y, y') \qquad (5.110)$$

prüft man zunächst, ob es Lösungen $y(x) \equiv \text{const} = c$ gibt. Durch Einsetzen von $y(x) \equiv c$ in (5.110) erkennt man, daß tatsächlich eine solche Lösung vorliegt, falls $f(c, 0) = 0$ gilt. Bei der weiteren Diskussion von (5.110) stellt man eine Differentialgleichung für eine Funktion $q(y)$ her, wobei $q$ gleich der Ableitung $p(x) = y'(x)$ als Funktion von $y$ sein soll. Man setzt hierzu

$$y'(x) \neq 0 \qquad (5.111)$$

voraus. Dann kann man sich die Gleichung $y = y(x)$ nach $x$ aufgelöst denken, $x = x(y)$, und erhält zunächst

$$q(y) = p(x) \quad \text{mit} \quad p(x) = y'(x) \quad \text{und} \quad x = x(y). \qquad (5.112)$$

Damit ergibt sich unter Beachtung von (5.110)

$$\frac{\mathrm{d}q}{\mathrm{d}y} = \frac{\mathrm{d}p}{\mathrm{d}x}\frac{\mathrm{d}x}{\mathrm{d}y} = \frac{\mathrm{d}}{\mathrm{d}x}(y'(x))\frac{1}{(\mathrm{d}y/\mathrm{d}x)} = \frac{y''}{y'} = \frac{1}{p}y'' = \frac{1}{p}f(y, p).$$

Hieraus erhält man wegen $q(y) = p(x)$ die folgende Differentialgleichung für $q(y)$ :

$$\frac{\mathrm{d}q}{\mathrm{d}y} = \frac{1}{q}f(y, q). \qquad (5.113)$$

Ist (5.113) mit den Methoden aus 5.3 und 5.4 oder mittels des Zusatzes zu Satz 5.2 gelöst, so können die gesuchten Lösungen von (5.110) wegen (5.112) mit Hilfe der Differentialgleichung mit trennbaren Veränderlichen für $y(x)$

$$y' = q(y) \qquad (5.114)$$

ermittelt werden.

**Aufgabe 5.26**   Man löse die Anfangswertaufgabe $y'' = e^y y'$, $y(0) = 0$, $y'(0) = 2$.

# 6   Das Runge-Kutta-Verfahren

Auf die Wichtigkeit numerischer Verfahren zur Lösung von Differentialgleichungen wurde bereits im Abschnitt 1.3 hingewiesen. Die Aufgabenstellung bei numerischen Verfahren wird zunächst an der Anfangswertaufgabe $y' = f(x,y), y(x_0) = y_0$ demonstriert. Es wird danach gezeigt, wie man die Aufgaben für die numerische Behandlung zweckmäßig umformt. Damit wird im Abschnitt 6.3 das klassische Runge-Kutta-Verfahren durch eine Modifizierung der Keplerschen Faßregel eingeführt. Nach der Gütediskussion im Abschnitt 6.4 erfolgt in 6.5 die Zusammenfassung zu einem Rechenschema, das als Grundlage zum Arbeiten mit dem Computer dienen kann (s. [BHW]). Schließlich wird im Abschnitt 6.6 ausgeführt, wie man das klassische Runge-Kutta-Verfahren auf Differentialgleichungssysteme (1.31) und wegen Satz 1.1 damit auf Differentialgleichungen $n$-ter Ordnung (1.8) ausdehnen kann.

## 6.1   Aufgabe für numerische Verfahren

Die Aufgabe für numerische Verfahren kann wie folgt formuliert werden. An gegebenen Stellen $x_1, x_2, \ldots$ des Definitionsbereiches der Lösung der Anfangswertaufgabe $y' = f(x,y)$, $y(x_0) = y_0$ sollen *Näherungswerte* – sie seien durch $y_1, y_2, \ldots$ bezeichnet – für die (exakten) Werte $y(x_1), y(x_2), \ldots$ ermittelt werden. Darüber hinaus sind Aussagen über die Abweichungen der Näherungswerte von den exakten Werten erwünscht. Die Differenz $x_{\nu+1} - x_\nu$ heißt *Schrittweite* (auch: *Maschenweite*) $h$.

## 6.2   Ausgangsformel für Näherungsverfahren

Zunächst formen wir die gegebene Aufgabe in eine Integralgleichung um. Sie ist der Ausgangspunkt für numerische Verfahren.

Ist $y = y(x)$ eine Lösung der Anfangswertaufgabe $y' = f(x,y), y(x_0) = y_0$, $(x,y) \in B$, so gilt für alle $x$ aus dem Definitionsbereich von $y(x)$

$$y'(x) = f(x, y(x)), \quad y(x_0) = y_0. \tag{6.1}$$

Wird in (6.1) die unabhängige Variable $x$ durch $\tilde{x}$ ersetzt und danach die so entstehende Gleichung in den Grenzen von $x_0$ bis $x$ integriert, so erhält man $y(x) - y(x_0) = \int_{x_0}^{x} f(\tilde{x}, y(\tilde{x})) \mathrm{d}\tilde{x}$, d. h.

$$y(x) = y_0 + \int_{x_0}^{x} f(\tilde{x}, y(\tilde{x})) \mathrm{d}\tilde{x}. \tag{6.2}$$

Umgekehrt folgt aus (6.2) sofort $y(x_0) = y_0$ und andererseits durch differenzieren $y'(x) = f(x, y(x))$. Also sind (6.1) und (6.2) bezüglich ihrer Lösungen äquivalent. Da in (6.2) die unbekannte Funktion auch im Integranden eines bestimmten Integrals vorkommt, sagt man, (6.2) sei eine *Integralgleichung*. Wir schreiben (6.2) einerseits für $x = x_{\nu+1}$ und andererseits für $x = x_\nu$ auf. Die Differenz beider Formeln führt schließlich zu

$$y(x_{\nu+1}) = y(x_\nu) + \int_{x_\nu}^{x_{\nu+1}} f(\tilde{x}, y(\tilde{x}))\mathrm{d}\tilde{x}. \tag{6.3}$$

## 6.3  Herleitung des Runge-Kutta-Verfahrens

Hat man eine Näherung $y_\nu$ von $y(x_\nu)$ bereits berechnet, so regt (6.3) an, für die Näherung $y_{\nu+1}$ eine Formel aufzuschreiben, die durch Anwendung der *Keplerschen Faßregel* (zur Ausführung numerischer Integrationen (s. [PFS])) entsteht:

$$y_{\nu+1} = y_\nu + \frac{h}{6}\left[f(x_\nu, y_\nu) + 4f(x_\nu + \frac{h}{2}, y_{\nu+\frac{1}{2}}) + f(x_{\nu+1}, y_{\nu+1})\right]. \tag{6.4}$$

Hierbei ist $y_{\nu+(1/2)}$ eine Näherung von $y(x_\nu + (h/2))$. In dieser Gestalt ist (6.4) unbrauchbar, da rechts die noch unbekannten Werte $y_{\nu+(1/2)}$ und $y_{\nu+1}$ auftreten. Bei der näherungsweisen Bestimmung von $y_{\nu+(1/2)}$ in (6.4) ist es naheliegend, zunächst die Differenz $y(x_\nu + (h/2)) - y(x_\nu)$ durch das Differential von $y(x)$ an der Stelle $x_\nu$, also $y'(x_\nu)(h/2) = f(x_\nu, y(x_\nu))(h/2)$, anzunähern und analog in der Näherungsrechnung $y_{\nu+(1/2)} - y_\nu$ jetzt durch $f(x_\nu, y_\nu)(h/2)$ zu ersetzen, also

$$y_{\nu+\frac{1}{2}} = y_\nu + \frac{h}{2}f(x_\nu, y_\nu) = y_\nu + \frac{k_1}{2} \tag{6.5}$$

zu schreiben, wobei

$$k_1 = hf(x_\nu, y_\nu) \tag{6.6}$$

ist. Die Gütediskussion in 6.4 zeigt, daß es günstig ist, eine *weitere* Näherung $y_{\nu+(1/2)}$ – wir bezeichnen sie mit $\tilde{y}_{\nu+(1/2)}$ – herzustellen, wobei nunmehr zunächst $y(x_\nu + (h/2)) - y(x_\nu)$ durch das Differential von $y(x)$ an der Stelle $x_\nu + (h/2)$, also durch

$$y'(x_\nu + \frac{h}{2})\frac{h}{2} = f(x_\nu + \frac{h}{2}, y(x_\nu + \frac{h}{2}))\frac{h}{2}$$

angenähert wird.  Analog hierzu wird man nunmehr $\tilde{y}_{\nu+(1/2)} - y_\nu$ durch $f(x_\nu + (h/2), y_{\nu+(1/2)})(h/2)$ ersetzen, so daß mit (6.5) zu schreiben ist:

$$\tilde{y}_{\nu+\frac{1}{2}} = y_\nu + f(x_\nu + \frac{h}{2}, y_\nu + \frac{k_1}{2})\frac{h}{2} = y_\nu + \frac{k_2}{2} \tag{6.7}$$

mit

$$k_2 = hf(x_\nu + \frac{h}{2}, y_\nu + \frac{k_1}{2}). \tag{6.8}$$

Die beiden Ergebnisse (6.5) und (6.7) führen wegen (6.8) zu

$$4hf(x_\nu + \frac{h}{2}, y_{\nu+\frac{1}{2}}) = 4k_2 \tag{6.9}$$

und

$$4hf(x_\nu + \frac{h}{2}, \tilde{y}_{\nu+\frac{1}{2}}) = 4k_3 \tag{6.10}$$

mit

$$k_3 = hf(x_\nu + \frac{h}{2}, y_\nu + \frac{k_2}{2}). \tag{6.11}$$

Es ist naheliegend, für $4hf(x_\nu + (h/2), y_{\nu+(1/2)})$ aus (6.4) jetzt als endgültige Näherung das arithmetische Mittel der beiden Ergebnisse $4k_2$ und $4k_3$ zu nehmen, also $2k_2 + 2k_3$, so daß anstatt (6.4) jetzt

$$y_{\nu+1} = y_\nu + \frac{1}{6}(k_1 + 2k_2 + 2k_3 + hf(x_{\nu+1}, y_{\nu+1})) \tag{6.12}$$

erscheint. Bei der näherungsweisen Berechnung von $y_{\nu+1}$ in $f(x_{\nu+1}, y_{\nu+1}) = f(x_\nu + h, y_{\nu+1})$ ersetzen wir zunächst $y(x_\nu + h) - y(x_\nu)$ durch das Differential von $y(x)$ an der Stelle $x_\nu + (h/2)$, also durch $y'(x_\nu + (h/2))h = f(x_\nu + (h/2), y(x_\nu + (h/2)))h$. Hierdurch wird man angeregt, $y_{\nu+1} - y_\nu$ durch $f(x_\nu + (h/2), \tilde{y}_{\nu+(1/2)})h$ zu ersetzen. Also ergibt sich

$$y_{\nu+1} = y_\nu + hf(x_\nu + \frac{h}{2}, y_\nu + \frac{k_2}{2}) = y_\nu + k_3. \tag{6.13}$$

Damit wird aus (6.12) schließlich

$$y_{\nu+1} = y_\nu + \frac{1}{6}(k_1 + 2k_2 + 2k_3 + k_4) \tag{6.14}$$

mit

$$k_4 = hf(x_\nu + h, y_\nu + k_3). \tag{6.15}$$

## 6.4  Gütediskussion

Fehlerabschätzungen für die hergestellten Näherungen sind sehr aufwendig. Sie werden in der Praxis kaum verwendet, weil die dazu benötigten Abschätzungen höherer Ableitungen von $f$ mühsam sind und die Fehlerschranken in der Regel viel zu groß ausfallen. Stattdessen begnügt man sich mit der Größenordnung des Fehlers, indem man die Näherungslösung $y_{\nu+1}$ an der Stelle $x = x_\nu$ in eine Taylorreihe entwickelt und das Ergebnis mit der Taylorentwicklung der exakten Lösung $y(x)$ vergleicht. In unserem Fall – wir verzichten auf den Beweis – beginnt die Taylorentwicklung der Differenz $y(x_{\nu+1}) - y_{\nu+1}$ erst mit der fünften Potenz. Die zugehörige Taylorformel lautet also hier

$$y(x_\nu + h) = y_{\nu+1} + \frac{1}{5!}y^{(5)}(x_\nu + \vartheta h)h^5, \quad 0 < \vartheta < 1. \tag{6.16}$$

Man sagt, unser Verfahren – es heißt *klassisches Runge-Kutta-Verfahren* – bewirkt einen *Abgleich* der ersten vier Taylorglieder. Die Größenordnung des Fehlers, wenn auch keine exakte Fehlerschranke, erhält man, indem man nach der ursprünglichen Rechnung (Schrittweite $h$; die *feine* Rechnung, Bezeichnung der $y_\nu$ durch $y_{\nu,f}$) die Rechnung mit doppelter Schrittweite (also Schrittweite $2h$; die *grobe* Rechnung, Bezeichnung der $y_\nu$ durch $y_{\nu,g}$) nochmals durchführt. Wenn wir annehmen, daß sich die fünfte Ableitung von $y(x)$ - also die vierte Ableitung von $f(x, y(x))$ - im Intervall $x_\nu \le x \le x_\nu + 2h$ nicht wesentlich ändert, in (6.16) also $(1/5!)y^{(5)}(x_\nu + \vartheta h)$ näherungsweise gleich einer Kontanten $C$ gesetzt werden kann, so ist der Fehler der „feinen" Rechnung nach zwei $h$-Schritten

$$y(x_\nu + 2h) - y_{\nu+2,f} \approx 2Ch^5 \tag{6.17}$$

und bei der „groben" Rechnung bei einem $(2h)$-Schritt

$$y(x_\nu + 2h) - y_{\nu+2,g} \approx C(2h)^5. \tag{6.18}$$

Subtraktion der Formeln aus (6.18) und (6.17) ergibt

$$30Ch^5 \approx y_{\nu+2,f} - y_{\nu+2,g}. \tag{6.19}$$

(6.19) zeigt, daß für den (ungefähren) Fehler $2Ch^5$ aus (6.17) jetzt $(1/15)\,(y_{\nu+2,f} - y_{\nu+2,g})$ geschrieben werden kann:

$$y(x_\nu + 2h) - y_{\nu+2,f} \approx \frac{1}{15}(y_{\nu+2,f} - y_{\nu+2,g}). \tag{6.20}$$

Man kann (6.20) auch zur Verbesserung von $y_{\nu+2,f}$ benutzen. Der bessere Wert ist also

$$y_{\nu+2,f} + \frac{1}{15}(y_{\nu+2,f} - y_{\nu+2,g}). \tag{6.21}$$

## 6.5 Rechenschema

| $x$ | $y$ | $k = hf$ | | |
|---|---|---|---|---|
| $x_\nu$ | $y_\nu$ | $k_1 = hf(x_\nu, y_\nu)$ | siehe | (6.6) |
| $x_\nu + (h/2)$ | $y_\nu + (k_1/2)$ | $k_2 = hf(x_\nu + (h/2), y_\nu + (k_1/2))$ | siehe | (6.8) |
| $x_\nu + (h/2)$ | $y_\nu + (k_2/2)$ | $k_3 = hf(x_\nu + (h/2), y_\nu + (k_2/2))$ | siehe | (6.11) |
| $x_\nu + h$ | $y_\nu + k_3$ | $k_4 = hf(x_\nu + h, y_\nu + k_3)$ | siehe | (6.15) |
| $x_{\nu+1}$ | $y_{\nu+1} = y_\nu + k$ mit $k = (1/6)(k_1 + 2k_2 + 2k_3 + k_4)$ | | siehe | (6.14) |

**Beispiel 6.1** Von der Lösung der Anfangswertaufgabe $y' = x^2 + y^2, y(0) = 0$ sollen mit Hilfe des Runge-Kutta-Verfahrens die Funktionswerte an den Stellen $x = 0,5$ und $x = 1$ näherungsweise berechnet werden. Als Schrittweite werde $h = 0,5$ gewählt. Danach soll das Verfahren mit der doppelten Schrittweite $2h = 1$ nochmals durchgeführt werden und damit der gefundene Näherungswert für $y(1)$ verbessert werden. Führt man die Rechnung mit 7 Dezimalstellen hinter dem Komma durch, so ergibt sich:

| $x$ | $y$ | $k = hf$ | $x$ | $y$ | $k = hf$ |
|---|---|---|---|---|---|
| **0,00** | **0,0000000** | 0,0000000 | **0,00** | **0,0000000** | 0,0000000 |
| 0,25 | 0,0000000 | 0,0312500 | 0,50 | 0,0000000 | 0,2500000 |
| 0,25 | 0,0156250 | 0,0313721 | 0,50 | 0,1250000 | 0,2656250 |
| 0,50 | 0,0313721 | 0,1254921 | 1,00 | 0,2656250 | 1,0705566 |
| **0,50** | **0,0417894** | 0,1258732 | **1,00** | **0,3503011** | |
| 0,75 | 0,1047260 | 0,2867338 | | | |
| 0,75 | 0,1851563 | 0,2983914 | | | |
| 1,00 | 0,3401808 | 0,5578615 | | | |
| **1,00** | **0,3507869** | | | | |

Folglich ist der ungefähre Fehler des Näherungswertes von $y(1)$ gleich $3,2 \cdot 10^{-5}$. Also ergibt sich für $y(1)$ mit fünf brauchbaren Dezimalen 0,35082.

**Aufgabe 6.1** Man führe das Beispiel 6.1 mit $y' = (1/10)y(2y - x)^{1/2}$, $y(0) = 1$ durch.

**Aufgabe 6.2** Man löse die Anfangswertaufgabe $y' = x + y$, $y(0) = 0$ nach dem Verfahren von Runge-Kutta. Es sind zwei Schritte mit der Schrittweite $h = 0,2$ durchzuführen und anschließend eine Korrektur durch Rechnen mit der doppelten Schrittweite vorzunehmen. Die Ergebnisse sind mit der exakten Lösung zu vergleichen.

**Aufgabe 6.3** Man führe das Beispiel 6.1 mit $y' = -(A/2) - ((A/2)^2 + 1)^{1/2}$ durch, wobei $A = (1/x)(4x + (5/4)y - (25/2))$ ist und $\lim_{x \to +0} y(x) = 5$ sein soll. Welcher Wert ergibt sich für $z(x) = (1/x)(y(x) - 10)$ an der Stelle $x = 1$? Man vergleiche die Ergebnisse mit der speziellen Lösung aus der Aufgabe 5.12 mit $h = 10$ m.

## 6.6  Runge-Kutta-Verfahren für Systeme

Um das Anfangswertproblem des expliziten (nicht notwendig linearen) Differentialgleichungssystems (1.31), also $y'_\nu = f_\nu(x, y_1, \ldots, y_n)$ mit den Anfangsbedingungen $y_\nu(x_0) = y_{\nu 0}$ $(\nu = 1, \ldots, n)$, mittels des Verfahrens von Runge-Kutta zu behandeln, wird man diese Anfangswertaufgabe zunächst im Sinne von (1.45), (1.46) zusammenfassen durch

$$\mathbf{y}' = \mathbf{f}(x, \mathbf{y}), \quad \mathbf{y}(x_0) = \mathbf{y}_0. \tag{6.22}$$

Man kann jetzt das Schema aus 6.5 benutzen, falls man dort

$$y_\nu, f(x_\nu, y_\nu), \quad k_\nu \quad (\nu = 1, \ldots, 4), \quad k = (1/6)(k_1 + 2k_2 + 2k_3 + k_4)$$

der Reihe nach durch

$$\mathbf{y}_\nu, \mathbf{f}(x_\nu, \mathbf{y}_\nu), \quad \mathbf{k}_\nu \quad (\nu = 1, \ldots, 4), \quad \mathbf{k} = (1/6)(\mathbf{k}_1 + 2\mathbf{k}_2 + 2\mathbf{k}_3 + \mathbf{k}_4)$$

ersetzt. Wegen Satz 1.1 kann man mit dem Verfahren von Runge-Kutta auch Anfangswertaufgaben von Differentialgleichungen $n$-ter Ordnung behandeln. Im Fall $n = 2$ schreiben wir das sich aus 6.5 ergebende Schema auf. Die Anfangswertaufgabe lautet

$$y'' = f(x, y, y'), \quad y(x_0) = y_0, \quad y'(x_0) = y'_0. \tag{6.23}$$

Mit den Bezeichnungen des Beispiels 1.12 ist (6.23) äquivalent zum System

$$y' = z, \quad z' = f(x, y, z), \quad y(x_0) = y_0, \quad z(x_0) = y'_0. \tag{6.24}$$

Also ergibt sich das folgende Schema für die Lösung von (6.23), wobei $\mathbf{k}_\nu$ jetzt durch $(k_\nu \ l_\nu)^{\mathrm{T}}$ bezeichnet werde.

| $x$ | $\begin{pmatrix} y \\ z \end{pmatrix}$ | $\begin{pmatrix} k \\ l \end{pmatrix} = \begin{pmatrix} hz \\ hf \end{pmatrix}$ |
|---|---|---|
| $x_\nu$ | $\begin{pmatrix} y_\nu \\ z_\nu \end{pmatrix}$ | $\begin{pmatrix} k_1 = hz_\nu \\ l_1 = hf(x_\nu, y_\nu, z_\nu) \end{pmatrix}$ |
| $x_\nu + (h/2)$ | $\begin{pmatrix} y_\nu + (k_1/2) \\ z_\nu + (l_1/2) \end{pmatrix}$ | $\begin{pmatrix} k_2 = h(z_\nu + (l_1/2)) \\ l_2 = hf(x_\nu + (h/2), y_\nu + (k_1/2), z_\nu + (l_1/2)) \end{pmatrix}$ |
| $x_\nu + (h/2)$ | $\begin{pmatrix} y_\nu + (k_2/2) \\ z_\nu + (l_2/2) \end{pmatrix}$ | $\begin{pmatrix} k_3 = h(z_\nu + (l_2/2)) \\ l_3 = hf(x_\nu + (h/2), y_\nu + (k_2/2), z_\nu + (l_2/2)) \end{pmatrix}$ |
| $x_\nu + h$ | $\begin{pmatrix} y_\nu + k_3 \\ z_\nu + l_3 \end{pmatrix}$ | $\begin{pmatrix} k_4 = h(z_\nu + l_3) \\ l_4 = hf(x_\nu + h, y_\nu + k_3, z_\nu + l_3) \end{pmatrix}$ |
| $x_{\nu+1}$ | | $\begin{pmatrix} y_{\nu+1} = y_\nu + k \text{ mit } k = (1/6)(k_1 + 2k_2 + 2k_3 + k_4) \\ z_{\nu+1} = z_\nu + l \text{ mit } l = (1/6)(l_1 + 2l_2 + 2l_3 + l_4) \end{pmatrix}$ |

**Beispiel 6.2**  Die Anfangswertaufgabe aus der Aufgabe 5.25, also $y'' = -xy'$, $y(0) = 0$, $y'(0) = 1$, behandeln wir mit dem Runge-Kutta-Verfahren, wählen die Schrittweite $h = 0,2$, führen zwei Schritte durch und schließen mit der doppelten Schrittweite eine Korrekturrechnung an. Gemäß Beispiel 1.12 ist als Ausgangspunkt des Verfahrens das Differentialgleichungssystem

$$y' = z, \quad z' = -xz, \quad y(0) = 0, \quad z(0) = 1 \tag{6.25}$$

zu notieren. Die Rechnung ergibt, falls sieben Dezimalen hinter dem Komma mitgenommen werden:

| $x$ | $\begin{pmatrix} y \\ z \end{pmatrix}$ | $\begin{pmatrix} k \\ l \end{pmatrix} = \begin{pmatrix} hz \\ -hxz \end{pmatrix}$ |
|---|---|---|
| **0,0** | **0,0000000** <br> **1,0000000** | 0,2000000 <br> 0,0000000 |
| 0,1 | 0,1000000 <br> 1,0000000 | 0,2000000 <br> -0,0200000 |
| 0,1 | 0,1000000 <br> 0,9900000 | 0,1980000 <br> -0,0198000 |
| 0,2 | 0,1980000 <br> 0,9802000 | 0,1960400 <br> -0,0392080 |
| **0,2** | **0,1986733** <br> **0,9801987** | 0,1960397 <br> -0,0392079 |
| 0,3 | 0,2966932 <br> 0,9605947 | 0,1921189 <br> -0,0576357 |
| 0,3 | 0,2947328 <br> 0,9513808 | 0,1902762 <br> -0,0570828 |
| 0,4 | 0,3889495 <br> 0,9231158 | 0,1846232 <br> -0,0738493 |
| **0,4** | **0,3895822** <br> **0,9231163** |  |

| $x$ | $\begin{pmatrix} y \\ z \end{pmatrix}$ | $\begin{pmatrix} k \\ l \end{pmatrix} = \begin{pmatrix} hz \\ -hxz \end{pmatrix}$ |
|---|---|---|
| **0,0** | **0,0000000** <br> **1,0000000** | 0,4000000 <br> 0,0000000 |
| 0,2 | 0,2000000 <br> 1,0000000 | 0,4000000 <br> -0,0800000 |
| 0,2 | 0,2000000 <br> 0,9600000 | 0,3840000 <br> -0,0768000 |
| 0,4 | 0,1920000 <br> 0,9232000 | 0,3692800 <br> -0,1477120 |
| **0,4** | **0,3895467** <br> **0,9231147** |  |

Folglich ist der ungefähre Fehler des Näherungswertes von $y(0,4)$ gleich $2,4 \cdot 10^{-6}$. Also ergibt sich für $y(0,4)$ mit 6 brauchbaren Dezimalen 0,389585.

**Aufgabe 6.4**  Man führe Beispiel 6.2 im Fall $y'' = -y$, $y(0) = 0$, $y'(0) = 1$ durch und vergleiche das Ergebnis mit der exakten Lösung.

# 7 Potenzreihenansätze und Verallgemeinerungen

In den vorangegangenen Abschnitten standen elementare Lösungsmethoden im Mittelpunkt. Für nicht in dieser Weise lösbare Differentialgleichungen wird man - wie bereits im Abschnitt 1.3 erwähnt wurde - neben der Behandlung durch numerische Verfahren auch an gewisse Reihenentwicklungen der Lösungen denken.

## 7.1 Potenzreihenentwicklung der Lösung

Potenzreihen sind gut bekannt und relativ leicht zu handhaben. Wir untersuchen deshalb in diesem Abschnitt die Möglichkeit der Entwicklung von Lösungen in Potenzreihen und ihre praktische Durchführung.

### 7.1.1 Koeffizientenberechnung

Zunächst wollen wir die Methode an einem Beispiel illustrieren.

**Beispiel 7.1** Gegeben ist für $y = y(x)$ die Anfangswertaufgabe

$$y' = x^2 + y^2, \quad y(0) = 0. \tag{7.1}$$

Man kann zeigen, wie dies bereits im Abschnitt 1.3 erwähnt wurde, daß die Lösung nicht durch elementare Funktionen und Integrale über elementare Funktionen darstellbar ist. Im Beispiel 6.1 wurde diese Aufgabe numerisch mit Hilfe des Runge-Kutta-Verfahrens behandelt. Die *Methode des Potenzreihenansatzes* ist eine weitere Möglichkeit. Unter der Annahme, daß die Lösung in eine Potenzreihe mit der Entwicklungsstelle $x = 0$ entwickelbar ist, machen wir den Ansatz

$$y(x) = \sum_{\nu=0}^{\infty} c_\nu x^\nu. \tag{7.2}$$

Die Entwicklungsstelle $x = 0$ wählen wir, weil dadurch – wie wir sehen werden – die Berechnung der Koeffizienten $c_\nu$ ($\nu = 0, 1, 2, \ldots$) wesentlich erleichtert wird. Wir setzen nun den Ansatz (7.2) in die Differentialgleichung aus (7.1) ein, ordnen auf beiden Seiten nach Potenzen von $x$ und führen schließlich einen *Koeffizientenvergleich* durch. Diese einzelnen Schritte werden jetzt ausführlich erörtert. Einsetzen des Ansatzes in die Differentialgleichung ergibt

$$\left( \sum_{\nu=0}^{\infty} c_\nu x^\nu \right)' = x^2 + \left( \sum_{\nu=0}^{\infty} c_\nu x^\nu \right)^2. \tag{7.3}$$

Um die linke Seite nach Potenzen von $x$ zu ordnen, brauchen wir nur daran zu erinnern, daß Potenzreihen im Inneren ihres Konvergenzbereiches gliedweise differenziert werden dürfen (s. [SCE]). Also ergibt sich für die linke Seite von (7.3) der Ausdruck

$$\sum_{\nu=0}^{\infty} c_\nu \nu x^{\nu-1}. \tag{7.4}$$

In (7.4) könnte man den Summationsbuchstaben $\nu$ auch erst von $\nu = 1$ an laufen lassen; das ist klar, denn der konstante Summand $c_0$ der Potenzreihe aus (7.2) fällt bei der Differentiation weg. Es ist aber auch nicht falsch, mit (7.4) zu arbeiten, denn für $\nu = 0$ ist das allgemeine Glied gleich $0 \cdot c_0 x^{-1}$ und damit gleich null. Der Einwand, daß der Ausdruck $0 \cdot c_0 x^{-1}$ im Falle $x = 0$ nicht erklärt ist, muß zwar anerkannt werden, diese Tatsache ist hier jedoch als „Schönheitsfehler" aufzufassen. Um nicht auf die Schreibweise in (7.4) verzichten zu müssen, wird festgesetzt, daß in diesem Zusammenhang unter $0 \cdot c_0 x^{-1}$ auch dann noch der Wert $0$ verstanden werden soll, wenn $x = 0$ ist.

Beim Ordnen der rechten Seite von (7.3) nach Potenzen von $x$ wird man zunächst das Quadrat der dortigen Potenzreihe auswerten. Das macht keine Schwierigkeiten. Nach den Regeln der Multiplikation von Potenzreihen ergibt sich (s. [SCE])

$$(c_0 + c_1 x + c_2 x^2 + \ldots)^2 = c_0^2 + (c_0 c_1 + c_1 c_0)x + (c_0 c_2 + c_1^2 + c_2 c_0)x^2 + \ldots$$

Das heißt also unter Verwendung des Summenzeichens

$$\left(\sum_{\nu=0}^{\infty} c_\nu x^\nu\right)^2 = \sum_{\nu=0}^{\infty} \left(\sum_{\mu=0}^{\nu} c_\mu c_{\nu-\mu}\right) x^\nu. \tag{7.5}$$

Mit dem *Kroneckersymbol*

$$\delta_{kl} = \begin{cases} 0 & \text{für} \quad k \neq l \\ 1 & \text{für} \quad k = l \end{cases}$$

lautet dann (7.3) wegen (7.4) und (7.5)

$$\sum_{\nu=0}^{\infty} c_\nu \nu x^{\nu-1} = \sum_{\nu=0}^{\infty} \left(\left(\sum_{\mu=0}^{\nu} c_\mu c_{\nu-\mu}\right) + \delta_{\nu 2}\right) x^\nu. \tag{7.6}$$

Für den unmittelbaren Koeffizientenvergleich steht in (7.6) störend im Wege, daß dort links die Potenzen $x^{\nu-1}$ und rechts die Potenzen $x^\nu$ auftreten. Deshalb wird auf der linken Seite der neue Summationsbuchstabe $\rho$ durch

$$\rho = \nu - 1, \quad \text{d. h.} \quad \nu = \rho + 1,$$

eingeführt. Läuft $\nu$ von $0$ bis $\infty$, so läuft $\rho$ von $-1$ bis $\infty$. Die linke Seite von (7.6) lautet damit

$$\sum_{\rho=-1}^{\infty} c_{\rho+1}(\rho+1)x^{\rho}.$$

Da es nun auf die Bezeichnung des Summationsbuchstabens nicht ankommt, ersetzen wir hier $\rho$ durch den Buchstaben $\nu$ und erhalten (7.6) in der dem Koeffizientenvergleich angepaßten Form

$$\sum_{\nu=-1}^{\infty} c_{\nu+1}(\nu+1)x^{\nu} = \sum_{\nu=0}^{\infty}\left(\left(\sum_{\mu=0}^{\nu} c_{\mu}c_{\nu-\mu}\right) + \delta_{\nu 2}\right)x^{\nu}.$$

Wegen $\nu + 1 = 0$ für $\nu = -1$ folgt schließlich

$$\sum_{\nu=0}^{\infty} c_{\nu+1}(\nu+1)x^{\nu} = \sum_{\nu=0}^{\infty}\left(\left(\sum_{\mu=0}^{\nu} c_{\mu}c_{\nu-\mu}\right) + \delta_{\nu 2}\right)x^{\nu}.$$

Nun ist der direkte Koeffizientenvergleich einfach. Es ergibt sich

$$c_{\nu+1}(\nu+1) = \left(\sum_{\mu=0}^{\nu} c_{\mu}c_{\nu-\mu}\right) + \delta_{\nu 2}$$

und damit

$$c_{\nu+1} = \frac{1}{\nu+1}\left(\left(\sum_{\mu=0}^{\nu} c_{\mu}c_{\nu-\mu}\right) + \delta_{\nu 2}\right) \quad (\nu = 0, 1, 2, \ldots). \tag{7.7}$$

Aus (7.7) kann $c_{\nu+1}$ nicht unmittelbar entnommen werden. Die Berechnung ist erst möglich, wenn bereits $c_0, c_1, \ldots, c_{\nu}$ bekannt sind. Formeln dieser Art heißen *Rekursionsformeln*. Wir kommen hier weiter, wenn wir die Anfangsbedingung $y(0) = 0$ aus (7.1) beachten. Wegen des Ansatzes (7.2) gilt $y(0) = c_0$; die Anfangsbedingung liefert also

$$c_0 = 0.$$

Nun schreiben wir die Rekursionsformel (7.7) der Reihe nach für $\nu = 0$, $\nu = 1$, $\nu = 2, \ldots$ auf und benutzen bei der Berechnung die jeweils bereits bekannten $c$-Werte. Es ergibt sich unter Beachtung von $c_0 = 0$ :

$$\begin{aligned}
\nu = 0: \quad & c_1 = c_0^2 = 0,\\
\nu = 1: \quad & c_2 = \tfrac{1}{2}(c_0 c_1 + c_1 c_0) = 0,\\
\nu = 2: \quad & c_3 = \tfrac{1}{3}(c_0 c_2 + c_1^2 + c_2 c_0 + 1) = \tfrac{1}{3},\\
\nu = 3: \quad & c_4 = \tfrac{1}{4}(c_0 c_3 + c_1 c_2 + c_2 c_1 + c_3 c_0) = 0.
\end{aligned}$$

**Aufgabe 7.1**   Man führe die Rechnung weiter und zeige, daß

$$c_5 = 0, \ c_6 = 0, \ c_7 = \frac{1}{63} \quad \text{gilt.}$$

Einsetzen der gefundenen $c$-Werte in (7.2) liefert den folgenden Beginn der Potenzreihenentwicklung der Lösung:

$$y(x) = \frac{1}{3}x^3 + \frac{1}{63}x^7 + \dots \tag{7.8}$$

Hier muß nun allerdings noch eine Lücke geschlossen werden. Wir hatten nämlich zu Beginn des Beispiels 7.1 *vorausgesetzt*, daß die nach dem Existenz- und Unitätssatz im Abschnitt 5.2.1 eindeutig bestimmte Lösung der Anfangswertaufgabe (7.1) in eine Potenzreihe mit der Entwicklungsstelle $x = 0$ entwickelbar ist. Das Ergebnis unserer Rechnungen lautet also genauer: Wenn die Lösung von (7.1) in eine Potenzreihe mit der Entwicklungsstelle $x = 0$ entwickelbar ist, ist (7.8) diese Lösung. Ob diese Entwickelbarkeit aber gesichert ist, wissen wir noch gar nicht! Wir benötigen also für die Lösung von Differentialgleichungen durch einen Potenzreihenansatz ein praktisch handhabbares hinreichendes Kriterium für die Existenz von Lösungen in Form einer Potenzreihe. Erst wenn wir damit deren Existenz gesichert haben, ist die Methode des Potenzreihenansatzes korrekt. Im Abschnitt 7.1.2 wird ein solches Kriterium bereitgestellt. Wir werden damit sehen, daß die Lösung von (7.1) tatsächlich in eine Potenzreihe entwickelt werden kann und folglich (7.8) diese Lösung ist.

Das folgende Beispiel zeigt, daß ohne Nachweis der Entwickelbarkeit in eine Potenzreihe die Methode scheitern kann, da sie dann möglicherweise nicht korrekt ist und unbrauchbare Ergebnisse liefern kann.

**Beispiel 7.2**   Gegeben ist für $y(x)$ die Anfangswertaufgabe

$$(x^2 - 2x + 1)y' = y - x + 1, \quad y(1) = 0. \tag{7.9}$$

Da die Anfangsbedingung an der Stelle $x = 1$ vorliegt, lautet jetzt der Potenzreihenansatz

$$y(x) = \sum_{\nu=0}^{\infty} c_\nu (x - 1)^\nu. \tag{7.10}$$

Dem Leser mag das Arbeiten mit dem Summenzeichen wie in Beispiel 7.1 anfangs Mühe bereiten und zusätzliche Schwierigkeiten. Es empfiehlt sich dann, die Reihen ohne Summenzeichen ausführlich aufzuschreiben. In diesem Beispiel wollen wir so vorgehen. Zunächst können wir gleich die Anfangsbedingung einarbeiten und erhalten wegen $y(1) = 0$ aus (7.10) sofort $c_0 = 0$. Berücksichtigen wir dies, so liefert das Einsetzen des Ansatzes (7.10) in die Differentialgleichung aus (7.9)

$$(x^2 - 2x + 1)(c_1 + 2c_2(x - 1) + 3c_3(x - 1)^2 + \ldots)$$
$$= (c_1(x - 1) + c_2(x - 1)^2 + c_3(x - 1)^3 + \ldots) - x + 1. \qquad (7.11)$$

Zur Vorbereitung des Ordnens beider Seiten von (7.11) nach Potenzen von $x - 1$ werden zunächst die beiden Ausdrücke $x^2 - 2x + 1$ und $-x + 1$ in eine Potenzreihe (Taylorreihe) mit der Entwicklungsstelle $x = 1$ entwickelt. Es ergibt sich

$$x^2 - 2x + 1 = (x - 1)^2,$$
$$-x + 1 = -(x - 1). \qquad (7.12)$$

Daß in (7.12) die Entwicklungen abbrechen, ist nur durch die Einfachheit der zu entwickelnden Ausdrücke bedingt. Natürlich sieht man (7.12) auch direkt ein; in komplizierteren Fällen wird man aber tatsächlich an die genannte Taylorentwicklung der Ausdrücke aus der Differentialgleichung denken müssen. Nunmehr wird (7.12) in (7.11) eingesetzt und beiderseits nach Potenzen von $x - 1$ geordnet:

$$c_1(x - 1)^2 + 2c_2(x - 1)^3 + 3c_3(x - 1)^4 + \ldots$$
$$= (c_1 - 1)(x - 1) + c_2(x - 1)^2 + c_3(x - 1)^3 + c_4(x - 1)^4 + \ldots$$

Der Koeffizientenvergleich liefert

$$0 = c_1 - 1, \quad c_1 = c_2, \quad 2c_2 = c_3, \quad 3c_3 = c_4$$

und allgemein

$$\nu c_\nu = c_{\nu+1} \quad (\nu = 1, 2, 3, \ldots).$$

Wir erhalten damit der Reihe nach

$$c_1 = 1, \quad c_2 = 1, \quad c_3 = 2 \cdot 1, \quad c_4 = 3 \cdot 2 \cdot 1$$

und allgemein

$$c_\nu = (\nu - 1)! \quad (\nu = 1, 2, 3, \ldots).$$

Die Reihe (7.10) lautet folglich unter Beachtung von $c_0 = 0$:

$$y(x) = \sum_{\nu=1}^{\infty} (\nu - 1)!(x - 1)^\nu. \qquad (7.13)$$

Nun ist aber diese Reihe für alle $x$ mit $x \neq 1$ divergent, d. h., der Konvergenzradius der Reihe ist gleich null. Dies ist beispielsweise mittels des Quotientenkriteriums für das Konvergenzverhalten unendlicher Reihen sofort nachprüfbar.

Also stellt sich die Annahme, daß die Lösung unserer Anfangswertaufgabe in eine Potenzreihe mit der Entwicklungsstelle $x = 1$ entwickelbar ist, als falsch heraus. Das Ergebnis (7.13) ist unbrauchbar.

**Aufgabe 7.2** Man ändere im Beispiel (7.2) die Anfangsbedingung in $y(1) = 1$ ab und zeige, daß der Potenzreihenansatz $y(x) = \sum\limits_{\nu=0}^{\infty} c_\nu (x - 1)^\nu$ nunmehr bereits im Rechnungsgang zu einem Widerspruch führt.

Das nächste Beispiel und die anschließende Aufgabe sollen mit der Methode des Potenzreihenansatzes weiter vertraut machen. Mit Hilfe der Abschnitte 7.1.2 und 7.1.3 werden wir erkennen, daß die gesuchten Lösungen in Potenzreihen entwickelbar sind, die Methode also korrekt ist. Auf die Frage nach dem Konvergenzradius der Potenzreihen gehen wir ebenfalls in den Abschnitten 7.1.2 und 7.1.3 ein.

Im Beispiel 7.1 mußten wir eine Potenzreihe quadrieren. Im folgenden Beispiel ist eine kompliziertere Operation durchzuführen, nämlich das Einsetzen einer Potenzreihe in eine andere.

**Beispiel 7.3** Im Beispiel 5.8 wurde die Anfangswertaufgabe

$$ml\ddot{\varphi} = -mg\sin\varphi, \ \varphi(0) = 0, \ \dot{\varphi}(0) = \frac{v_0}{l} \quad (v_0 > 0), \qquad (7.14)$$

welche das *mathematische Pendel* beschreibt, mit Hilfe der Energiemethode untersucht. Der Leser mag das dabei auftretende elliptische Integral mit Recht als eine gewisse Schwierigkeit angesehen haben. Wir wollen nun durch einen Potenzreihenansatz weitere Informationen gewinnen, machen also den Ansatz

$$\varphi(t) = \sum_{\nu=0}^{\infty} c_\nu t^\nu. \qquad (7.15)$$

Die Anfangsbedingungen in (7.14) liefern sofort

$$c_0 = 0 \quad \text{und} \quad c_1 = \frac{v_0}{l}.$$

Zur Vorbereitung für das Einsetzen des Ansatzes (7.15) in die Differentialgleichung aus (7.14) wird man die Funktion $\sin\varphi$ selbst wieder in eine Potenzreihe entwickeln bezüglich der Veränderlichen $\varphi$. Als Entwicklungsstelle nehmen wir $\varphi = 0$, da dies ja wegen der Anfangsbedingung $\varphi(0) = 0$ der Entwicklungsstelle $t = 0$ von (7.15) entspricht. Diese Sinusreihe lautet bekanntlich

$$\sin\varphi = \sum_{\mu=0}^{\infty} \frac{(-1)^\mu}{(2\mu + 1)!}\varphi^{2\mu+1}. \qquad (7.16)$$

Weil (7.16) für jedes $\varphi$ konvergiert, können wir (7.15) in (7.16) einsetzen und nach Potenzen von $t$ ordnen, ohne Einschränkungen hinsichtlich der $\varphi$-Werte machen zu müssen (s. [SCE]). Beim Einsetzen von (7.15) in (7.14) erhalten wir unter Beachtung der bereits bekannten Werte $c_0 = 0$ und $c_1 = v_0/l$ zunächst

$$- \frac{l}{g}(2c_2 + 6c_3 t + 12c_4 t^2 + 20c_5 t^3 + 30c_6 t^4 + 42c_7 t^5 + \ldots)$$

$$= [\frac{v_0}{l}t + c_2 t^2 + c_3 t^3 + c_4 t^4 + c_5 t^5 + \ldots] - \frac{1}{3!}[\ldots]^3 + \frac{1}{5!}[\ldots]^5 - + \ldots, \quad (7.17)$$

wobei der durch Punkte angedeutete Inhalt der eckigen Klammern auf der rechten Seite von (7.17) gleich dem Inhalt der dortigen ersten eckigen Klammer ist. Wir wollen nun an diesem Beispiel zeigen, daß es vorteilhaft sein kann, bereits während des Ordnens der rechten Seite von (7.17) nach Potenzen von $t$ mit dem Koeffizientenvergleich zu beginnen und dessen Ergebnisse beim weiteren Ordnen zu benutzen. Es ist klar, daß die dritten und höheren Potenzen der eckigen Klammern auf der rechten Seite von (7.17) keinen Beitrag zur nullten, ersten und zweiten Potenz von $t$ ergeben. Damit kann der Koeffizientenvergleich bezüglich der Potenzen $t^0, t$ und $t^2$ sofort ausgeführt werden. Es ergibt sich

$$c_2 = 0, \quad c_3 = -\frac{gv_0}{6l^2}, \quad c_4 = 0.$$

Damit vereinfachen sich die eckigen Klammern auf der rechten Seite von (7.17) zu

$$[\ldots] = \frac{v_0}{l}t - \frac{gv_0}{6l^2}t^3 + c_5 t^5 + \ldots,$$

und die Entwicklungen von $[\ldots]^3$ und $[\ldots]^5$ beginnen folgendermaßen:

$$[\ldots]^3 = \frac{v_0^3}{l^3}t^3 - \frac{gv_0^3}{2l^4}t^5 + \ldots,$$

$$[\ldots]^5 = \frac{v_0^5}{l^5}t^5 + \ldots,$$

während die höheren Potenzen von $[\ldots]$ erst von $t^7$ ab Glieder liefern. Somit kann der Koeffizientenvergleich bezüglich der Potenzen $t^3, t^4$ und $t^5$ weitergeführt werden. Wir erhalten

$$c_5 = \frac{1}{120}\left(\frac{g^2 v_0}{l^3} + \frac{gv_0^3}{l^4}\right), \quad c_6 = 0, \quad c_7 = -\frac{1}{5040}\left(\frac{g^3 v_0}{l^4} + 11\frac{g^2 v_0^3}{l^5} + \frac{gv_0^5}{l^6}\right).$$

Also beginnt die Potenzreihenentwicklung (7.15) folgendermaßen:

$$\varphi(t) \;=\; \frac{v_0}{l}t - \frac{gv_0}{6l^2}t^3 + \frac{1}{120}\left(\frac{g^2 v_0}{l^3} + \frac{g v_0^3}{l^4}\right)t^5$$

$$-\frac{1}{5040}\left(\frac{g^3 v_0}{l^4} + 11\frac{g^2 v_0^3}{l^5} + \frac{g v_0^5}{l^6}\right)t^7 + \dots$$

**Aufgabe 7.3**   Gegeben ist für $y(x)$ die Anfangswertaufgabe

$$(1 - x^2)y'' - xy' = 2, \quad y(0) = 1, \quad y'(0) = 0.$$

a) Man mache für die Lösung $y(x)$ einen Potenzreihenansatz mit der Entwicklungsstelle $x = 0$ und berechne die Koeffizienten bis zur Potenz $x^6$.

b) Man löse die Anfangswertaufgabe mittels früher behandelter Methoden und entwickle die Lösung in eine Potenzreihe mit der Entwicklungsstelle $x = 0$ bis zur Potenz $x^6$. Das Ergebnis muß selbstverständlich mit dem von a) übereinstimmen.

c) Durch Einsetzen von $x = 0$ in die Differentialgleichung erhält man den Wert $y''(0) = 2$. Differentiation der Differentialgleichung, Auflösen nach $y'''$ und Einsetzen von $x = 0$ liefert dann mit Hilfe der schon bekannten Werte an der Stelle $x = 0$ auch $y'''(0)$. Nochmalige Differentiation ergibt $y^{(4)}(0)$ usw. Da die Koeffizienten der Potenzreihe $y(x) = \sum\limits_{\nu=0}^{\infty} c_\nu x^\nu$ die Taylorkoeffizienten $c_\nu = \frac{1}{\nu!}y^{(\nu)}(0)$ sind, kann man auf diesem Weg sukzessiv die $c_\nu$ bestimmen. Man berechne mit dieser Methode - die bei manchen Anfangswertaufgaben vorteilhaft angewendet werden kann - die Koeffizienten bis zur Potenz $x^6$.

## 7.1.2  Existenz- und Unitätssatz im allgemeinen Fall

Wie am Beispiel 7.2 und an der Aufgabe 7.2 zu sehen war, erhebt sich die Frage, wie man rechtzeitig erkennen kann, ob ein Potenzreihenansatz möglich ist. Günstig wäre es, wenn man bereits der Aufgabenstellung entnehmen könnte, ob eine Potenzreihenentwicklung der Lösung existiert. Eine Antwort darauf gibt der folgende

---

**Satz 7.1**    *Die A n f a n g s w e r t a u f g a b e für die Funktion $y = y(x)$, bestehend aus der expliziten Differentialgleichung n-ter Ordnung*

$$y^{(n)} = f(x, y, y', \ldots, y^{(n-1)}) \qquad (7.18)$$

*und den n Anfangsbedingungen*

$$y^{(\nu)}(x_0) = y_0^{(\nu)} \quad (y_0^{(\nu)} \text{ vorgegebene Zahlen;} \quad \nu = 0, 1, \ldots, n-1),$$

*besitzt in einer gewissen Umgebung von $x_0$ g e n a u   e i n e   L ö s u n g $y(x)$, und diese ist in eine P o t e n z r e i h e*

$$y(x) = \sum_{\nu=0}^{\infty} c_\nu (x - x_0)^\nu \qquad (7.19)$$

*mit positivem Konvergenzradius entwickelbar, falls (bei Beachtung des anschließenden Kleindrucks) $f$ bezüglich $x$ mit der Entwicklungsstelle $x_0$, bezüglich $y$ mit der Entwicklungsstelle $y_0^{(0)}, \ldots$, bezüglich $y^{(n-1)}$ mit der Entwicklungsstelle $y_0^{(n-1)}$ jeweils in eine Potenzreihe mit positivem Konvergenzradius entwickelbar ist.*

---

Die in diesem Satz an $f$ gestellten Voraussetzungen sind vollkommen ausreichend für die in den Anwendungen auftretenden Aufgabenstellungen. Bei Untersuchungen aus rein innermathematischer Sicht wird vorausgesetzt, daß $f$ *analytisch* ist, um (in den Anwendungen nicht auftretende) ,,pathologische" Fälle auszugrenzen (s. [BIE], [KAM]).

**Beispiel 7.4**    Im Beispiel 7.1 hatten wir die Lösung $y(x)$ der Anfangswertaufgabe

$$y' = x^2 + y^2, \quad y(0) = 0$$

als Potenzreihe mit der Entwicklungsstelle $x = 0$ angesetzt. Die rechte Seite dieser Differentialgleichung lautet jetzt $f(x, y) = x^2 + y^2$. Diese Funktion ist offensichtlich in eine Potenzreihe bezüglich $x$ mit der Entwicklungsstelle $x = 0$ und in eine Potenzreihe bezüglich $y$ mit der Entwicklungsstelle $y = 0$ entwickelbar, denn der Ausdruck $x^2 + y^2$ stellt ja bereits die (hier abbrechende) Entwicklung dar. Die Methode des Potenzreihenansatzes im Beispiel 7.1 war also korrekt. Die Reihe (7.8) konvergiert somit in einer gewissen Umgebung von $x = 0$ und stellt dort die eindeutig bestimmte Lösung der Aufgabe (7.1) dar.

**Aufgabe 7.4**    Man überlege sich, daß wegen Satz 7.1 die Lösung der Anfangswertaufgabe (7.14) in eine Potenzreihe mit der Entwicklungsstelle $t = 0$ entwickelbar ist.

Beim Arbeiten mit Potenzreihen sollte man natürlich auch Kenntnisse über den *Konvergenzradius* besitzen. Wenn man in der Lösung (7.19) der Anfangswertaufgabe die Koeffizienten $c_\nu$ formelmäßig in Abhängigkeit von $\nu$ darstellen kann, ist hiermit die Berechnung des Konvergenzradius prinzipiell nach bekannten Formeln aus der Theorie der Potenzreihen möglich (s. [SCE]). Oftmals hat man jedoch keinen formelmäßigen Ausdruck für die Koeffizienten $c_\nu$ zur Verfügung. In jedem Falle wäre es ideal, wenn man den Konvergenzradius von (7.19) bereits der Differentialgleichung (7.18) entnehmen könnte. Eine vollständige Antwort auf dieses Problem liefert die Theorie im allgemeinen Fall nicht. Man kann allerdings eine untere Schranke für den Konvergenzradius angeben. Wenn die Differentialgleichung nichtlinear ist, ist die Bestimmung einer solchen unteren Schranke relativ kompliziert (s. [BIE]). Wir gehen hier auf entsprechende Untersuchungen nicht ein, sondern wollen nur durch das folgende Beispiel die Schwierigkeiten illustrieren.

**Beispiel 7.5**   Gegeben ist für $y(x)$ die Anfangswertaufgabe

$$y' = 1 + y^2, \quad y(0) = 0.$$

Die rechte Seite $1+y^2$ der Differentialgleichung ist bezüglich $x$ mit der Entwicklungsstelle $x = 0$ und bezüglich $y$ mit der Entwicklungsstelle $y = 0$ entwickelbar ($1+y^2$ ist ja bereits die Entwicklung), jeweils mit dem Konvergenzradius unendlich. Man könnte nun vielleicht meinen, daß damit auch der Konvergenzradius der Reihenentwicklung der Lösung unendlich ist. Weit gefehlt! Mit der Methode der Trennung der Veränderlichen im Abschnitt 5.3.1 läßt sich die Lösung leicht finden, sie lautet $y = \tan x$. Die Potenzreihenentwicklung von $\tan x$ mit der Entwicklungsstelle $x = 0$ hat jedoch den Konvergenzradius $\frac{\pi}{2}$ und nicht unendlich.

Zum Schluß dieses Abschnittes wird eine etwas anspruchsvollere (nichtlineare) Aufgabe gestellt, bei der erst nach geeigneter Umformung sichtbar wird, daß ein Potenzreihenansatz möglich ist.

**Aufgabe 7.5**   Gegeben ist für $y(x)$ die Differentialgleichung

$$y'^2 + Ay' - 1 = 0 \tag{7.20}$$

mit

$$A = \frac{1}{x}\left(4x + \frac{5}{4}y - \frac{25}{2}\right)$$

und den Anfangsbedingungen

$$\lim_{x \to +0} y(x) = 5, \quad \lim_{x \to +0} y'(x) \quad \text{existiert} \tag{7.21}$$

(vgl. Beispiel 1.4 und die Aufgaben 5.2, 5.12 und 6.3).

a) Man zeige, daß die gegebene Anfangswertaufgabe äquivalent ist zur Anfangswertaufgabe

$$y' = -\frac{A}{2} - \left(\frac{A^2}{4} + 1\right)^{1/2} \tag{7.22}$$

mit $\lim\limits_{x \to +0} y(x) = 5$.

b) Es ist nachzuweisen, daß für $0 < x < r$, $\quad |y - 5| < R \quad$ ($r, R$ hinreichend klein) die rechte Seite von (7.22) nach Potenzen von $\frac{1}{A}$ entwickelt werden kann, dort also

$$y' = \sum_{\nu=0}^{\infty} \frac{a_\nu}{A^\nu} \tag{7.23}$$

gilt mit gewissen Zahlen $a_\nu$.

c) Man zeige, daß die rechte Seite von (7.23) für $|x| < r$, $\quad |y - 5| < R$ eine Funktion $f(x, y)$ ergibt, die sowohl in eine Potenzreihe bezüglich $x$ mit der Entwicklungsstelle $x = 0$ als auch in eine Potenzreihe bezüglich $y$ mit der Entwicklungsstelle $y = 5$ entwickelbar ist.

d) Im wegen c) möglichen Potenzreihenansatz

$$y(x) = \sum_{\nu=0}^{\infty} c_\nu x^\nu \tag{7.24}$$

für die Lösung $y(x)$ der Anfangswertaufgabe (7.20), (7.21) bestimme man $c_0$ und $c_1$ mit Hilfe der Anfangsbedingungen (7.21).

e) Durch Einsetzen von (7.24) in (7.20) berechne man $c_2$ und $c_3$ und leite für $c_\nu$ $\quad$ ($\nu = 4, 5, 6 \ldots$) eine Rekursionsformel her.

f) Man berechne die Näherung $\sum\limits_{\nu=0}^{10} c_\nu x^\nu$ von (7.24) an den Stellen $x = 0,5$ und $x = 1$ und vergleiche die Ergebnisse mit denen der Aufgaben 5.12 und 6.3.

### 7.1.3   Existenz- und Unitätssatz im linearen Fall

Wenn eine lineare Differentialgleichung vorliegt, werden die Verhältnisse wesentlich übersichtlicher und einfacher. Wir formulieren die hierzu gehörigen Aussagen nur im Falle von linearen Differentialgleichungen zweiter Ordnung, denn einerseits sind hieran die Methode und damit die entsprechenden Aussagen für lineare Differentialgleichungen $n$-ter Ordnung gut erkennbar, andererseits genügen die meisten der in den Anwendungen wichtigen Funktionen der mathematischen Physik linearen gewöhnlichen Differentialgleichungen zweiter Ordnung.

Gegeben sei also für $y = y(x)$ die Anfangswertaufgabe für die lineare Differentialgleichung

$$a_2(x)y'' + a_1(x)y' + a_0(x)y = g(x) \tag{7.25}$$

mit den Anfangsbedingungen

$$y(x_0) = y_0, \quad y'(x_0) = y_0'. \tag{7.26}$$

Um den Satz 7.1 anzuwenden, schreiben wir die Differentialgleichung in expliziter Gestalt

$$y'' = -\frac{a_1(x)}{a_2(x)}y' - \frac{a_0(x)}{a_2(x)}y + \frac{g(x)}{a_2(x)}.$$

Hieran erkennen wir, daß die Voraussetzungen von Satz 7.1 (im Fall $n = 2$) hinsichtlich der Entwickelbarkeit bezüglich $y$ und $y'$ offensichtlich erfüllt sind. Bezüglich $x$ benötigen wir die Entwickelbarkeit der Quotienten $\frac{a_1}{a_2}, \frac{a_0}{a_2}$ und $\frac{g}{a_2}$ in eine Potenzreihe mit der Entwicklungsstelle $x = x_0$. Dies ist nach einem bekannten Satz über Potenzreihendivision (s. [SCE]) gesichert, wenn Zähler und Nenner entwickelbar sind und der Nenner bei $x_0$ nicht verschwindet. Es gilt damit also der folgende

---

**Satz 7.2**  *Gegeben ist die Anfangswertaufgabe (7.25), (7.26). Die Koeffizienten $a_2(x), a_1(x), a_0(x)$ und die Störfunktion $g(x)$ seien jeweils in eine Potenzreihe mit positivem Konvergenzradius mit der Entwicklungsstelle $x = x_0$ entwickelbar; weiter sei $a_2(x_0) \neq 0$.*

*Dann besitzt die A n f a n g s w e r t a u f g a b e in einer gewissen Umgebung von $x_0$ g e n a u e i n e L ö s u n g $y(x)$, und diese ist in eine P o t e n z r e i h e*

$$y(x) = \sum_{\nu=0}^{\infty} c_\nu (x - x_0)^\nu$$

*mit positivem Konvergenzradius entwickelbar.*

---

Es sei noch angemerkt, daß die im Anschluß an Satz 7.1 erwähnte Analytizität im linearen Fall unter den Voraussetzungen von Satz 7.2 erfüllt ist.

**Beispiel 7.6**  Gegeben ist die Anfangswertaufgabe

$$(1 - x^2)y'' - xy' = 2, \quad y(x_0) = y_0, \quad y'(x_0) = y_0'.$$

Wir wollen feststellen, welche Wertetripel $(x_0, y_0, y_0')$ die Voraussetzungen von Satz 7.2 erfüllen. Offenbar sind die Koeffizienten $1 - x^2, -x, 0$ und die Störfunktion $2$ für jedes $x_0$ jeweils in eine (hier abbrechende) Potenzreihe mit der Entwicklungsstelle $x_0$ entwickelbar. Es kommt also nur noch auf die Nullstellen von $a_2(x) = 1 - x^2$ an; diese sind $1$ und $-1$. Somit sind die Voraussetzungen des Satzes 7.2 erfüllt für alle Tripel $(x_0, y_0, y_0')$ mit $x_0 \neq \pm 1$. Insbesondere war somit der Potenzreihenansatz in Aufgabe 7.3 erlaubt.

Wir betrachten wieder die Differentialgleichung (7.25):

$$a_2(x)y'' + a_1(x)y' + a_0(x)y = g(x).$$

Der Satz 7.2 befaßt sich mit der Entwickelbarkeit der Lösung einer Anfangswertaufgabe in eine Potenzreihe. Jetzt wollen wir eine entsprechende Aussage über die Entwickelbarkeit der allgemeinen Lösung in eine Potenzreihe gewinnen.

Da Potenzreihen stetig sind, gelten für diese Differentialgleichung unter den Voraussetzungen an die Koeffizienten und die Störfunktion aus Satz 7.2 die Sätze 1.3 und 1.4 aus Abschnitt 1.1.3 über die Lösungsstruktur von linearen Differentialgleichungen. Insbesondere bildet dann also die allgemeine Lösung der zugehörigen homogenen Differentialgleichung in einer gewissen Umgebung von $x_0$ einen zweidimensionalen linearen Raum. Die allgemeine Lösung der inhomogenen Differentialgleichung ergibt sich als Summe der allgemeinen Lösung der homogenen Gleichung mit irgendeiner speziellen Lösung der inhomogenen Gleichung. Da jede Lösung in einer Umgebung von $x_0$ trivialerweise Lösung mit Anfangswerten bei $x_0$ ist, erhalten wir aus Satz 7.2 sofort den

---

**Satz 7.3**    *Gegeben ist die Differentialgleichung*

$$a_2(x)y'' + a_1(x)y' + a_0(x)y = g(x).$$

*Die Koeffizienten $a_2(x), a_1(x), a_0(x)$ und die Störfunktion $g(x)$ seien jeweils in eine Potenzreihe mit positivem Konvergenzradius mit der Entwicklungsstelle $x_0$ entwickelbar; weiter sei $a_2(x_0) \neq 0$.*
*Dann ist die a l l g e m e i n e   L ö s u n g $y(x)$ der Differentialgleichung in einer gewissen Umgebung von $x_0$ in eine P o t e n z r e i h e*

$$y(x) = \sum_{\nu=0}^{\infty} c_\nu (x - x_0)^\nu$$

*mit positivem Konvergenzradius entwickelbar.*

---

Die Sätze 7.2 und 7.3 gelten selbstverständlich auch für die homogene Differentialgleichung, also für den Fall $g(x) \equiv 0$. Die Entwickelbarkeit in eine Potenzreihe ist für $g(x) \equiv 0$ trivialerweise erfüllt.

Die Formulierung „in einer gewissen Umgebung von $x_0$" in den beiden letzten Sätzen ist für das praktische Arbeiten mit Potenzreihenansätzen unbefriedigend. Anders als beim allgemeinen Fall im Abschnitt 7.1.2 lassen sich jetzt hierüber gut handhabbare Aussagen beweisen. Es gilt nämlich der

> **Satz 7.4**  *In den Sätzen 7.2 und 7.3 gilt unter den dortigen Voraussetzungen an die Koeffizienten und die Störfunktion:*
> *Der K o n v e r g e n z r a d i u s der Potenzreihe der Lösung $y(x)$ ist mindestens gleich dem kleinsten Konvergenzradius der Potenzreihenentwicklungen von*
>
> $$\frac{a_1(x)}{a_2(x)}, \quad \frac{a_0(x)}{a_2(x)}, \quad \frac{g(x)}{a_2(x)} \tag{7.27}$$
>
> *mit der Entwicklungsstelle $x = x_0$.*

Mit funktionentheoretischen Kenntnissen kann man häufig den Konvergenzradius der Potenzreihenentwicklung einer Funktion (wie hier für (7.27)) bestimmen, ohne die Entwicklung tatsächlich erst durchführen zu müssen. Denkt man sich nämlich die zu entwickelnde Funktion ins Komplexe analytisch fortgesetzt, so ist der Konvergenzradius gleich dem Abstand zwischen der Entwicklungsstelle $x_0$ und der $x_0$ nächstgelegenen Singularität der Funktion (s. [GKA]).

Für den Leser, der mit der Theorie der komplexen Funktionen nicht vertraut ist, sei angegeben, was sich speziell in dem wichtigen Fall ergibt, daß die Funktionen aus (7.27) rational, also Quotient zweier Polynome, sind. Es sei $R(x) = \frac{P(x)}{Q(x)}$ eine Funktion aus (7.27) mit Polynomen $P(x)$ und $Q(x)$. Die Polynome $P(x)$ und $Q(x)$ sollen keine gemeinsamen reellen oder komplexen Nullstellen haben. Sollte dies einmal der Fall sein, so läßt es sich doch durch Kürzen des Bruches stets erreichen. Für $Q(x_0) \neq 0$ ist dann $R(x)$ in eine Potenzreihe mit der Entwicklungsstelle $x_0$ entwickelbar, und der Konvergenzradius dieser Reihe ist gleich dem Abstand zwischen $x_0$ und der $x_0$ nächstgelegenen Nullstelle des Nenners $Q(x)$. Wichtig ist hierbei, daß auch die nichtreellen Nullstellen von $Q(x)$ in Betracht gezogen werden.

**Aufgabe 7.6**  Man prüfe nach, daß die allgemeine Lösung der Differentialgleichung

$$(1 + x^2)y'' + \frac{1}{x-2}y' + y = 0$$

in eine Potenzreihe mit der Entwicklungsstelle $x = 0$ entwickelt werden kann. Wie groß ist der Konvergenzradius dieser Reihe mindestens?

## 7.1.4  Eine Anwendung: Die Legendreschen Funktionen

Bei der Behandlung wichtiger *partieller* Differentialgleichungen der mathematischen Physik wird man durch einen sogenannten Produktansatz (Separationsansatz) häufig auf Funktionen geführt, die *gewöhnlichen* linearen homogenen Differentialgleichungen zweiter Ordnung genügen, deren Koeffizienten Polynome sind (s. [MWA], [SSE]). Zu diesen *speziellen Funktionen der mathematischen Physik* gehören auch die *Legendreschen Funktionen.*

---

**Definition 7.1**   *Die Differentialgleichung*

$$(1 - x^2)y'' - 2xy' + n(n+1)y = 0 \qquad (7.28)$$

$(n = 0, 1, 2 \ldots)$ *heißt L e g e n d r e s c h e   D i f f e r e n t i a l g l e i c h u n g. Ihre Lösungen $y(x)$ nennt man L e g e n d r e s c h e   F u n k t i o n e n   d e r   O r d n u n g   n .*

---

Die Ordnung der Legendreschen Funktionen hat natürlich nichts zu tun mit der Ordnung der Differentialgleichung.

Für die Entwicklungsstelle $x = 0$ sind die Voraussetzungen von Satz 7.3 offenbar erfüllt. Da $1 - x^2$ die Nullstellen $\pm 1$ hat, ist die Lösungspotenzreihe

$$y(x) = \sum_{\nu=0}^{\infty} c_\nu x^\nu \qquad (7.29)$$

mindestens für $|x| < 1$ konvergent (s. Ende von Abschnitt 7.1.3). Einsetzen von (7.29) in die Differentialgleichung führt zu

$$(1 - x^2) \sum_{\nu=0}^{\infty} \nu(\nu - 1)c_\nu x^{\nu-2} - 2x \sum_{\nu=0}^{\infty} \nu c_\nu x^{\nu-1} + n(n+1) \sum_{\nu=0}^{\infty} c_\nu x^\nu = 0.$$

Allgemein gesprochen müssen nun die hierbei auftretenden Koeffizienten der gegebenen Differentialgleichung in Potenzreihen (Taylorreihen) mit der Entwicklungsstelle $x_0$ (hier ist $x_0 = 0$) entwickelt werden, um den Koeffizientenvergleich vorzubereiten. Das ist im jetzigen Fall trivial, denn die Koeffizienten $1 - x^2, -2x$ und $n(n+1)$ sind bereits die benötigten Taylorentwicklungen. Wir multiplizieren die Koeffizienten in das Summenzeichen hinein und erhalten

$$\sum_{\nu=0}^{\infty} \nu(\nu-1)c_\nu x^{\nu-2} - \sum_{\nu=0}^{\infty} \nu(\nu-1)c_\nu x^\nu - \sum_{\nu=0}^{\infty} 2\nu c_\nu x^\nu + \sum_{\nu=0}^{\infty} n(n+1)c_\nu x^\nu = 0. \quad (7.30)$$

Um hier bei allen Reihen die gleiche Potenz $x^\nu$ zu haben, wird in der ersten Reihe durch $\rho = \nu - 2$, d. h. $\nu = \rho + 2$, der neue Summationsbuchstabe $\rho$ eingeführt und anschließend statt $\rho$ wieder $\nu$ geschrieben:

$$\sum_{\nu=0}^{\infty} \nu(\nu - 1)c_\nu x^{\nu-2} = \sum_{\rho=-2}^{\infty} (\rho + 2)(\rho + 1)c_{\rho+2} x^\rho = \sum_{\nu=-2}^{\infty} (\nu + 2)(\nu + 1)c_{\nu+2} x^\nu.$$

In der letzten Reihe gilt hier $(\nu+2)(\nu+1) = 0$ für $\nu = -2$ und $\nu = -1$. Deshalb braucht die Summation erst bei $\nu = 0$ zu beginnen. Für (7.30) ergibt sich jetzt

$$\sum_{\nu=0}^{\infty}((\nu+2)(\nu+1)c_{\nu+2} - \nu(\nu-1)c_\nu - 2\nu c_\nu + n(n+1)c_\nu)x^\nu = 0.$$

Der Koeffizientenvergleich liefert

$$(\nu+2)(\nu+1)c_{\nu+2} + (n(n+1) - \nu(\nu+1))c_\nu = 0$$

und damit die Rekursionsformel

$$c_{\nu+2} = \frac{\nu(\nu+1) - n(n+1)}{(\nu+1)(\nu+2)}c_\nu \quad (\nu = 0, 1, 2 \ldots).$$

Für die weitere Rechnung erweist es sich als bequem, den Zähler umzuformen gemäß $\nu(\nu+1) - n(n+1) = -(n-\nu)(n+\nu+1)$, und wir erhalten

$$c_{\nu+2} = -\frac{(n-\nu)(n+\nu+1)}{(\nu+1)(\nu+2)}c_\nu \quad (\nu = 0, 1, 2, \ldots). \tag{7.31}$$

Bei beliebigem $c_0$ ergibt sich der Reihe nach

$$
\begin{aligned}
c_2 &= -\frac{1}{2}n(n+1)c_0, \\
c_4 &= -\frac{1}{3\cdot 4}(n-2)(n+3)c_2 = \frac{1}{4!}(n-2)n(n+1)(n+3)c_0, \\
c_6 &= -\frac{1}{5\cdot 6}(n-4)(n+5)c_4 \\
&= -\frac{1}{6!}(n-4)(n-2)n(n+1)(n+3)(n+5)c_0, \\
&\vdots
\end{aligned}
$$

und allgemein

$$c_{2\mu} = \frac{(-1)^\mu}{(2\mu)!}(n-2\mu+2)(n-2\mu+4)\ldots(n-2)n(n+1)(n+3)\ldots(n+2\mu-1)c_0 \tag{7.32}$$

für geraden Index $2\mu$ $(\mu = 1, 2, 3, \ldots)$.

Beginnen wir in (7.31) mit beliebigem $c_1$, so erhalten wir in ähnlicher Weise

$$c_{2\mu+1} = \frac{(-1)^\mu}{(2\mu+1)!}(n-2\mu+1)(n-2\mu+3)\ldots(n-1)(n+2)(n+4)\ldots(n+2\mu)c_1 \tag{7.33}$$

für ungeraden Index $2\mu + 1$   ($\mu = 1, 2, 3, \ldots$).

Damit haben wir gezeigt:

---

**Satz 7.5**   *Die L e g e n d r e s c h e   D i f f e r e n t i a l g l e i c h u n g*

$$(1 - x^2)y'' - 2xy' + n(n + 1)y = 0$$

*($n = 0, 1, 2, \ldots$) besitzt für $|x| < 1$ die a l l g e m e i n e   L ö s u n g*

$$y(x) = \sum_{\nu=0}^{\infty} c_\nu x^\nu \tag{7.34}$$

*mit $c_\nu$   ($\nu = 2, 3, 4, \ldots$) aus (7.32), (7.33) und beliebigen $c_0$ und $c_1$.*

---

Es gibt auch spezielle Lösungen der Legendreschen Differentialgleichung, welche Polynome sind. Betrachten wir nämlich in (7.34) speziell $c_1 = 0$ und $c_0 \neq 0$, so folgt aus (7.33), daß nur gerade Potenzen von $x$ vorkommen. Es sei nun $n = 2m$   ($m = 0, 1, 2, \ldots$) gerade. Wegen des Faktors $n - 2\mu + 2$ in (7.32), welcher für $\mu = m + 1$ verschwindet, ergibt sich $c_{2m+2} = 0$. Aus der Rekursionsformel (7.31) erkennt man, daß damit auch alle folgenden Keoffizienten mit geraden Indizes verschwinden; wir haben ein Polynom $P_n$ als Lösung erhalten. Wegen $c_0 \neq 0$ folgt aus (7.32) für $\mu = m$, daß dieses Polynom den Grad $n = 2m$ hat. Ist nun der Parameter $n$ in der Legendreschen Differentialgleichung ungerade $n = 2m + 1$ ($m = 0, 1, 2, \ldots$), so sichert uns eine völlig analoge Überlegung, daß es jetzt ein Polynom $P_n$ vom Grad $n = 2m + 1$ mit nur ungeraden Potenzen von $x$ als Lösung gibt. Unsere Überlegungen zeigen ferner, daß $P_n$ bis auf die Wahl eines von null verschiedenen Faktors eindeutig bestimmt ist. Durch die Vorgabe von z. B. $P_n(1)$ kann man damit $P_n$ eindeutig festlegen.

---

**Definition 7.2**   *Die durch*

$$P_n(1) = 1$$

*eindeutig bestimmte Polynomlösung $y = P_n(x)$ der Legendreschen Differentialgleichung*

$$(1 - x^2)y'' - 2xy' + n(n + 1)y = 0$$

*($n = 0, 1, 2, \ldots$) heißt L e g e n d r e s c h e s   P o l y n o m   v o m   G r a d  $n$ ( L e g e n d r e s c h e   F u n k t i o n 1. A r t   d e r   O r d n u n g  $n$ ).*

---

Die Legendreschen Polynome sind wichtige Spezialfälle der Legendreschen Funktionen. Besondere Bedeutung kommt ihnen in der *Potentialtheorie* zu (s. [MWA], [SSE]). Wir können nun die Legendreschen Polynome explizit berechnen, indem wir Satz 7.5 anwenden mit $c_0 \neq 0$ und $c_1 = 0$ für gerades $n$ bzw. $c_0 = 0$ und $c_1 \neq 0$ für ungerades $n$ und dann $c_0$ bzw. $c_1$ so bestimmen, daß $P_n(1) = 1$ gilt. Auf die elementare, aber etwas langatmige Rechnung sei hier verzichtet. Ordnet man das Ergebnis nach fallenden Potenzen von $x$, erhält man sogar eine einheitliche Darstellung für gerades und ungerades $n$.

---

**Satz 7.6**    *Es gilt*
$$P_0(x) = 1$$

*und*

$$P_n(x) = \frac{1 \cdot 3 \cdot 5 \ldots (2n-1)}{n!}\Big[x^n - \frac{n(n-1)}{2 \cdot (2n-1)}x^{n-2}$$
$$+ \frac{n(n-1)(n-2)(n-3)}{2 \cdot 4 \cdot (2n-1)(2n-3)}x^{n-4}$$
$$- \frac{n(n-1)(n-2)(n-3)(n-4)(n-5)}{2 \cdot 4 \cdot 6 \cdot (2n-1)(2n-3)(2n-5)}x^{n-6} + - \ldots\Big]$$

*für*   $n = 1, 2, 3, \ldots$

---

Dabei soll die Summe in der eckigen Klammer für gerades $n$ bis einschließlich zur Potenz $x^0$ gehen und für ungerades $n$ bis einschließlich zur Potenz $x^1$.

**Aufgabe 7.7**   Man berechne $P_n(x)$ für $n = 1, 2, 3, 4, 5, 6$ mit Hilfe der Formel aus Satz 7.6.

Ohne Beweis sei noch eine weitere Darstellung der Legendreschen Polynome genannt, nämlich die *Formel von Rodrigues*

$$P_n(x) = \frac{1}{2^n n!}\frac{\mathrm{d}^n}{\mathrm{d}x^n}(x^2 - 1)^n.$$

Ein zweites Basiselement des zweidimensionalen Lösungsraumes der Legendreschen Differentialgleichung (bei festem $n$) erhält man für $|x| < 1$ wegen Satz 7.5 und der daran anschließenden Überlegung aus (7.34), jetzt aber mit $c_0 = 0$ und $c_1 \neq 0$ für gerades $n$ bzw. $c_0 \neq 0$ und $c_1 = 0$ für ungerades $n$. Es ist unschwer zu erkennen, daß diese Reihen nicht abbrechen. Die allgemeine Theorie läßt noch die Möglichkeit offen, daß der Konvergenzradius größer als eins ist. Mit Hilfe des Quotientenkriteriums ergibt sich jedoch aus der Rekursionsformel (7.31) der Konvergenzradius zu eins. Ein neben $P_n(x)$ zweites Basiselement der Legendreschen Differentialgleichung (bei festem $n$) nennt man (nach einer gewissen Fixierung der auftretenden Konstanten) *Legendresche Funktionen 2. Art der Ordnung $n$* und bezeichnet sie mit $Q_n(x)$. Es läßt sich zeigen, daß die $Q_n(x)$ elementare Funktionen sind. Die $P_n(x)$ sind als Polynome elementar, damit sind also alle *Legendreschen Funktionen der Ordnung $n$* $(n = 0, 1, 2, \ldots)$ *elementar.*

Wir lösen uns vorübergehend von der Legendreschen Differentialgleichung und erwähnen die Methode der *Reduktion der Ordnung* einer linearen homogenen Differentialgleichung (s. [BPR], [HEU]). Wendet man diese Methode auf die Differentialgleichung

$$a_2(x)y'' + a_1(x)y' + a_0(x)y = 0 \tag{7.35}$$

an, so ergibt sich wegen Abschnitt 5.3.2 schließlich der

> **Satz 7.7**    *Im betrachteten Intervall $I$ seien die Koeffizienten $a_2(x), a_1(x)$ und $a_0(x)$ stetig mit $a_2(x) \neq 0$. $y_1(x)$ sei in $I$ eine Lösung der Differentialgleichung (7.35) mit $y_1(x) \neq 0$. Dann ist*
>
> $$y_2(x) = y_1(x) \int \left( \frac{1}{(y_1(x))^2} \exp\left( -\int \frac{a_1(x)}{a_2(x)} \mathrm{d}x \right) \right) \mathrm{d}x$$
>
> *ein zweites Basiselement der Lösungsgesamtheit der Differentialgleichung (7.35) in $I$.*

$y_1(x)$ und $y_2(x)$ bilden dann also eine Basis (Fundamentalsystem) des zweidimensionalen Lösungsraumes von (7.35). Bei den beiden auftretenden unbestimmten Integrationen zur Berechnung von $y_2(x)$ können die Integrationskonstanten beliebig festgelegt werden.

Mit Satz 7.7 haben wir eine weitere Möglichkeit, bei Kenntnis von $P_n(x)$ ein zweites Basiselement des Lösungsraumes der Legendreschen Differentialgleichung zu berechnen, falls die auftretenden Integrationen nicht zu aufwendig werden.

**Beispiel 7.7**    Es gilt $P_0(x) = 1$ (Satz 7.6). Wir berechnen für $|x| < 1$ ein zweites Basiselement der Legendreschen Differentialgleichung mit $n = 0$. Wegen $y_1(x) = P_0(x) = 1$, $a_1(x) = -2x$ und $a_2(x) = 1 - x^2$ folgt

$$\begin{aligned} y_2(x) &= 1 \cdot \int \left( \frac{1}{1^2} \exp\left( \int \frac{2x}{1 - x^2} \mathrm{d}x \right) \right) \mathrm{d}x \\ &= \int (\exp(C_1 - \ln(1 - x^2))) \mathrm{d}x = C_2 \int \frac{\mathrm{d}x}{1 - x^2} \end{aligned}$$

$$= C_3 + C_2 \operatorname{ar tanh} x \quad \text{für} \quad |x| < 1.$$

Die Wahl $C_2 = 1$ und $C_3 = 0$ liefert nach Definition die Legendresche Funktion 2. Art $Q_0(x) = \operatorname{ar tanh} x$ für $|x| < 1$.

**Aufgabe 7.8**  Man berechne für die Legendresche Differentialgleichung mit $n = 1$ neben $P_1(x) = x$ (s. Aufgabe 7.7) ein zweites Basiselement für $|x| < 1$ mittels Satz 7.7.

**Aufgabe 7.9**  Die *Hermitesche Differentialgleichung* - sie tritt in der *Quantentheorie* auf - lautet

$$y'' - 2xy' + 2ny = 0 \qquad (n = 0, 1, 2, \ldots). \tag{7.36}$$

a) Man zeige, daß die Lösungen $y = y(x)$ von (7.36) in Potenzreihen mit der Entwicklungsstelle $x = 0$ entwickelbar sind:

$$y(x) = \sum_{\nu=0}^{\infty} c_\nu x^\nu. \tag{7.37}$$

   Wie groß ist der Konvergenzradius?

b) Man leite eine Rekursionsformel für die Koeffizienten $c_\nu$ von (7.37) her.

c) Für gerades bzw. ungerades $n$ ergeben sich als Lösungen Polynome $y = H_n(x)$ vom Grad $n$, falls $c_0 \neq 0$ und $c_1 = 0$ bzw. $c_0 = 0$ und $c_1 \neq 0$ gewählt wird. Diese Polynome heißen *Hermitesche Polynome*, wenn $c_0$ bzw. $c_1$ so festgelegt werden, daß der Koeffizient der höchsten Potenz $x^n$ von $H_n(x)$ gleich $2^n$ wird. Man berechne die Hermiteschen Polynome $H_n(x)$ für $n = 0, 1, 2, 3$ mittels der Rekursionsformel aus b).

## 7.2  Verallgemeinerte Potenzreihenansätze

Die Untersuchungen aus Abschnitt 7.1 müssen erweitert werden. Es gibt nämlich durchaus Fälle, in denen die Lösungen einer Differentialgleichung in einer Umgebung einer Stelle $x_0$ interessieren, für die die Voraussetzungen über die Entwickelbarkeit in Potenzreihen mit der Entwicklungsstelle $x_0$ (Sätze 7.1, 7.2 und 7.3) nicht erfüllt sind. Diesem Fall wollen wir uns jetzt zuwenden. Wir beschränken uns dabei auf den im jetzigen Zusammenhang in Theorie und Anwendung wichtigsten Fall der *linearen homogenen Differentialgleichung 2. Ordnung*. Auf Beweise wird in diesem Abschnitt nicht eingegangen; für sie sei auf [HEU] verwiesen. Weiterführende Überlegungen aus funktionentheoretischer Sicht findet man in [BIE].

### 7.2.1  Stellen der Bestimmtheit

Wir betrachten also die Differentialgleichung

$$a_2(x)y'' + a_1(x)y' + a_0(x)y = 0. \tag{7.38}$$

Für diese Gleichung seien nun die Voraussetzungen des Satzes 7.3 über die Entwickelbarkeit der Lösungen in Potenzreihen mit der Entwicklungsstelle $x_0$ nicht erfüllt. Dann gilt $a_2(x_0) = 0$, oder/und nicht alle Koeffizienten $a_2(x), a_1(x), a_0(x)$ sind in eine Potenzreihe mit der Entwicklungsstelle $x_0$ entwickelbar. Dann ist im allgemeinen mindestens einer der Quotienten $a_1/a_2$ und $a_0/a_2$ nicht in eine Potenzreihe mit der Entwicklungsstelle $x_0$ entwickelbar. Man sagt in diesem Fall, $x_0$ ist eine *singuläre Stelle* für die Differentialgleichung (7.38). Für singuläre Stellen müssen wir also damit rechnen, daß die entsprechende Potenzreihenentwicklung von Lösungen nicht gewährleistet ist.

**Beispiel 7.8**   Bei der Differentialgleichung

$$x^2 y'' + xy' - y = 0$$

ist offensichtlich $x = 0$ eine singuläre Stelle. Da es sich hier um eine Eulersche Differentialgleichung (Abschnitt 4) handelt, können wir die allgemeine Lösung leicht bestimmen und die Entwickelbarkeit der Lösung unmittelbar überprüfen. Der Ansatz $y = x^\lambda$ führt zur charakteristischen Gleichung $\lambda(\lambda - 1) + \lambda - 1 = 0$, d. h. $\lambda^2 - 1 = 0$, mit den Lösungen $\lambda_1 = 1$ und $\lambda_2 = -1$. Folglich bilden die Funktionen $x$ und $\frac{1}{x}$ eine Basis (Fundamentalsystem) des zweidimensionalen Lösungsraumes; die allgemeine Lösung lautet

$$y = C_1 x + \frac{C_2}{x} \qquad (x \neq 0 \quad \text{für} \quad C_2 \neq 0).$$

Wir stellen fest, daß sich die Lösungen mit $C_2 = 0$ in eine Potenzreihe (die hier nur aus einem Summand besteht) mit der Entwicklungsstelle $x = 0$ entwickeln lassen, aber für die Lösungen mit $C_2 \neq 0$ keine solchen Entwicklungen möglich sind.

Es gibt auch lineare homogene Differentialgleichungen zweiter Ordnung, bei denen alle Lösungen in Potenzreihen mit der Entwicklungsstelle $x_0$ entwickelbar sind, obwohl $x_0$ eine singuläre Stelle der Differentialgleichung ist. Andererseits kann auch der Fall eintreten, daß keine der Lösungen in eine Potenzreihe mit der singulären Stelle als Entwicklungsstelle entwickelbar ist, abgesehen von der trivialen Lösung $y \equiv 0$. Beispiele für diese Fälle findet man sofort etwa bei den Eulerschen Differentialgleichungen.

Diese Schwierigkeiten lassen sich unter gewissen Voraussetzungen überwinden. Ausgangspunkt hierfür ist die

> **Definition 7.3**   *Gegeben sei für $y = y(x)$ die Differentialgleichung*
>
> $$a_2(x)y'' + a_1(x)y' + a_0(x)y = 0.$$
>
> *Die Stelle $x = x_0$ heißt S t e l l e   d e r   B e s t i m m t h e i t der Differentialgleichung, wenn die Funktionen*
>
> $$(x - x_0)\frac{a_1(x)}{a_2(x)} \quad und \quad (x - x_0)^2\frac{a_0(x)}{a_2(x)}$$
>
> *in eine P o t e n z r e i h e mit der Entwicklungsstelle $x_0$ (Konvergenzradius größer als null) entwickelbar sind.*

**Bemerkung zu Definition 7.3** Der Leser, welcher mit einigen Grundbegriffen der Funktionentheorie vertraut ist (s. [GKA]), erkennt, daß $x_0$ genau dann Stelle der Bestimmtheit ist, wenn gilt:
Die analytische Fortsetzung von $a_1/a_2$ ist bei $x_0$ holomorph oder besitzt dort einen Pol erster Ordnung, die analytische Fortsetzung von $a_0/a_2$ ist bei $x_0$ holomorph oder besitzt dort einen Pol höchstens zweiter Ordnung.

Unter den Voraussetzungen des Satzes 7.3, welche die Entwickelbarkeit der Lösungen in Potenzreihen mit der Entwicklungsstelle $x_0$ sichern, ist $x_0$ offenbar eine Stelle der Bestimmtheit. Jetzt im Abschnitt 7.2 interessiert uns deshalb der Fall, daß $x_0$ eine Stelle der Bestimmtheit und singulär ist. Solche Stellen heißen auch *schwach singuläre Stellen* der Differentialgleichung.
Die Prüfung, ob $x = x_0$ Stelle der Bestimmtheit für die Differentialgleichung ist, wird besonders einfach, wenn die Koeffizienten $a_2, a_1$ und $a_0$ rationale Funktionen - insbesondere also Polynome - sind. Wir untersuchen dann, ob $x_0$ Nullstelle der Zähler- und Nennerpolynome von $a_1/a_2$ und $a_0/a_2$ ist, bestimmen gegebenenfalls die entsprechende Vielfachheit der Nullstelle und denken uns die demzufolge auftretenden Faktoren $(x-x_0)^k$ ausgeklammert. Für die Funktionen

$$(x - x_0)\frac{a_1(x)}{a_2(x)} \quad und \quad (x - x_0)^2\frac{a_0(x)}{a_2(x)}$$

ist dann nach Kürzen gemeinsamer Potenzen von $x-x_0$ in Zähler und Nenner sofort erkennbar, ob sie in Potenzreihen mit der Entwicklungsstelle $x_0$ entwickelbar sind oder nicht. Denn eine rationale Funktion ist ja bekanntlich genau dann in eine Potenzreihe mit der Entwicklungsstelle $x_0$ entwickelbar, wenn (nach Kürzen gemeinsamer Potenzen von $x - x_0$ in Zähler und Nenner) $x_0$ keine Nullstelle des Nenners ist.

**Beispiel 7.9**   Für die Legendresche Differentialgleichung

$$(1 - x^2)y'' - 2xy' + n(n + 1)y = 0$$

ist $x = 1$ eine singuläre Stelle. Diese Stelle ist eine Stelle der Bestimmtheit, denn wegen $1 - x^2 = -(x - 1)(x + 1)$ gilt

$$(x - 1)\frac{a_1(x)}{a_2(x)} = (x - 1)\frac{-2x}{1 - x^2} = \frac{2x}{x + 1}$$

und

$$(x - 1)^2\frac{a_0(x)}{a_2(x)} = (x - 1)^2\frac{n(n + 1)}{1 - x^2} = -\frac{n(n + 1)(x - 1)}{x + 1}.$$

Der bei diesen Funktionen nach Kürzen von $x - 1$ auf der rechten Seite auftretende Nenner $x + 1$ verschwindet also an der Stelle $x = 1$ nicht.

**Aufgabe 7.10**   Für die Differentialgleichung

$$(x^2 + 3x + 2)y'' + \frac{x}{x + 2}y' + x^2y = 0$$

bestimme man sämtliche (reellen) Stellen der Bestimmtheit.

**Aufgabe 7.11**   Ist $x = 0$ eine Stelle der Bestimmtheit für die Differentialgleichung

$$xy'' + e^x y' - \frac{2}{x}y = 0?$$

### 7.2.2   Berechnung eines Basiselementes

Gegeben ist wieder für die Funktion $y = y(x)$ die Differentialgleichung

$$a_2(x)y'' + a_1(x)y' + a_0(x)y = 0. \tag{7.39}$$

Ist $x = x_0$ eine Stelle der Bestimmtheit dieser Differentialgleichung, so bilden die Lösungen nach Abschnitt 1.1.3 in einer gewissen Umgebung von $x_0$, zumindest für $x \neq x_0$, einen zweidimensionalen linearen Raum. Vor uns steht also die Aufgabe, hier zwei Basiselemente dieses Lösungsraumes zu finden. Zur Gewinnung eines ersten Basiselementes dient der

---

**Satz 7.8**  *Ist $x = x_0$ eine S t e l l e  d e r  B e s t i m m t h e i t für die Differentialgleichung (7.39), so hat mindestens e i n  B a s i s e l e m e n t des genannten Lösungsraumes die Gestalt*

$$y(x) = |x - x_0|^\alpha \sum_{\nu=0}^{\infty} c_\nu (x - x_0)^\nu \quad mit \quad c_0 \neq 0. \tag{7.40}$$

*Der K o n v e r g e n z r a d i u s  der Potenzreihe aus (7.40) ist mindestens gleich dem kleineren Konvergenzradius der Potenzreihenentwicklungen von*

$$(x - x_0)\frac{a_1(x)}{a_2(x)} \quad und \quad (x - x_0)^2 \frac{a_0(x)}{a_2(x)}$$

*mit der Entwicklungsstelle $x_0$.*

---

Der Koeffizient $c_0 \neq 0$ ist dabei beliebig wählbar; z. B. kann man $c_0 = 1$ festlegen. Zur Berechnung des Exponenten $\alpha$ und der Koeffizienten $c_\nu$ ($\nu = 1, 2, 3, \ldots$) ist es erlaubt, sich auf den Fall $x > x_0$ zu beschränken und damit $|x - x_0|^\alpha = (x - x_0)^\alpha$ zu setzen. Weiterhin ist es für die Rechnung zweckmäßig, diesen Faktor in die Reihe zu multiplizieren. Wir machen also den *verallgemeinerten Potenzreihenansatz*

$$y(x) = \sum_{\nu=0}^{\infty} c_\nu (x - x_0)^{\nu+\alpha} \quad mit \quad c_0 \neq 0 \tag{7.41}$$

und setzen ihn in die Differentialgleichung ein. Wie beim gewöhnlichen Potenzreihenansatz im Abschnitt 7.1 werden dabei die Koeffizienten $a_2(x), a_1(x)$ und $a_0(x)$ der Differentialgleichung in Potenzreihen mit der Entwicklungsstelle $x_0$ entwickelt. Danach kürzt man durch $(x - x_0)^\alpha$, ordnet nach Potenzen von $x - x_0$ und beginnt mit dem Koeffizientenvergleich bezüglich der Potenzen von $x - x_0$. Dabei sieht man, daß wegen $c_0 \neq 0$ der Exponent $\alpha$ einer quadratischen Gleichung genügen muß. Diese Gleichung heißt *determinierende Gleichung*. Die determinierende Gleichung wird nun gelöst. Ihre Lösungen $\alpha_1$ und $\alpha_2$ numerieren wir so, daß für ihre Realteile Re $\alpha_1$ und Re $\alpha_2$ die Beziehung

$$\text{Re } \alpha_1 \geq \text{Re } \alpha_2$$

gilt. Haben beide Lösungen den gleichen Realteil, so können wir wahlweise jede dieser beiden Lösungen mit $\alpha_1$ bezeichnen. Nachdem wir so (mindestens ein) $\alpha_1$ gefunden haben, ist

$$\alpha = \alpha_1$$

in (7.40) und (7.41) zu nehmen. Der begonnene Koeffizientenvergleich wird mit $\alpha = \alpha_1$ fortgesetzt, und es zeigt sich, daß dadurch die Koeffizienten $c_\nu$ (in Abhängigkeit von $c_0$) berechnet werden können. Ein Basiselement des zweidimensionalen Lösungsraumes der Differentialgleichung ist gewonnen.

Für den Fall, daß $\alpha_1$ nicht reell ist, sei an die Definition 4.2 erinnert.

**Beispiel 7.10**  Bei einigen wichtigen partiellen Differentialgleichungen gelangt man nach Einführung von Zylinderkoordinaten zur *Besselschen Differentialgleichung* (s. [HEU], [MWA]). Diese lautet

$$x^2 y'' + xy' + (x^2 - p^2)y = 0.$$

Dabei ist $p$ eine Konstante, die in den meisten Fällen reell ist. Die Lösungen dieser Differentialgleichung heißen *Besselfunktionen (Zylinderfunktionen)* $y = Z_p(x)$ *der Ordnung p*. Die Stelle $x = 0$ ist singulär, aber offensichtlich eine Stelle der Bestimmtheit der Besselschen Differentialgleichung. Interessiert $x = 0$ als Entwicklungsstelle, kann die Methode des verallgemeinerten Potenzreihenansatzes Anwendung finden. Wir betrachten beispielsweise den Fall $p = \frac{1}{2}$, d. h. die Differentialgleichung

$$x^2 y'' + xy' + (x^2 - \frac{1}{4})y = 0. \tag{7.42}$$

Der Ansatz lautet dann

$$y = \sum_{\nu=0}^{\infty} c_\nu x^{\nu+\alpha} \quad \text{mit} \quad c_0 \neq 0.$$

Setzen wir dies in die Differentialgleichung ein, so ergibt sich

$$\sum_{\nu=0}^{\infty}(\nu + \alpha)(\nu + \alpha - 1)c_\nu x^{\nu+\alpha} + \sum_{\nu=0}^{\infty}(\nu + \alpha)c_\nu x^{\nu+\alpha} +$$

$$\sum_{\nu=0}^{\infty} c_\nu x^{\nu+\alpha+2} - \sum_{\nu=0}^{\infty} \frac{1}{4}c_\nu x^{\nu+\alpha} = 0.$$

Nach Division durch $x^\alpha$ folgt

$$\sum_{\nu=0}^{\infty}((\nu + \alpha)^2 - \frac{1}{4})c_\nu x^\nu + \sum_{\nu=0}^{\infty} c_\nu x^{\nu+2} = 0.$$

Mit $\rho = \nu + 2$ in der zweiten Reihe und nachfolgender Umbenennung von $\rho$ in $\nu$ erhalten wir

$$(\alpha^2 - \frac{1}{4})c_0 + ((1 + \alpha)^2 - \frac{1}{4})c_1 x + \sum_{\nu=2}^{\infty}[((\nu + \alpha)^2 - \frac{1}{4})c_\nu + c_{\nu-2}]x^\nu = 0.$$

Wegen $c_0 \neq 0$ liefert der Koeffizientenvergleich beim Absolutglied die determinierende Gleichung

$$\alpha^2 - \frac{1}{4} = 0$$

mit den Lösungen $\alpha_1 = \frac{1}{2}$ und $\alpha_2 = -\frac{1}{2}$. Die Bedingung $\mathrm{Re}\,\alpha_1 \geq \mathrm{Re}\,\alpha_2$ ist mit dieser Numerierung erfüllt, so daß also mit dem Exponenten

$$\alpha = \alpha_1 = \frac{1}{2}$$

die Rechnung weiterzuführen ist. Der Koeffizientenvergleich ergibt jetzt

$$c_1 = 0$$

und

$$c_\nu = -\frac{c_{\nu-2}}{\nu(\nu+1)} \quad (\nu = 2, 3, 4, \ldots), \tag{7.43}$$

woraus

$$c_{2\mu+1} = 0 \quad (\mu = 1, 2, 3, \ldots)$$

folgt. Wählen wir etwa $c_0 = 1$, so erhalten wir aus der Rekursionsformel (7.43) der Reihe nach:

$$
\begin{aligned}
c_2 &= -\frac{1}{2 \cdot 3} = -\frac{1}{3!}, \\
c_4 &= -\frac{c_2}{4 \cdot 5} = \frac{1}{2 \cdot 3 \cdot 4 \cdot 5} = \frac{1}{5!}, \\
&\vdots
\end{aligned}
$$

und allgemein

$$c_{2\mu} = \frac{(-1)^\mu}{(2\mu+1)!} \quad (\mu = 0, 1, 2, \ldots).$$

Damit haben wir ein Basiselement $y(x)$ des Lösungsraumes der Differentialgleichung (7.42) berechnet. Es lautet

$$y(x) = \sqrt{|x|} \sum_{\mu=0}^{\infty} \frac{(-1)^\mu}{(2\mu+1)!} x^{2\mu}. \tag{7.44}$$

Der Konvergenzradius dieser Reihe ist unendlich. Das folgt aus Satz 7.8, kann aber auch mit Hilfe des Quotientenkriteriums berechnet werden. Die Lösung (7.44) ist sogar eine elementare Funktion, denn wegen

$$\sin x = \sum_{\mu=0}^{\infty} \frac{(-1)^\mu}{(2\mu+1)!} x^{2\mu+1}$$

für jedes $x$ gilt

$$y(x) = \frac{1}{\sqrt{x}} \sin x \quad \text{für} \quad x > 0$$

und

$$y(x) = -\frac{1}{\sqrt{|x|}} \sin x \quad \text{für} \quad x < 0.$$

Im allgemeinen sind jedoch die Besselfunktionen nicht elementar. Ausführliche Darstellungen der Besselschen Differentialgleichung und der Besselfunktionen findet man in [HEU], [SSE].

**Aufgabe 7.12**    Gegeben ist die Diferentialgleichung

$$x^2 y'' + 3xy' + (x+1)y = 0.$$

a) Man zeige, daß $x = 0$ eine Stelle der Bestimmtheit ist.

b) Durch einen verallgemeinerten Potenzreihenansatz mit der Entwicklungsstelle $x = 0$ ist ein Basiselement des Lösungsraumes der Differentialgleichung zu berechnen. Wie groß ist der Konvergenzradius?

### 7.2.3   Berechnung eines zweiten Basiselementes

Die Betrachtungen von Abschnitt 7.2.2 werden jetzt weitergeführt zur Herstellung eines zweiten Basiselementes. Es sei wieder $x = x_0$ eine Stelle der Bestimmtheit der Differentialgleichung

$$a_2(x)y'' + a_1(x)y' + a_0(x)y = 0. \tag{7.45}$$

Zunächst wird nach Abschnitt 7.2.2 ein Basiselement berechnet, welches zur Wurzel $\alpha_1$ der determinierenden Gleichung gehört. Diese Lösung werde jetzt mit $y_1(x)$ bezeichnet. Mit Hilfe eines der beiden folgenden Sätze können wir dann ein zweites Basiselement von (7.45) gewinnen.

---

**Satz 7.9**   $\alpha_1 - \alpha_2$ *sei n i c h t   g a n z z a h l i g. Dann gibt es eine von $y_1(x)$ linear unabhängige Lösung $y_2(x)$, also ein z w e i t e s   B a s i s e l e m e n t des Lösungsraumes der Differentialgleichung (7.45), der Gestalt*

$$y_2(x) = |x - x_0|^{\alpha_2} \sum_{\nu=0}^{\infty} d_\nu (x - x_0)^\nu \quad mit \quad d_0 \neq 0.$$

---

Dabei kann $d_0 \neq 0$ beliebig gewählt werden. Die Koeffizienten $d_\nu$ ($\nu = 1, 2, 3, \ldots$) lassen sich dann analog zum Fall $\alpha = \alpha_1$ in 7.2.2 berechnen.

Ist die Differenz $\alpha_1 - \alpha_2$ ganzzahlig, ergibt sich im allgemeinen eine kompliziertere Struktur für ein zweites Basiselement:

---

**Satz 7.10** *$\alpha_1 - \alpha_2$ sei ganzzahlig. Dann gibt es ein zweites Basiselement $y_2(x)$ des Lösungsraumes der Differentialgleichung (7.45) der Gestalt*

$$y_2(x) = Ay_1(x)\ln|x - x_0| + (x - x_0)^{\alpha_2} \sum_{\nu=0}^{\infty} d_\nu (x - x_0)^\nu.$$

---

Im Fall $x < x_0$ gilt aus hier nicht genannten funktionentheoretischen Gründen $(x - x_0)^{\alpha_2} = |x - x_0|^{\alpha_2} e^{i\pi\alpha_2}$. Zur Berechnung der Konstanten $A$ und $d_\nu$ wird man die angegebene Gestalt von $y_2(x)$ als Ansatz auffassen, in die Differentialgleichung einsetzen und schließlich einen Koeffizientenvergleich durchführen. Natürlich sind $A$ und $d_\nu$ nur bis auf einen gemeinsamen Faktor $\neq 0$ festgelegt. Es kann auch vorkommen, daß sich $A = 0$ ergibt, das logarithmische Glied also wegfällt.

Mit $y_1(x)$ und $y_2(x)$ haben wir dann eine Basis (Fundamentalsystem) des zweidimensionalen Lösungsraumes gewonnen; die *allgemeine Lösung* $y(x)$ der Differentialgleichung (7.45) lautet somit

$$y(x) = C_1 y_1(x) + C_2 y_2(x).$$

Zum *Konvergenzradius* der in den Sätzen 7.9 und 7.10 auftretenden Reihen gilt das in Satz 7.8 über die dortige Lösungsreihe Gesagte. Vertiefende Überlegungen mit zahlreichen Beispielen zu verallgemeinerten Potenzreihenansätzen, insbesondere auch im Zusammenhang mit Satz 7.10, findet man in der weiterführenden Literatur [BPR], [HEU].

Prinzipiell ergibt sich mit Hilfe von $y_1(x)$ ein weiteres Basiselement $y_2(x)$ für $x \neq x_0$ auch durch die Methode der *Reduktion der Ordnung* nach Satz 7.7. Allerdings stößt die praktische Durchführung der dabei benötigten Integrationen nicht selten auf erhebliche Schwierigkeiten.

# 8 Rand- und Eigenwertaufgaben

Bisher haben wir uns aus theoretischer Sicht und aus Sicht der Anwendungen hauptsächlich mit der allgemeinen Lösung und mit Anfangswertaufgaben bei gewöhnlichen Differentialgleichungen beschäftigt. Allerdings wurde bereits in den Abschnitten 1.2.2 und 1.2.3 eine allgemeine Definition von Randwertaufgaben und Eigenwertaufgaben bei gewöhnlichen Differentialgleichungen gegeben; solchen Aufgabenstellungen wollen wir uns jetzt zuwenden.

## 8.1 Lineare Randwertaufgaben

Bei Randwertaufgaben werden nach Definition 1.7 im Gegensatz zu Anfangswertaufgaben an *mehreren* Stellen des Definitionsintervalles der Lösungen Zusatzbedingungen gestellt. Fast ausschließlich sind dies zwei Stellen, nämlich *die beiden Randpunkte* eines Intervalles, in dem die Lösung gesucht wird. Dieses Intervall ist in den Anwendungen in natürlicher Weise vorgegeben; man denke zum Beispiel an die Durchbiegung eines Balkens (Aufgaben 1.8 und 1.9). Damit ist auch klar, warum solche Aufgaben Randwertaufgaben heißen.

Wie in vielen Gebieten der Mathematik, Physik und Technik sind auch hier lineare Probleme besonders wichtig und bilden die Grundlage zur Untersuchung komplizierterer Fragen. Wir betrachten daher in diesem Abschnitt *lineare Randwertaufgaben*.

### 8.1.1 Zum Lösungsverhalten; der Alternativsatz

Für die meisten Anfangswertaufgaben in den Anwendungen und bei theoretischen Untersuchungen sind die Voraussetzungen über Existenz und Unität der Lösungen (Satz 5.5) erfüllt; sie besitzen also genau eine Lösung. Man könnte deshalb glauben, daß bei einer Randwertaufgabe für eine Differentialgleichung $n$-ter Ordnung mit $n$ Randbedingungen im allgemeinen ebenfalls genau eine Lösung existiert. Jedoch ist dies nicht so! Wie bereits die Aufgaben 2.6 und 2.19 zeigten, liegen bei Randwertaufgaben bezüglich Existenz und Unität andere Verhältnisse vor als bei Anfangswertaufgaben. Mit dem folgenden Beispiel wollen wir uns noch einmal in aller Deutlichkeit diese neue Situation vor Augen halten.

**Beispiel 8.1** Gegeben ist für $y = y(x)$ die Differentialgleichung

$$y'' + y = 0. \tag{8.1}$$

Ihre allgemeine Lösung lautet (man vergleiche Beispiel 2.5 mit $\delta = 0$ und $\omega = \omega_0 = 1$):

$$y = C_1 \cos x + C_2 \sin x.$$

Wenn die allgemeine Lösung der Differentialgleichung angegeben werden kann, setzt man zur Lösung der Randwertaufgabe die Randbedingungen in die allgemeine Lösung ein und erhält damit die Bedingungen für die dort auftretenden Integrationskonstanten.   In vielen Fällen ergeben sich diese Bedingungen in Form eines Gleichungssystems. In den Aufgaben 1.8, 1.9, 2.6 und 2.19 konnte bereits so vorgegangen werden, und deshalb werden wir auch dieses Beispiel so behandeln.

Zunächst betrachten wir die Differentialgleichung im Intervall $0 \leq x \leq 1$ mit den Randbedingungen

$$y(0) = 0, \quad y(1) = 0.$$

Zur Bestimmung der Konstanten $C_1$ und $C_2$ setzen wir die Randbedingungen in die allgemeine Lösung ein und erhalten

$$\begin{array}{rcrcl}
C_1 \cdot 1 & + & C_2 \cdot 0 & = & 0 \\
C_1 \cos 1 & + & C_2 \cdot \sin 1 & = & 0
\end{array}$$

als (sehr einfaches) lineares Gleichungssystem für $C_1$ und $C_2$ mit der einzigen Lösung $C_1 = 0$, $C_2 = 0$ (wegen $\sin 1 \neq 0$). Unsere Randwertaufgabe besitzt also *genau eine Lösung*, nämlich $y \equiv 0$. Wir verändern jetzt die Aufgabenstellung und wählen für (8.1) im Intervall $0 \leq x \leq \pi$ die Randbedingungen

$$y(0) = 0, \quad y(\pi) = 0.$$

Daraus ergibt sich für $C_1$ und $C_2$ das lineare Gleichungssystem

$$\begin{array}{rcrcl}
C_1 \cdot 1 & + & C_2 \cdot 0 & = & 0 \\
C_1 \cdot (-1) & + & C_2 \cdot 0 & = & 0
\end{array}$$

mit den Lösungen $C_1 = 0$, $C_2$ beliebig. Diese Randwertaufgabe besitzt also *unendlich viele Lösungen*, nämlich $y = C_2 \sin x$. Schließlich seien die Randbedingungen

$$y(0) = 0, \quad y(\pi) = 1$$

gegeben. Jetzt folgt das lineare Gleichungssystem

$$\begin{array}{rcrcl}
C_1 \cdot 1 & + & C_2 \cdot 0 & = & 0 \\
C_1 \cdot (-1) & + & C_2 \cdot 0 & = & 1,
\end{array}$$

welches offenbar keine Lösung hat. Diese letzte Randwertaufgabe besitzt folglich *keine Lösung*.

**Aufgabe 8.1**  Man löse die Randwertaufgabe

$$y'' - 3y' + 2y = 2, \quad y(0) = 2, \quad y(1) = 1 + e^2.$$

Bei den bisher betrachteten Randwertaufgaben konnte das Lösungsverhalten auf das Lösungsverhalten eines linearen Gleichungssystem zurückgeführt werden. Wir können allgemein ebenso vorgehen bei der folgenden *linearen Randwertaufgabe n-ter Ordnung* für $y = y(x)$, bestehend aus der *linearen Differentialgleichung n-ter Ordnung*

$$\sum_{\nu=0}^{n} a_\nu(x)y^{(\nu)} = f(x) \tag{8.2}$$

im Intervall $a \leq x \leq b$ und den $n$ *linearen Randbedingungen*

$$\sum_{\nu=0}^{n-1} a_{\nu\mu}y^{(\nu)}(a) + b_{\nu\mu}y^{(\nu)}(b) = \gamma_\mu \quad (\mu = 1, \ldots, n). \tag{8.3}$$

Bezüglich der Differentialgleichung (8.2) seien dabei die Voraussetzungen aus Satz 1.4 erfüllt, d. h., die Koeffizienten $a_\nu$ und die Störfunktion $f$ seien im betrachteten Intervall stetig mit $a_n(x) \neq 0$. Im Hinblick auf im Abschnitt 8.1.2 verwendete Schreibweisen haben wir dabei die Störfunktion mit $f$ statt wie sonst mit $g$ bezeichnet. Ferner sei (8.2) mindestens von zweiter Ordnung, d. h. $n \geq 2$. Zu den Randbedingungen (8.3) wollen wir noch einige Erläuterungen geben. Es sind $a_{\nu\mu}, b_{\nu\mu}$ und $\gamma_\mu$ vorgegebene Zahlen. Wie ersichtlich, brauchen die Randbedingungen auch nicht getrennt für die Stellen $a$ und $b$ vorgegeben zu sein, z. B. ist $2y(a) + y'(b) = 1$ eine solche Randbedingung. Setzen wir zur Abkürzung

$$U_\mu(y) = \sum_{\nu=0}^{n-1} a_{\nu\mu}y^{(\nu)}(a) + b_{\nu\mu}y^{(\nu)}(b), \tag{8.4}$$

so gilt, wie man leicht sieht, die Beziehung

$$U_\mu(C_1 y_1 + C_2 y_2) = C_1 U_\mu(y_1) + C_2 U_\mu(y_2) \tag{8.5}$$

für Funktionen $y_1(x)$ und $y_2(x)$ und Konstanten $C_1$ und $C_2$. Dies ist auch der Grund, daß die Randbedingungen linear genannt werden. Damit ist klar, warum die Randwertaufgabe (8.2), (8.3) linear heißt: Differentialgleichung und Randbedingungen sind linear. Es sei noch hervorgehoben, daß in (8.3) nur Ableitungen bis höchstens zur Ordnung $n - 1$ auftreten.

Eine Randbedingung der Gestalt (8.3) heißt wegen (8.5) nach Definition 2.1 *linear und homogen*, wenn $\gamma_\mu = 0$ gilt. Wir nehmen dies nochmals in die folgende Definition mit auf. Man vergleiche hierzu auch analoge Begriffsbildungen bei anderen linearen Problemen wie z. B. linearen Differentialgleichungen oder linearen Gleichungssystemen.

---

**Definition 8.1**   *Eine l i n e a r e   R a n d b e d i n g u n g der Form* (8.3) *heißt h o m o g e n, wenn* $\gamma_\mu = 0$ *gilt; anderenfalls heißt sie i n h o m o g e n. Die  l i n e a r e   R a n d w e r t a u f g a b e* (8.2), (8.3) *heißt  h o m o g e n, wenn sowohl die Differentialgleichung als auch sämtliche Randbedingungen homogen sind; anderenfalls heißt sie i n h o m o g e n.*

---

Die Randwertaufgabe ist also genau dann inhomogen, wenn $f(x) \not\equiv 0$ gilt oder/und mindestens ein $\gamma_\mu$ von null verschieden ist.

**Aufgabe 8.2**   Welche der folgenden linearen Randwertaufgaben sind homogen?

a) $y'' + xy = 0, \quad y(a) = 0, \quad y(b) + y'(b) + 1 = 0.$

b) $y'' + xy = x, \quad y(a) = 0, \quad y(b) = 0.$

c) $y'' + xy = 0, \quad y(a) = 0, \quad y(b) = y'(a).$

Wenn die Randwertaufgabe (8.2), (8.3) inhomogen ist, nennt man die Aufgabe

$$\sum_{\nu=0}^{n} a_\nu(x) y^{(\nu)} = 0, \tag{8.6}$$

$$\sum_{\nu=0}^{n-1} a_{\nu\mu} y^\nu(a) + b_{\nu\mu} y^\nu(b) = 0 \quad (\mu = 1, \dots, n) \tag{8.7}$$

die *zugehörige homogene Randwertaufgabe.*

Wir haben jetzt die Begriffe bereitgestellt, mit denen das Lösungsverhalten der linearen Randwertaufgabe (8.2), (8.3) formuliert werden soll. Diese Aufgabe sei inhomogen. Nach Abschnitt 1.1.3 hat die Differentialgleichung (8.2) die allgemeine Lösung $y(x)$ der Gestalt

$$y(x) = y_p(x) + \sum_{\nu=1}^{n} C_\nu y_\nu(x).$$

Hierbei ist $y_p(x)$ eine spezielle Lösung von (8.2) (im Fall $f(x) \equiv 0$ gilt $y_p(x) \equiv 0$). $y_1, \dots, y_n$ bildet eine Basis des $n$-dimensionalen Lösungsraumes der zugehörigen homogenen Differentialgleichung, und $C_1, \dots, C_n$ sind beliebige Konstanten. Einsetzen der Randbedingungen (8.3) in die allgemeine Lösung ergibt mit der

Abkürzung (8.4) wegen der Linearität der Randbedingungen für $C_1, \ldots, C_n$ das *lineare Gleichungssystem*

$$\sum_{\nu=1}^{n} C_\nu U_\mu(y_\nu) = \gamma_\mu - U_\mu(y_p) \quad (\mu = 1, \ldots, n). \tag{8.8}$$

Für die $n$ Unbekannten $C_1, \ldots, C_n$ liegen also gerade $n$ lineare Gleichungen vor. Aus der linearen Algebra kennen wir das Lösungsverhalten eines solchen Gleichungssystems: Genau dann existiert eine einzige Lösung, wenn die Koeffizientendeterminante ungleich null ist (s. [MSV]). Die Koeffizientendeterminante – nennen wir sie $D$ – lautet in unserem Falle

$$D = \det(U_\mu(y_\nu)).$$

Für $D \neq 0$ ist dann mit (8.8) auch die Randwertaufgabe (8.2), (8.3) eindeutig lösbar. Die zugehörige homogene Randwertaufgabe hat natürlich immer die *triviale Lösung* $y(x) \equiv 0$; diese ist im Falle $D \neq 0$ somit die einzige Lösung. Wir haben bewiesen:

---

**Satz 8.1**  *Die inhomogene Randwertaufgabe* (8.2), (8.3) *ist genau dann eindeutig lösbar, wenn die zugehörige homogene Randwertaufgabe* (8.6), (8.7) *nur die triviale Lösung besitzt.*

---

Für $D = 0$ ist (8.8) nicht lösbar oder besitzt unendlich viele Lösungen; das zugehörige homogene Gleichungssystem hat in diesem Falle unendlich viele Lösungen. Dies ist uns ebenfalls aus der linearen Algebra bekannt (s. [MSV]). Für die homogene Randwertaufgabe verschwinden wegen $y_p(x) \equiv 0$ und $\gamma_\mu = 0$ $(\mu = 1, \ldots, n)$ die rechten Seiten von (8.8). Damit gilt der

---

**Satz 8.2**  *Die inhomogene Randwertaufgabe* (8.2), (8.3) *besitzt genau dann unendlich viele Lösungen oder ist nicht lösbar, wenn die zugehörige homogene Randwertaufgabe* (8.6), (8.7) *unendlich viele Lösungen hat.*

---

Aus der Theorie der linearen Gleichungssysteme folgt ferner, daß im Falle $D = 0$ die inhomogene Randwertaufgabe genau dann unendlich viele Lösungen besitzt, wenn in (8.8) die Koeffizientenmatrix und die erweiterte Koeffizientenmatrix den gleichen Rang haben (s. [MSV]).

Der Inhalt der Sätze 8.1 und 8.2 charakterisiert das Lösungsverhalten der linearen Randwertaufgabe (8.2), (8.3) mittels der Alternative $D \neq 0$ oder $D = 0$. Man spricht deshalb auch vom *Alternativsatz für lineare Randwertaufgaben*.

In den Anwendungen können auch Randwertaufgaben auftreten, bei denen nicht alle für die Sätze 8.1 und 8.2 benötigten Voraussetzungen vorliegen. Zum Beispiel kommt es vor, daß die Differentialgleichung im betrachteten Intervall nicht explizit ist (d. h., daß dort $a_n(x)$ Nullstellen besitzt (vgl. (1.53)). Die obige Alternative braucht dann nicht zu gelten. Dies zeigt das folgende Beispiel.

**Beispiel 8.2**   Wir betrachten die homogene Randwertaufgabe

$$x^2 y'' + 2xy' \; = \; 0,$$
$$y(0) = 0, \; y(1) \; = \; 0.$$

Die Differentialgleichung ist eine Eulersche Differentialgleichung. Der Koeffizient $x^2$ der höchsten Ableitung verschwindet für $x = 0$, also ist die Differentialgleichung an dieser Stelle nicht explizit. Ihre allgemeine Lösung ergibt sich leicht nach Abschnitt 4 zu

$$y = C_1 + \frac{C_2}{x}.$$

Die eine Randbedingung $y(0) = 0$ legt bereits beide Integrationskonstanten fest, nämlich $C_1 = 0$ und $C_2 = 0$. Damit ist dann auch schon die zweite Randbedingung $y(1) = 0$ erfüllt. Unsere homogene Aufgabe besitzt also nur die triviale Lösung $y(x) \equiv 0$. Ändern wir die zweite Randbedingung ab in $y(1) = \gamma$ mit $\gamma \neq 0$, so hat die entstehende inhomogene Randwertaufgabe jedoch keine Lösung.

Wenn – wie im Beispiel 8.2 – die Differentialgleichung in einem Randpunkt nicht mehr explizit ist, sind nicht alle Voraussetzungen der Sätze 1.3 und 1.4 über die allgemeine Lösung der Differentialgleichung erfüllt. Es brauchen deshalb nicht alle Lösungen $y$ an dieser Stelle definiert zu sein. Randbedingungen, in denen $y$ und/oder Ableitungen von $y$ an dieser Stelle vorkommen, sind daher häufig nicht erfüllbar. Deshalb werden sie unter Umständen durch solche Randbedingungen ersetzt, bei denen das Verhalten von $y$ bei *Annäherung an den Randpunkt* eingeht. Ist etwa die Differentialgleichung am linken Randpunkt $a$ nicht explizit, so sind dies Randbedingungen wie beispielsweise

$$\lim_{x \to a+0} y(x) \text{ existiert,}$$

$$\lim_{x \to a+0} y'(x) \text{ existiert,}$$

$$y(x) \text{ bleibt beschränkt für } x \to a + 0,$$

$$\int_a^b |y(x)|^2 \mathrm{d}x \text{ existiert.}$$

Wir weisen in diesem Zusammenhang auch auf die Aufgaben 3.11, 3.13, 4.4, 4.6, 5.12 und 6.3 hin.

**Beispiel 8.3**   Wir ändern im Beispiel 8.2 die Randbedingung $y(0) = 0$ ab und betrachten die Randwertaufgabe

$$x^2 y'' + 2xy' = 0,$$

$$\lim_{x \to +0} y(x) \quad \text{existiert}, \quad y(1) = \gamma.$$

Die erste Randbedingung legt jetzt in der allgemeinen Lösung

$$y = C_1 + \frac{C_2}{x}$$

nur eine Integrationskonstante fest, nämlich $C_2 = 0$. Die zweite Randbedingung liefert $C_1 = \gamma$. Damit besitzt die Aufgabe für $\gamma = 0$ nur die triviale Lösung $y(x) \equiv 0$, und die inhomogene Aufgabe $(\gamma \neq 0)$ besitzt die einzige Lösung $y(x) \equiv \gamma$.

### 8.1.2   Halbhomogene Aufgaben und die Greensche Funktion

Wir betrachten in diesem Abschnitt Randwertaufgaben mit homogenen Randbedingungen. Für die Differentialgleichung (8.2) seien wieder die dort gemachten Voraussetzungen erfüllt.

---

**Definition 8.2**   *Die lineare Randwertaufgabe (8.2), (8.3) heißt h a l b - h o m o g e n, wenn sämtliche Randbedingungen homogen sind.*

---

Die folgenden Überlegungen zeigen, daß sich inhomogene Randwertaufgaben auf halbhomogene zurückführen lassen. Bei weiteren - insbesondere theoretischen - Untersuchungen können wir uns also auf halbhomogene Probleme beschränken.

Wir betrachten die lineare Randwertaufgabe (8.2), (8.3) mit inhomogenen Randbedingungen. Es ist also mindestens ein $\gamma_\mu$ von null verschieden. Bezeichnen wir den linearen Differentialoperator der linken Seite der Differentialgleichung (8.2) mit $L$, so lautet unter Verwendung der Bezeichnung (8.4) die Randwertaufgabe (8.2), (8.3)

$$
\begin{aligned}
L(y) &= f, & &\text{(8.9)} \\
U_\mu(y) &= \gamma_\mu \quad (\mu = 1, \ldots, n). & &\text{(8.10)}
\end{aligned}
$$

Es sei nun $u = u(x)$ eine $n$-mal stetig differenzierbare Funktion, welche die Randbedingungen (8.10) erfüllt:

$$U_\mu(u) = \gamma_\mu \quad (\mu = 1, \dots, n). \tag{8.11}$$

$w = w(x)$ sei eine Lösung der halbhomogenen Aufgabe

$$L(w) = f - L(u), \tag{8.12}$$
$$U_\mu(w) = 0 \quad (\mu = 1, \dots, n). \tag{8.13}$$

Wir setzen $y = u + w$. Dann gilt wegen der Linearität von Differentialoperator und Randbedingungen

$$\begin{aligned}
L(y) &= L(u) + L(w) = L(u) + f - L(u) = f, \\
U_\mu(y) &= U_\mu(u) + U_\mu(w) = \gamma_\mu + 0 = \gamma_\mu.
\end{aligned}$$

Damit haben wir den folgenden Satz bewiesen.

> **Satz 8.3** *$w$ sei eine Lösung der halbhomogenen Randwertaufgabe (8.12), (8.13). Für $u$ mit (8.11) ist dann $y = u + w$ eine Lösung der inhomogenen Randwertaufgabe (8.9), (8.10).*

Im Zusammenhang mit diesen Untersuchungen ist besonders der Fall wichtig, daß die zu (8.9), (8.10) gehörige homogene Aufgabe nur die triviale Lösung besitzt. Nach Satz 8.1 sind genau dann das inhomogene Problem (8.9), (8.10) und das halbhomogene Problem (8.12), (8.13) eindeutig lösbar, wobei natürlich bei der letzteren Aufgabe die Existenz einer solchen Funktion $u$ gesichert sein muß. Das ist der Fall, denn beispielsweise erfüllt die Lösung $y$ des inhomogenen Problems selbst die Randbedingungen. Dies ist allerdings nur theoretisch von Interesse, da $y$ erst gesucht wird. Praktisch kann man zur Bestimmung einer $n$-mal stetig differenzierbaren Funktion $u$ mit (8.11) in den meisten Fällen $u$ als Polynom vom Grad $n - 1$ ansetzen. Die Randbedingungen liefern dann ein lineares Gleichungssystem für die Koeffizienten des Polynoms.

**Beispiel 8.4** Gesucht ist ein Polynom $u$ mit

$$u(a) = \gamma_1, \quad u(b) = \gamma_2.$$

Wegen $n = 2$ machen wir den Ansatz

$$u = c_0 + c_1 x.$$

Die Randbedingungen ergeben

$$c_0 + c_1 a = \gamma_1, \quad c_0 + c_1 b = \gamma_2$$

mit der Lösung

$$c_0 = \frac{\gamma_1 b - \gamma_2 a}{b - a}, \quad c_1 = \frac{\gamma_2 - \gamma_1}{b - a}.$$

Damit ist ein solches $u$ gefunden. Geometrisch haben wir in diesem Beispiel eine einfache bekannte Aufgabe gelöst, nämlich die Gleichung einer Geraden bestimmt, die durch zwei vorgegebene Punkte einer Ebene geht.

**Aufgabe 8.3**   Man bestimme jeweils ein Polynom $u$ mit

a) $u(0) = 0, \quad u'(1) = -2,$

b) $u(-1) = 4, \quad u'(-1) = -3, \quad u''(1) = u(1).$

In der Aufgabe 3.8 sollte für die Lösung einer halbhomogenen Randwertaufgabe - es handelte sich dabei um die Durchbiegung eines Balkens - eine Integraldarstellung angegeben werden, bei welcher eine sogenannte *Greensche Funktion* auftrat. Solche Integraldarstellungen lassen sich nun recht allgemein beweisen. Wir wollen die Sachlage zunächst nochmals an einem einfachen Beispiel erläutern.

**Beispiel 8.5**   Gegeben ist die halbhomogene Randwertaufgabe

$$y'' = f(x), \quad y(0) = 0, \quad y(1) = 0$$

mit stetigem $f$. Durch zweimalige Integration und Anpassung der Integrationskonstanten an die Randbedingungen läßt sich die Aufgabe leicht lösen. Wir wollen jedoch im Hinblick auf die Gewinnung einer Integraldarstellung der Lösung einen Weg einschlagen, welcher bei solchen Aufgaben allgemein begangen werden kann, nämlich die Methode der Variation der Konstanten (Abschnitt 3.3.2). Ein Fundamentalsystem für die zugehörige homogene Differentialgleichung $y'' = 0$ bilden offenbar die Funktionen 1 und $x$. Mit dem Ansatz

$$y_p = u_1(x) \cdot 1 + u_2(x) \cdot x$$

ergibt sich für $u_1'$ und $u_2'$ das lineare Gleichungssystem

$$\begin{aligned} u_1' + u_2' x &= 0 \\ u_2' &= f(x). \end{aligned}$$

$u_2$ ist also eine Stammfunktion von $f$. Wir schreiben diese Stammfunktion als bestimmtes Integral mit variabler oberer Grenze und wählen den linken Randpunkt 0 als untere Integrationsgrenze:

$$u_2 = \int_0^x f(\tilde{x}) \mathrm{d}\tilde{x}.$$

Wegen $u_1' = -u_2' x$ können wir auch $u_1$ als ein solches Integral schreiben:

$$u_1 = -\int_0^x \tilde{x} f(\tilde{x}) \mathrm{d}\tilde{x}.$$

Damit ist $y_p$ gefunden in der Integraldarstellung

$$y_p = \int_0^x (x - \tilde{x}) f(\tilde{x}) \mathrm{d}\tilde{x}.$$

Mit der allgemeinen Lösung $y_h = C_1 + C_2 x$ der homogenen Differentialgleichung lautet somit die allgemeine Lösung der inhomogenen Differentialgleichung

$$y = C_1 + C_2 x + \int_0^x (x - \tilde{x}) f(\tilde{x}) \mathrm{d}\tilde{x}.$$

Wir bestimmen jetzt die Integrationskonstanten aus den Randbedingungen. Aus $y(0) = 0$ folgt

$$C_1 = 0,$$

und $y(1) = 0$ ergibt dann

$$C_2 = -\int_0^1 (1 - \tilde{x}) f(\tilde{x}) \mathrm{d}\tilde{x}.$$

Die Rechnung liefert, daß die Randwertaufgabe eindeutig lösbar ist – dies hätte man übrigens auch Satz 8.1 entnehmen können – mit der Lösung

$$y = -\int_0^1 x(1 - \tilde{x}) f(\tilde{x}) \mathrm{d}\tilde{x} + \int_0^x (x - \tilde{x}) f(\tilde{x}) \mathrm{d}\tilde{x}.$$

Das erste dieser beiden Integrale zerlegen wir in ein Integral von 0 bis $x$ und ein Integral von $x$ bis 1 und erhalten

$$y = \int_0^x \tilde{x}(x - 1) f(\tilde{x}) \mathrm{d}\tilde{x} + \int_x^1 x(\tilde{x} - 1) f(\tilde{x}) \mathrm{d}\tilde{x}.$$

Führen wir noch die Funktion

$$G(x, \tilde{x}) = \begin{cases} \tilde{x}(x - 1) & \text{für} \quad 0 \leq \tilde{x} \leq x \\ x(\tilde{x} - 1) & \text{für} \quad x \leq \tilde{x} \leq 1 \end{cases}$$

ein, können wir schließlich die eindeutig bestimmte Lösung $y$ der halbhomogenen Randwertaufgabe in der Gestalt

$$y = \int_0^1 G(x,\tilde{x})f(\tilde{x})\mathrm{d}\tilde{x}$$

schreiben. Dies ist die gesuchte Integraldarstellung.

Durch ähnliches Vorgehen wie in Beispiel 8.5 läßt sich der folgende Satz beweisen.

---

**Satz 8.4**   *Die halbhomogene Randwertaufgabe*

$$\begin{aligned} L(y) &= f, & &(8.14) \\ U_\mu(y) &= 0 & (\mu = 1,\ldots,n) &\quad(8.15) \end{aligned}$$

*für das Intervall $a \leq x \leq b$ sei eindeutig lösbar. Dann gibt es genau eine stetige Funktion $G(x,\tilde{x})$ $(a \leq x \leq b,\ a \leq \tilde{x} \leq b)$, so daß die Lösung $y = y(x)$ der Randwertaufgabe für jedes stetige $f$ die Integraldarstellung*

$$y(x) = \int_a^b G(x,\tilde{x})f(\tilde{x})\mathrm{d}\tilde{x} \quad (a \leq x \leq b) \qquad (8.16)$$

*besitzt.*

---

Wir erinnern daran, daß nach Satz 8.1 die Aufgabe (8.14), (8.15) genau dann eindeutig lösbar ist, wenn die zugehörige homogene Aufgabe nur die triviale Lösung besitzt. Die eindeutige Lösbarkeit ist also unabhängig von der speziellen Wahl der Störfunktion $f$, hängt damit nur vom Differentialoperator $L$ und den homogenen Randbedingungen ab. Ebenso hängt nach Satz 8.4 die Funktion $G$ nur von $L$ und den Randbedingungen ab.

---

**Definition 8.3**   *Die Funktion $G(x,\tilde{x})$ $(a \leq x \leq b,\ a \leq \tilde{x} \leq b)$ aus Satz 8.4 heißt Greensche Funktion des linearen Differentialoperators $L$ aus (8.14) für die homogenen Randbedingungen (8.15).*

---

In der Aufgabe 3.10 wurde ein Zusammenhang zwischen der dortigen Greenschen Funktion und der $\delta$-Distribution hergestellt. Man kann allgemein zeigen:

Die Greensche Funktion $G(x,\tilde{x})$ ist als Funktion von $x$ bei festem $\tilde{x}$ mit

$a < \tilde{x} < b$ die Lösung der Randwertaufgabe

$$\begin{aligned} L(G) &= \delta(x - \tilde{x}), \\ U_\mu(G) &= 0 \quad (\mu = 1, \ldots, n) \end{aligned}$$

im Sinne von Abschnitt 3.3.3.

Insbesondere erfüllt damit $G(x, \tilde{x})$ als Funktion von $x$ die Randbedingungen. Damit wird auch plausibel, warum im Zusammenhang mit der Greenschen Funktion *homogene* Randbedingungen zugrundeliegen. Diese übertragen sich wegen (8.16) von $G$ auf $y$, da ein bestimmtes Integral über null wieder null liefert.

Worin liegt nun die Bedeutung der Greenschen Funktion? Ein Vorteil, den die Kenntnis der Greenschen Funktion mit sich bringt, liegt auf der Hand. Mit (8.16) haben wir ja für *jede* Störfunktion eine fertige Lösungsformel vorliegen und brauchen deshalb bei Problemen, bei denen unterschiedliche Störfunktionen betrachtet werden, nicht stets die jeweilige Aufgabe von Anfang an durchzurechnen. Zum anderen ist die Integraldarstellung (8.16) auch aus theoretischer Sicht bedeutsam. So lassen sich mit ihr gut die Einflüsse von Änderungen der Störfunktion auf die Lösung untersuchen und beispielsweise nachweisen, daß sich die Lösung nur wenig ändert, wenn sich die Störfunktion wenig ändert. Man sagt hierfür, bei mathematisch genauerer Formulierung dieses Sachverhaltes, daß die Lösung stetig von der Störfunktion abhängt. Schließlich sei noch ein weiterer Aspekt der Greenschen Funktion genannt. Wir betrachten eine im allgemeinen *nichtlineare Differentialgleichung* der Gestalt

$$L(y) = f(x, y) \tag{8.17}$$

mit den homogenen Randbedingungen (8.15). $G$ sei die Greensche Funktion von $L$ für diese Randbedingungen. Denken wir uns die (noch unbekannte) Lösung $y$ in $f(x, y)$ eingesetzt, so ist jetzt die rechte Seite von (8.17) eine Funktion von $x$ allein. Satz 8.4 liefert dann für die Lösung $y$ der im allgemeinen nichtlinearen Randwertaufgabe (8.17), (8.15) die Formel

$$y(x) = \int_a^b G(x, \tilde{x}) f(\tilde{x}, y(\tilde{x})) \, d\tilde{x}. \tag{8.18}$$

Damit haben wir noch nicht die Lösung $y$ der Randwertaufgabe erhalten, da $y$ auf der rechten Seite von (8.18) im Integranden ebenfalls auftritt. Jedoch ist (8.18) eine *Integralgleichung* für $y$. So ist ein Zusammenhang zwischen gewissen Randwertaufgaben und gewissen Integralgleichungen hergestellt. Ergebnisse aus der Theorie der Differentialgleichungen lassen sich dann auf die Theorie der Integralgleichungen anwenden und umgekehrt.

### 8.1.3   Sturmsche Randwertaufgaben

In Fortsetzung von 8.1.2 wollen wir nun auf einen besonders wichtigen Typ
von linearen Randwertaufgaben 2. Ordnung, die *Sturmschen Randwertaufgaben*,
eingehen.

Gegeben ist jetzt im Intervall $a \leq x \leq b$ eine lineare Differentialgleichung
2. Ordnung für $y = y(x)$ :

$$a_2(x)y'' + a_1(x)y' + a_0(x)y = g(x). \tag{8.19}$$

Die Koeffizienten $a_2, a_1, a_0$ und die Störfunktion $g$ seien wieder stetig im betrachteten Intervall mit $a_2(x) \neq 0$. Wir setzen

$$p(x) = e^{\int \frac{a_1(x)}{a_2(x)} dx}$$

und legen dabei die Integrationskonstante beliebig fest. Wegen $p(x) \neq 0$ ist
$\frac{p(x)}{a_2(x)}$ von null verschieden. Multiplikation von (8.19) mit $-\frac{p(x)}{a_2(x)}$ liefert damit
die zu (8.19) äquivalente Gleichung

$$- p(x)y'' - \frac{a_1(x)}{a_2(x)}p(x)y' + q(x)y = f(x) \tag{8.20}$$

mit gewissen stetigen Funktionen $q$ und $f$. Wegen $(p(x)y')' = p(x)y'' + p'(x)y'$
und $p'(x) = \frac{a_1(x)}{a_2(x)}p(x)$ folgt, daß (8.20) und damit (8.19) äquivalent ist zu einer
Differentialgleichung der Gestalt

$$- (p(x)y')' + q(x)y = f(x). \tag{8.21}$$

Wir können folglich ohne Beschränkung der Allgemeinheit statt (8.19) die Differentialgleichung in der Gestalt (8.21) betrachten.

**Aufgabe 8.4**   Man bringe die Differentialgleichung

$$y'' + 2xy' - y = \cos x$$

auf die Gestalt (8.21).

Die linke Seite von (8.21)

$$-(p(x)y')' + q(x)y$$

ist ein sogenannter *selbstadjungierter Differentialausdruck*. Diese Gestalt ist für
gewisse Umformungen - wie z. B. partielle Integration - recht gut geeignet. Dies
hat zur Folge, daß selbstadjungierte Differentialausdrücke besonders angenehme

Eigenschaften besitzen und eine reichhaltige Theorie entwickelt werden kann (s. [HEU]).

Auf dem Intervall $a \le x \le b$ sei jetzt die Differentialgleichung (8.21) gegeben. Wir setzen auf diesem Intervall voraus:

$$\left. \begin{array}{l} p, q \text{ und } f \text{ sind reell,} \\ p \text{ ist stetig differenzierbar mit } p(x) > 0, \\ q \text{ und } f \text{ sind stetig.} \end{array} \right\} \qquad (8.22)$$

---

**Definition 8.4**   *Die lineare halbhomogene Randwertaufgabe, bestehend aus der Differentialgleichung*

$$- (p(x)y')' + q(x)y = f(x) \qquad (8.23)$$

*mit den Voraussetzungen (8.22) und den homogenen Randbedingungen*

$$\begin{aligned} \alpha_1 y(a) + \alpha_2 y'(a) &= 0, \\ \beta_1 y(b) + \beta_2 y'(b) &= 0 \end{aligned} \qquad (8.24)$$

*mit* $|\alpha_1| + |\alpha_2| > 0$, $|\beta_1| + |\beta_2| > 0$ *und reellen* $\alpha_1, \alpha_2, \beta_1, \beta_2$, *heißt Sturmsche Randwertaufgabe.*

---

Mit der Methode der Variation der Konstanten läßt sich die zugehörige Greensche Funktion berechnen. Wir verzichten auf die Durchführung dieser Rechnung und teilen nur das Ergebnis mit.

Es sei $y_1, y_2$ ein Fundamentalsystem für die zu (8.23) gehörige homogene Differentialgleichung.
Mit den Abkürzungen

$$\begin{aligned} U_1(y) &= \alpha_1 y(a) + \alpha_2 y'(a), \\ U_2(y) &= \beta_1 y(b) + \beta_2 y'(b) \end{aligned}$$

bilden wir die Funktionen

$$\begin{aligned} u_1 &= U_1(y_2)y_1 - U_1(y_1)y_2, \\ u_2 &= U_2(y_2)y_1 - U_2(y_1)y_2. \end{aligned}$$

$W(x) = u_1(x)u_2'(x) - u_1'(x)u_2(x)$ bezeichne die Wronskische Determinante (Abschnitt 1.1.3) der Funktionen $u_1$ und $u_2$. Dann gilt

---

**Satz 8.5**   *Die S t u r m s c h e   R a n d w e r t a u f g a b e* (8.23), (8.24) *sei eindeutig lösbar. Dann lautet die zugehörige G r e e n s c h e   F u n k t i o n*

$$G(x, \tilde{x}) = \begin{cases} -\dfrac{u_1(x)u_2(\tilde{x})}{p(a)W(a)} & f\ddot{u}r \quad a \leq x \leq \tilde{x} \leq b, \\[2ex] -\dfrac{u_1(\tilde{x})u_2(x)}{p(a)W(a)} & f\ddot{u}r \quad a \leq \tilde{x} \leq x \leq b. \end{cases}$$

---

Insbesondere folgt aus diesem Satz, daß die Greensche Funktion für die Sturmsche Randwertaufgabe symmetrisch ist:

$$G(x, \tilde{x}) = G(\tilde{x}, x).$$

Scheinbar spielt in Satz 8.5 der Randpunkt $a$ eine Sonderrolle. Dies ist jedoch nicht der Fall, da man zeigen kann, daß hier $p(x)W(x)$ konstant (und ungleich null) ist.

**Bemerkung 8.1**   Man kann zeigen, daß für reelles $L$ aus (8.14) und reelle $U_\mu$ ($\mu = 1, \ldots, n$) aus (8.15) die Greensche Funktion im Satz 8.4 auch symmetrisch ist, falls der Differentialoperator $L$ bez. der Randbedingungen (8.15) hermitesch ist gemäß Definition 8.9.

**Aufgabe 8.5**   Die Randwertaufgabe

$$-y'' - y = f(x),$$

$$y'(0) = 0, \quad y(1) = 0$$

ist eine eindeutig lösbare Sturmsche Randwertaufgabe (wieso?). Mittels Satz 8.5 bestimme man die zugehörige Greensche Funktion.

### 8.1.4   Numerische Verfahren

Im Abschnitt 6 haben wir mit dem Runge-Kutta-Verfahren bereits ein numerisches Verfahren zur Behandlung von Differentialgleichungen kennengelernt. Dieses Verfahren ist auf Anfangswertaufgaben zugeschnitten. Durch *Zurückführung von Randwertaufgaben auf Anfangswertaufgaben* kann man es jedoch auch auf die Behandlung von Randwertaufgaben anwenden. Bei linearen Randwertaufgaben wird man versuchen, die Lösung als Linearkombination von Lösungen geeigneter Anfangswertaufgaben anzusetzen. Wir wollen hier diese Methode am Beispiel der linearen Randwertaufgabe

$$L(y) = f(x), \tag{8.25}$$

$$y(a) = \gamma_1, \quad y(b) = \gamma_2 \tag{8.26}$$

vorstellen. Dabei sei $L$ ein linearer Differentialoperator zweiter Ordnung:

$$L(y) = a_2(x)y'' + a_1(x)y' + a_0(x)y$$

mit den zu (8.19) genannten Voraussetzungen.
Zunächst werden zwei Anfangswertaufgaben gelöst. $y_1(x)$ sei Lösung von

$$L(y) = f(x),$$

$$y(a) = \gamma_1, \quad y'(a) = \gamma_3,$$

und $y_2(x)$ sei Lösung von

$$L(y) = f(x),$$

$$y(a) = \gamma_1, \quad y'(a) = \gamma_4$$

mit beliebig vorgegebenen Werten $\gamma_3 \neq \gamma_4$.
Für die Lösung von $y(x)$ von (8.25), (8.26) machen wir den Ansatz

$$y = C_1 y_1 + C_2 y_2. \tag{8.27}$$

Wegen der Linearität von $L$ ist $y$ genau dann Lösung der Differentialgleichung
(8.25), wenn $C_1 L(y_1) + C_2 L(y_2) = C_1 f(x) + C_2 f(x) = f(x)$ gilt. Dies ist erfüllt
für

$$C_1 + C_2 = 1. \tag{8.28}$$

Die erste der beiden Randbedingungen (8.26) bedeutet $C_1 y_1(a) + C_2 y_2(a) = C_1 \gamma_1 + C_2 \gamma_1 = \gamma_1$. Sie ist also mit (8.28) erfüllt. Die zweite Randbedingung aus
(8.26) heißt

$$C_1 y_1(b) + C_2 y_2(b) = \gamma_2. \tag{8.29}$$

Das lineare Gleichungssystem (8.28), (8.29) hat die Lösung

$$C_1 = \frac{y_2(b) - \gamma_2}{y_2(b) - y_1(b)}, \quad C_2 = \frac{\gamma_2 - y_1(b)}{y_2(b) - y_1(b)}, \tag{8.30}$$

falls $y_2(b) \neq y_1(b)$. Wir haben bewiesen: Wenn $y_2(b) \neq y_1(b)$ gilt, ist (8.27) mit
(8.30) Lösung von (8.25), (8.26).

**Aufgabe 8.6**   Man zeige: Wenn (8.25), (8.26) eindeutig lösbar ist, gilt $y_2(b) \neq y_1(b)$.

**Aufgabe 8.7**   Man diskutiere Aufgabe 2.6 durch Zurückführung auf Anfangswertaufgaben,
wobei beispielsweise $\gamma_3 = 0$ und $\gamma_4 = 1$ gewählt werde.

Ein weiteres sehr wichtiges numerisches Verfahren zur Behandlung von Randwertaufgaben ist das *Differenzenverfahren*. Seine Grundidee besteht darin, in der Differentialgleichung und in den Randbedingungen alle Differentialquotienten näherungsweise durch *Differenzenquotienten* zu ersetzen, um dadurch die Randwertaufgabe auf ein Gleichungssystem zurückzuführen.

Gegeben sei eine Randwertaufgabe für die Funktion $y(x)$ im Intervall $a \leq x \leq b$. Wir nehmen zunächst eine *Diskretisierung* vor, d. h., wir unterteilen das Intervall $a \leq x \leq b$ in $n$ Teile durch $n + 1$ Teilpunkte

$$a = x_0 < x_1 < x_2 < \ldots < x_{n-1} < x_n = b.$$

Zur Vereinfachung wollen wir alle Teilintervalle gleich lang wählen und erhalten

$$x_\nu = a + \nu h \quad (\nu = 0, 1, \ldots, n)$$

mit der *Schrittweite*

$$h = \frac{b - a}{n}.$$

Das Ziel ist jetzt, Näherungswerte $y_\nu$ für die Funktionswerte $y(x_\nu)$ der Lösung $y(x)$ der Randwertaufgabe zu gewinnen. Zunächst benötigen wir Formeln für die näherungsweise Ersetzung der Differentialquotienten durch Differenzenquotienten. Die einfachsten solcher Formeln für eine Differentialgleichung höchstens zweiter Ordnung sind:

$$
\begin{aligned}
y'(x_\nu) &= \frac{1}{h}(y_{\nu+1} - y_\nu) + R_1, \\
y'(x_\nu) &= \frac{1}{h}(y_\nu - y_{\nu-1}) + R_2, \\
y'(x_\nu) &= \frac{1}{2h}(y_{\nu+1} - y_{\nu-1}) + R_3, \\
y''(x_\nu) &= \frac{1}{h^2}(y_{\nu+1} - 2y_\nu + y_{\nu-1}) + R_4
\end{aligned}
\tag{8.31}
$$

mit gewissen Restgliedern $R_i$. Zur Herleitung solcher Formeln – dies geschieht mittels der Taylorformel – sei auf [OMA] und die dort angegebene Literatur verwiesen. Nun betrachten wir die Differentialgleichung an den Stellen $x_1, \ldots, x_{n-1}$ und die Randbedingungen an den Stellen $a = x_0$ und $b = x_n$ und nehmen unter Weglassen der Restglieder die Ersetzung nach den Formeln (8.31) vor. Der Funktionswert $y(x_\nu)$ selbst wird dabei natürlich durch $y_\nu$ ersetzt. Es ergibt sich ein Gleichungssystem von $n + 1$ Gleichungen für die $n + 1$ gesuchten Werte $y_\nu$ ($\nu = 0, \ldots, n$). Im Fall einer linearen Randwertaufgabe ist auch dieses Gleichungssystem linear.

**Beispiel 8.6**   Gegeben ist die Randwertaufgabe

$$y'' = f(x),$$

$$y(0) = 0, \quad y(1) = 2.$$

Wir unterteilen beispielsweise das Intervall $0 \leq x \leq 1$ in $n = 8$ gleichlange Teilintervalle mit der Schrittweite $h = \frac{1}{8}$ und den Teilpunkten

$$x_\nu = \frac{\nu}{8} \quad (\nu = 0, 1, \ldots, 8).$$

Die beiden Randbedingungen ergeben $y_0 = 0$ und $y_8 = 2$. Wir verwenden dies natürlich gleich mit bei der Ersetzung von $y''$ nach (8.31) an den Stellen $x_1$ und $x_7$ und erhalten insgesamt

$$
\begin{aligned}
-2y_1 \;+y_2 &= \tfrac{1}{64}\, f(\tfrac{1}{8}), \\
y_1 \;-2y_2 \;+y_3 &= \tfrac{1}{64}\, f(\tfrac{1}{4}), \\
y_2 \;-2y_3 \;+y_4 &= \tfrac{1}{64}\, f(\tfrac{3}{8}), \\
y_3 \;-2y_4 \;+y_5 &= \tfrac{1}{64}\, f(\tfrac{1}{2}), \\
y_4 \;-2y_5 \;+y_6 &= \tfrac{1}{64}\, f(\tfrac{5}{8}), \\
y_5 \;-2y_6 \;+y_7 &= \tfrac{1}{64}\, f(\tfrac{3}{4}), \\
y_6 \;-2y_7 &= \tfrac{1}{64}\, f(\tfrac{7}{8}) - 2.
\end{aligned}
$$

In diesem linearen Gleichungssystem sind in jeder Gleichung höchstens drei Unbekannte miteinander verknüpft. Die zugehörige Koeffizientenmatrix enthält viele Nullen. Die von null verschiedenen Elemente ordnen sich zu einem Band an, das von links oben nach rechts unten führt. Derartige *Bandmatrizen* treten stets auf, wenn eine gewöhnliche Differentialgleichung diskretisiert wird.

## 8.2   Lineare Eigenwertaufgaben

In den Definitionen 1.8 und 2.3 wurde bereits gesagt, was unter einer Eigenwertaufgabe - insbesondere unter einer linearen Eigenwertaufgabe - für gewöhnliche Differentialgleichungen zu verstehen ist. Es wurden auch schon mehrere Eigenwertaufgaben betrachtet und gelöst, so in den Beispielen 1.14, 2.6, 2.7 sowie in den Aufgaben 2.12 und 2.13.

Jetzt im Abschnitt 8.2 wollen wir nach einer Wiederholung wichtiger Grundbegriffe etwas näher auf die zugehörige Theorie eingehen. Wie im Abschnitt 8.1 werden wir uns auch hier auf lineare Probleme beschränken, also lineare Eigenwertaufgaben betrachten.

### 8.2.1   Aufgabenstellung und wichtige Grundbegriffe

Wir werden uns im gesamten Abschnitt 8.2 mit *linearen Eigenwertaufgaben n-ter Ordnung* für eine Funktion $y = y(x)$ im Intervall $a \leq x \leq b$ der folgenden Gestalt beschäftigen:

$$L(y) = \lambda \rho y, \qquad (8.32)$$
$$U_\mu(y) = 0 \quad (\mu = 1, \ldots, n). \qquad (8.33)$$

Dabei ist $L$ der lineare Differentialoperator aus (8.2), also

$$L(y) = \sum_{\nu=0}^{n} a_\nu(x) y^{(\nu)} \quad (n \geq 2).$$

Die Koeffizienten $a_\nu(x)$ seien im Intervall $a \leq x \leq b$ wieder stetig mit $a_n(x) \neq 0$. $\rho = \rho(x)$ sei eine stetige Funktion auf $a \leq x \leq b$ mit $\rho(x) > 0$. In diesem Zusammenhang heißt $\rho$ *Gewichtsfunktion*. Häufig tritt der Fall $\rho(x) \equiv 1$ auf. $U_\mu(y)$ ist wie bisher von der Form (8.4).

Die Aufgabe (8.32), (8.33) besitzt offenbar die *triviale Lösung* $y(x) \equiv 0$. Diejenigen (reellen oder komplexen) Werte $\lambda$, für die (8.32), (8.33) nichttriviale Lösungen besitzt, heißen nach Definition 1.8 *Eigenwerte*, und die zugehörigen Lösungen heißen *Eigenlösungen* oder *Eigenfunktionen*.

Es seien $y_1$ und $y_2$ zwei Eigenfunktionen von (8.32), (8.33), die zum gleichen Eigenwert $\lambda$ gehören. Mit Konstanten $C_1$ und $C_2$ ist dann wegen der Linearität der Differentialgleichung (8.32) die Funktion $C_1 y_1 + C_2 y_2$ auch Lösung dieser Differentialgleichung. Aus $U_\mu(y_1) = 0$ und $U_\mu(y_2) = 0$ folgt ferner aus (8.5) auch $U_\mu(C_1 y_1 + C_2 y_2) = 0$. Die Funktion $C_1 y_1 + C_2 y_2$ erfüllt also ebenfalls die Randbedingungen (8.33), sie ist somit auch eine Eigenfunktion zum Eigenwert $\lambda$ oder identisch null. Damit haben wir gezeigt:

> **Satz 8.6**    *Die zu einem Eigenwert $\lambda$ von (8.32), (8.33) gehörigen E i g e n f u n k t i o n e n bilden bei Hinzunahme der trivialen Lösung einen l i n e a r e n   R a u m .*

> **Definition 8.5**    *Der lineare Raum aus Satz 8.6 heißt E i g e n r a u m des Eigenwertes $\lambda$ von (8.32), (8.33). Die Dimension des Eigenraumes heißt V i e l f a c h h e i t des Eigenwertes.*

Die Vielfachheit eines Eigenwertes kann nach Satz 1.3 natürlich nicht größer als die Ordnung der Differentialgleichung (8.32) sein.

Im allgemeinen besteht bei einer Eigenwertaufgabe das Ziel darin, sämtliche Eigenwerte und Eigenfunktionen zu bestimmen, insbesondere also auch die Vielfachheiten der Eigenwerte. Es gibt aber auch Aufgabenstellungen, bei denen nur die Eigenwerte - oder gar nur ein Eigenwert - interessieren (Beispiele 2.6 und 2.7).

Zur Festigung der auftretenden Begriffe wollen wir ein Beispiel in aller Ausführlichkeit darstellen.

**Beispiel 8.7**    Gegeben ist die lineare Eigenwertaufgabe

$$-y'' = \lambda y, \tag{8.34}$$

$$y(-\pi) = y(\pi),\ y'(-\pi) = y'(\pi) \tag{8.35}$$

für $y = y(x)$ im Intervall $-\pi \le x \le \pi$. Es sollen sämtliche reellen Eigenwerte mit ihren Vielfachheiten und den zugehörigen Eigenfunktionen berechnet werden. Zur Lösung der Differentialgleichung nehmen wir die Fallunterscheidung $\lambda < 0$, $\lambda = 0$, $\lambda > 0$ vor. Es sei zunächst $\lambda < 0$. Nach Abschnitt 2.1 machen wir den Exponentialansatz

$$y = e^{\mu x}.$$

Dieser führt zur charakteristischen Gleichung

$$-\mu^2 = \lambda$$

mit den Lösungen $\mu_{1,2} = \pm\sqrt{-\lambda}$.

Damit bilden die Funktionen $e^{\sqrt{-\lambda}\,x}$ und $e^{-\sqrt{-\lambda}\,x}$ ein Fundamentalsystem, und die allgemeine Lösung der Differentialgleichung lautet

$$y = C_1 e^{\sqrt{-\lambda}\,x} + C_2 e^{-\sqrt{-\lambda}\,x}.$$

Die Randbedingungen liefern für $C_1$ und $C_2$ nach elementarer Rechnung das lineare homogene Gleichungssystem

$$\begin{aligned} C_1 - C_2 &= 0 \\ C_1 + C_2 &= 0, \end{aligned}$$

das nur die triviale Lösung $C_1 = 0$, $C_2 = 0$ besitzt. Folglich ist $y(x) \equiv 0$ die einzige Lösung im Fall $\lambda < 0$, d. h., es existieren keine negativen Eigenwerte. Im Fall $\lambda = 0$ ist offenbar

$$y = C_1 + C_2 x$$

die allgemeine Lösung der Differentialgleichung. Die Randbedingungen ergeben

$$2\pi C_2 = 0$$
$$0 = 0$$

mit den Lösungen $C_1$ beliebig, $C_2 = 0$. Damit besitzt (8.34), (8.35) für $\lambda = 0$ nichttriviale Lösungen, nämlich die Konstanten $y(x) \equiv \text{const} \neq 0$. Der Eigenraum ist der lineare Raum aller auf dem Intervall $-\pi \leq x \leq \pi$ konstanten Funktionen. Dieser Raum hat die Dimension 1, der Eigenwert $\lambda = 0$ hat also die Vielfachheit 1. Für $\lambda > 0$ ist nach Beispiel 2.5 (mit $\delta = 0$ und $\omega_0 = \sqrt{\lambda}$)

$$y = C_1 \cos \sqrt{\lambda}x + C_2 \sin \sqrt{\lambda}x \tag{8.36}$$

die allgemeine Lösung von (8.34). Einsetzen der Randbedingungen führt zu dem linearen homogenen Gleichungssystem

$$0 \cdot C_1 + 2\sin \sqrt{\lambda}\pi \cdot C_2 = 0$$
$$-2\sqrt{\lambda}\sin \sqrt{\lambda}\pi \cdot C_1 + 0 \cdot C_2 = 0 \tag{8.37}$$

für $C_1$ und $C_2$. Nichttriviale Lösungen $y$ der Eigenwertaufgabe existieren genau dann, wenn dieses lineare homogene Gleichungssystem für $C_1$ und $C_2$ nichttriviale Lösungen besitzt. Das ist, wie aus der linearen Algebra bekannt ist, genau dann der Fall, wenn die *Koeffizientendeterminante* verschwindet (s. [MSV]):

$$\begin{vmatrix} 0 & 2\sin \sqrt{\lambda}\pi \\ -2\sqrt{\lambda}\sin \sqrt{\lambda}\pi & 0 \end{vmatrix} = 0,$$

d. h. $\sin \sqrt{\lambda}\pi = 0$.

Hiermit haben wir die *Eigenwertgleichung* im Fall $\lambda > 0$ gefunden. Ihre Lösungen

$$\lambda = \lambda_n = n^2 \qquad (n = 1, 2, 3, \ldots)$$

sind die Eigenwerte. Zur Berechnung der zugehörigen Eigenfunktionen müssen wir das Gleichungssystem (8.37) für die Eigenwerte $\lambda = n^2$ lösen. Dieses Gleichungssystem lautet dann

$$0 \cdot C_1 + 0 \cdot C_2 = 0$$
$$0 \cdot C_1 + 0 \cdot C_2 = 0$$

mit der Lösung $C_1$ beliebig, $C_2$ beliebig. Es sind also alle Funktionen

$$y = C_1 \sin nx + C_2 \cos nx \tag{8.38}$$

mit $y \not\equiv 0$ die Eigenfunktion zum Eigenwert $\lambda = n^2$. Der zugehörige Eigenraum besteht aus allen Funktionen (8.38) einschließlich $y \equiv 0$. Er hat die Dimension 2, also haben alle Eigenwerte $\lambda = n^2$ $(n = 1, 2, 3, \ldots)$ die Vielfachheit 2. Eigenwertaufgaben mit $L(y) = -y''$ - wie im Beispiel 8.7 - heißen *Fouriersche Eigenwertaufgaben*.

**Aufgabe 8.8**  Für die Fouriersche Eigenwertaufgabe

$$-y'' = \lambda y,$$

$$y(0) = 0, \; y(l) = 0$$

im Intervall $0 \leq x \leq l$ $(l > 0)$ sind die reellen Eigenwerte mit ihren Eigenfunktionen und Vielfachheiten zu bestimmen.

Im Beispiel 8.7 und in der Aufgabe 8.8 wurden nur reelle Eigenwerte betrachtet. Wir werden im Abschnitt 8.2.3 sehen, daß beide Eigenwertaufgaben auch nur reelle Eigenwerte besitzen.

Anwendungen finden die Eigenwertaufgaben für gewöhnliche Differentialgleichungen vor allem bei *Stabilitäts- und Knickproblemen* (Beispiele 1.14 und 2.6), bei *partiellen Differentialgleichungen* (Beispiel 2.7, s. [HEU] und [MWA]), in der *Quantentheorie* (s. [GRI]) und auch bei tiefergehenden Untersuchungen solcher linearer Operatoren $L$ selbst in der sogenannten *Spektraltheorie* (s. [GRI]). In allen diesen Gebieten sind in der überwiegenden Mehrheit der Fälle die *Eigenwerte reell.*

Es sei noch erwähnt, daß dabei auch Eigenwertaufgaben auftreten, bei denen nicht alle für (8.32), (8.33) gemachten Voraussetzungen erfüllt sind. Man vergleiche dazu die Ausführungen am Ende des Abschnittes 8.1.1. Auch kann es vorkommen, daß das betrachtete Intervall nicht beschränkt ist.

## 8.2.2  Vergleichsfunktionen und Skalarprodukte

In diesem Abschnitt führen wir weitere Begriffe ein, deren Bedeutung in den Abschnitten 8.2.3 und 8.2.4 ersichtlich wird.

Gegeben ist wieder die Eigenwertaufgabe (8.32), (8.33). Da die Eigenfunktionen Lösungen der Differentialgleichung sind, liegt es nahe, den Differentialoperator $L$ für solche Funktionen zu betrachten, welche den Randbedingungen genügen.

---

**Definition 8.6**    *Eine auf $a \leq x \leq b$ definierte, reell- oder komplexwertige Funktion $u = u(x)$ heißt V e r g l e i c h s f u n k t i o n für (8.32), (8.33), wenn sie n-mal stetig differenzierbar ist und die Randbedingungen (8.33) erfüllt:*

$$U_\mu(u) = 0 \quad (\mu = 1, \ldots, n).$$

---

Eine Eigenfunktion ist als Lösung der Differentialgleichung $n$-mal differenzierbar, und ihre $n$-te Ableitung ist wegen der Stetigkeit der Koeffizienten und wegen $a_n(x) \neq 0$ auch stetig, also gilt:
*Jede Eigenfunktion ist auch Vergleichsfunktion.*

Wegen der Homogenität der Randbedingungen folgt aus (8.5) sofort:
*Die Vergleichsfunktionen bilden einen linearen Raum.*

Beim Aufbau der Theorie der Eigenwertaufgaben erweisen sich die im folgenden definierten Skalarprodukte für auf $a \leq x \leq b$ definierte, reell- oder komplexwertige Funktionen $u = u(x)$ und $v = v(x)$ als außerordentlich wichtig. Der Stern * bedeutet dabei den Übergang zur konjugiert komplexen Zahl, also $(a + ib)^* = a - ib$ für reelle Zahlen $a$ und $b$.

---

**Definition 8.7**

$$< u, v >:= \int_a^b (u(x))^* v(x)\,\mathrm{d}x$$

*heißt S k a l a r p r o d u k t,*

$$< u, v >_\rho := \int_a^b \rho(x)(u(x))^* v(x)\,\mathrm{d}x$$

*heißt S k a l a r p r o d u k t    m i t    G e w i c h t s f u n k t i o n    $\rho$    der Funktionen u und v.*

---

Für stetige Funktionen existieren wegen der Stetigkeit der Integranden die beiden Skalarprodukte. Sind $u, v$ und $w$ stetig auf $a \leq x \leq b$, so gilt:

$$< u, u > \geq 0, \tag{8.39}$$

$$< u, u > = 0 \quad \text{genau dann, wenn} \quad u(x) \equiv 0 \quad \text{gilt,} \tag{8.40}$$

$$< u, v >^* = < v, u >, \tag{8.41}$$

$$< u, \alpha v > = \alpha < u, v >, \ < \alpha u, v > = \alpha^* < u, v > \quad (\alpha \text{ konstant}), \tag{8.42}$$

$$< u + v, w > = < u, w > + < v, w >, \quad < u, v + w > = < u, v > + < u, w > .$$
$$(8.43)$$

Für das Skalarprodukt mit Gewichtsfunktion $\rho$ gelten völlig analoge Formeln mit $<, >_\rho$ statt $<, >$ . Der Beweis dieser Regeln ergibt sich sofort aus einfachen bekannten Eigenschaften bestimmter Integrale, bei (8.40) ist noch die Stetigkeit von $u$ mit heranzuziehen. Erst auf Grund von (8.39) bis (8.43) ist es im Sinne moderner Begriffbildungen korrekt, bei $<, >$ und $<, >_\rho$ von Skalarprodukten zu sprechen (s. [GRI]).

In Analogie zum Skalarprodukt von Vektoren des $\mathbb{R}^3$ oder allgemeiner des $\mathbb{R}^n$ trifft man die

---

**Definition 8.8**    *Die Funktionen $u$ und $v$ heißen zueinander o r t h o - g o n a l, wenn*

$$< u, v > = 0$$

*gilt.*
*Sie heißen zueinander $\rho$-o r t h o g o n a l, wenn*

$$< u, v >_\rho = 0$$

*gilt.*

---

## 8.2.3  Hermitesche Differentialoperatoren

Am Ende von Abschnitt 8.2.1 wurde auf die Bedeutung von Eigenwertaufgaben hingewiesen, deren Eigenwerte reell sind. Mit solchen Eigenwertaufgaben wollen wir uns jetzt beschäftigen.

Gegeben ist wieder die Eigenwertaufgabe (8.32), (8.33). Wir merken zunächst an, daß für Vergleichsfunktionen $u$ und $v$ die Skalarprodukte $< L(u), v >$ und $< u, L(v) >$ wegen der Stetigkeit von $u, v, L(u)$ und $L(v)$ existieren.

---

**Definition 8.9**    *Der Differentialoperator $L$ aus (8.32) heißt h e r m i - t e s c h bez. der Randbedingungen (8.33), wenn*

$$< L(u), v > = < u, L(v) >$$

*für alle Vergleichsfunktionen $u$ und $v$ gilt.*

---

Statt hermitesch sagt man auch *symmetrisch*. Gelegentlich nennt man hermitesche Differentialoperatoren auch selbstadjungierte Differentialoperatoren.

Hiervon ist abzuraten, denn erstens ist diese Sprechweise im Sinne moderner Begriffsbildungen nicht ganz korrekt (s. [GRI]), und zweitens besteht die Gefahr der Verwechslung mit selbstadjungierten Differentialausdrücken gemäß Abschnitt 8.1.3.

Zur Feststellung, ob ein Differentialoperator $L$ hermitesch ist bez. gegebener Randbedingungen, ist es sehr vorteilhaft, die Skalarprodukte aus Definition 8.9 durch partielle Integration umzuformen und im integralfreien Glied die Randbedingungen einzubauen. In den meisten Fällen verschwindet dadurch das integralfreie Glied.

**Beispiel 8.8**  Im Beispiel 8.7 betrachteten wir die Eigenwertaufgabe

$$-y'' = \lambda y,$$

$$y(-\pi) = y(\pi), \ y'(-\pi) = y'(\pi).$$

Für Vergleichsfunktionen $u$ und $v$ formen wir die Skalarprodukte aus Definition 8.9 durch partielle Integration um:

$$< L(u), v > \ = \ -\int_{-\pi}^{\pi} (u''(x))^* v(x)\mathrm{d}x = -(u'(x))^* v(x) \left. \right|_{-\pi}^{\pi}$$
$$+ \int_{-\pi}^{\pi} (u'(x))^* v'(x)\mathrm{d}x.$$

Dabei haben wir benutzt, daß der Übergang zur konjugiert komplexen Funktion offenbar mit der Differentiation vertauscht werden darf. Die Randbedingungen ergeben $(u'(\pi))^* v(\pi) = (u'(-\pi))^* v(-\pi)$, so daß das integralfreie Glied verschwindet. Wir erhalten

$$< L(u), v > = \int_{-\pi}^{\pi} (u'(x))^* v'(x)\mathrm{d}x.$$

Eine völlig analoge Rechnung liefert ebenfalls

$$< u, L(v) > = \int_{-\pi}^{\pi} (u'(x))^* v'(x)\mathrm{d}x.$$

Es gilt also $< L(u), v > = < u, L(v) >$, d. h., der Operator $L = -\frac{\mathrm{d}^2}{\mathrm{d}x^2}$ ist bez. der obigen Randbedingungen hermitesch.

**Aufgabe 8.9**  Man zeige, daß der Differentialoperator $L$ von Aufgabe 8.8 bez. der dortigen Randbedingungen hermitesch ist.

**Aufgabe 8.10**  Man zeige, daß in (2.55) der Differentialoperator $L$ mit $L(W) = (EJW'')''$ bez. der folgenden Randbedingungen hermitesch ist. Die Biegesteifigkeit $EJ(x)$ sei dabei zweimal stetig differenzierbar.

a)  $W(0) = 0$, $W''(0) = 0$, $W(l) = 0$, $W''(l) = 0$,

b)  $W(0) = 0$, $W'(0) = 0$, $W(l) = 0$, $W'(l) = 0$,

c)  $W(0) = 0$, $W'(0) = 0$, $W''(l) =$, $W'''(l) = 0$,

d)  $W(0) = 0$, $W'(0) = 0$, $W(l) = 0$, $W''(l) = 0$.

Wie die beiden folgenden Sätze zeigen, besitzen hermitesche Differentialoperatoren besonders angenehme Eigenschaften.

---

**Satz 8.7**   *Für die Eigenwertaufgabe* (8.32), (8.33) *sei der Differentialoperator L h e r m i t e s c h bez. der Randbedingungen. Dann sind a l l e E i g e n w e r t e   r e e l l.*

---

Zum Beweis nehmen wir einen Eigenwert $\lambda$ mit einer zugehörigen Eigenfunktion $y$. Da $L$ hermitesch ist und Eigenfunktionen auch Vergleichsfunktionen sind, gilt insbesondere $< L(y), y > = < y, L(y) >$ . Wegen $L(y) = \lambda \rho y$ erhalten wir unter Beachtung von (8.42):

$$
\begin{aligned}
0 &= \; < L(y), y > - < y, L(y) > = < \lambda \rho y, y > - < y, \lambda \rho y > \\
&= \lambda^* < \rho y, y > - \lambda < y, \rho y > = (\lambda^* - \lambda) < y, y >_\rho \, .
\end{aligned}
$$

Wegen (8.40) für das Skalarprodukt mit Gewichtsfunktion gilt $< y, y >_\rho \neq 0$, da $y$ als Eigenfunktion nicht identisch verschwindet. Es folgt $\lambda^* - \lambda = 0$, d. h. $\lambda = \lambda^*$. Der Eigenwert $\lambda$ ist also reell. Damit ist Satz 8.7 bewiesen.

Im Beispiel 8.7 und in der Aufgabe 8.8 wurden nur reelle Eigenwerte betrachtet. Mittels Satz 8.7 erkennen wir aus Beispiel 8.8 und Aufgabe 8.9, daß tatsächlich alle Eigenwerte reell sind.

---

**Satz 8.8**   *Für die Eigenwertaufgabe* (8.32), (8.33) *sei der Differentialoperator L h e r m i t e s c h bez. der Randbedingungen. Dann sind zu verschiedenen Eigenwerten gehörige E i g e n f u n k t i o n e n   z u e i n a n d e r $\rho$-o r t h o g o n a l.*

---

Auch hier ist der Beweis nicht schwer. Wir betrachten dazu zwei verschiedene Eigenwerte $\lambda_1$ und $\lambda_2$. Es sei weiter $y_1$ eine Eigenfunktion für $\lambda_1$ und $y_2$ eine Eigenfunktion für $\lambda_2$. Weil $L$ hermitesch ist bez. der Randbedingungen und $y_1$ und $y_2$ als Eigenfunktionen auch Vergleichsfunktionen sind, folgt unter Beachtung von (8.42):

$$
\begin{aligned}
0 &= \; < L(y_1), y_2 > - < y_1, L(y_2) > = < \lambda_1 \rho y_1, y_2 > \\
&\quad - < y_1, \lambda_2 \rho y_2 > = (\lambda_1^* - \lambda_2) < y_1, y_2 >_\rho \, .
\end{aligned}
$$

Nun sind nach Satz 8.7 die Eigenwerte reell; es gilt also $\lambda_1^* = \lambda_1$. Es folgt $\lambda_1^* - \lambda_2 \neq 0$ und damit $< y_1, y_2 >_\rho = 0$. Satz 8.8 ist bewiesen.

Zu den Sätzen 8.7 und 8.8 gibt es - wie der Leser vielleicht weiß - analoge Aussagen in der Eigenwerttheorie hermitescher Matrizen (s. [MSV]). Dies ist kein Zufall. Bezeichnet man nämlich das komplexe Skalarprodukt aus [MSV] von zwei $n$-dimensionalen Vektoren $\mathbf{a} = (a_1, \ldots, a_n)$ und $\mathbf{b} = (b_1, \ldots, b_n)$ mit $< \mathbf{a}, \mathbf{b} >$, also $< \mathbf{a}, b >= \sum_{k=1}^{n} a_k^* b_k$, so gilt - wie leicht nachzurechnen ist - die folgende Aussage:

*Die $(n, n)$-Matrix $\mathbf{A}$ ist genau dann hermitesch im Sinne der Matrizentheorie, wenn $< \mathbf{A}\mathbf{a}, \mathbf{b} >=< \mathbf{a}, \mathbf{A}\mathbf{b} >$ gilt für alle $n$-dimensionalen Vektoren $\mathbf{a}$ und $\mathbf{b}$.*

### 8.2.4  Sturm-Liouvillesche Eigenwertaufgaben

Im Abschnitt 8.1.3 haben wir Sturmsche Randwertaufgaben betrachtet. Jetzt befassen wir uns mit zugehörigen Eigenwertaufgaben.

Dazu seien im Intervall $a \leq x \leq b$ der selbstadjungierte Differentialausdruck

$$L(y) = -(p(x)y')' + q(x)y \tag{8.44}$$

und eine Gewichtsfunktion $\rho(x)$ gegeben. Dabei sollen folgende Voraussetzungen gelten (vgl. (8.22)):

$$\left.\begin{array}{ll} p, q \ \text{ und } \ \rho \ \text{ sind reell,} \\ p \ \text{ ist stetig differenzierbar mit } \ p(x) > 0, \\ q \ \text{ und } \ \rho \ \text{ sind stetig mit } \ \rho(x) > 0. \end{array}\right\} \tag{8.45}$$

---

**Definition 8.10**    *Die lineare Eigenwertaufgabe, bestehend aus der Differentialgleichung*

$$- (p(x)y')' + q(x)y = \lambda \rho(x)y \tag{8.46}$$

*mit den Voraussetzungen (8.45) und den Randbedingungen*

$$\begin{array}{l} \alpha_1 y(a) + \alpha_2 y'(a) = 0, \\ \beta_1 y(b) + \beta_2 y'(b) = 0 \end{array} \tag{8.47}$$

*mit $|\alpha_1| + |\alpha_2| > 0$, $|\beta_1| + |\beta_1| > 0$ und reellen $\alpha_1, \alpha_2, \beta_1, \beta_2$, heißt S t u r m - L i o u v i l l e s c h e  E i g e n w e r t a u f g a b e.*

Es ist klar, daß (8.46), (8.47) eine spezielle lineare Eigenwertaufgabe der Gestalt (8.32), (8.33) für $n = 2$ ist. Das Besondere daran ist, daß unter den Voraussetzungen (8.45) die linke Seite der Differentialgleichung (8.46) ein *selbstadjungierter Differentialausdruck* ist und daß die *Randbedingungen getrennt* sind, d. h., in jeder Randbedingung tritt nur ein Randpunkt auf.

**Beispiel 8.9**   Die Fouriersche Eigenwertaufgabe

$$-y'' = \lambda y$$

$$y(0) = 0, \ y(l) = 0$$

aus Aufgabe 8.8 ist eine Sturm-Liouvillesche Eigenwertaufgabe mit
$p(x) \equiv 1, \ q(x) \equiv 0, \ \rho(x) \equiv 1, \ a = 0, \ b = l, \ \alpha_1 = 1, \ \alpha_2 = 0, \ \beta_1 = 1, \ \beta_2 = 0$.

**Aufgabe 8.11**   Ist (8.34), (8.35) aus Beispiel 8.7 eine Sturm-Liouvillesche Eigenwertaufgabe?

Die Sturm-Liouvilleschen Eigenwertaufgaben bilden eine besonders wichtige Klasse von Eigenwertaufgaben mit einer gut ausgebauten Theorie. Zunächst stellen wir fest, daß sie sich inhaltlich an Abschnitt 8.2.3 anschließen.

---

**Satz 8.9**   *Der Differentialoperator $L$ mit*

$$L(y) = -(p(x)y')' + q(x)y$$

*aus (8.46) ist h e r m i t e s c h bez. der Randbedingungen (8.47).*

---

Wegen der Sätze 8.7 und 8.8 besitzt also eine Sturm-Liouvillesche Eigenwertaufgabe *nur reelle Eigenwerte,* und für verschiedene Eigenwerte sind zugehörige *Eigenfunktionen zueinander $\rho$-orthogonal.*

Um den Satz 8.9 zu beweisen, notieren wir zunächst die *Lagrangesche Identität:*

$$< L(u), v > - < u, L(v) > = [-pu'^* v + pu^* v']_a^b \tag{8.48}$$

für $L$ aus (8.44) und zweimal stetig differenzierbare Funktionen $u$ und $v$. Dies läßt sich leicht mittels partieller Integration zeigen.

**Aufgabe 8.12**   Man beweise die Langrangesche Identität.

Wegen (8.48) und Definition 8.9 haben wir nur noch nachzuweisen, daß $[-pu'^* v + pu^* v']_a^b$ für Vergleichsfunktionen $u$ und $v$ verschwindet. In den Randbedingungen (8.47) gilt nach Voraussetzung $\alpha_1 \neq 0$ oder $\alpha_2 \neq 0$. Es sei etwa $\alpha_2 \neq 0$. Für die Vergleichsfunktionen $u$ und $v$ folgt dann $u'(a) = \gamma u(a)$ und $v'(a) = \gamma v(a)$ mit $\gamma = -\frac{\alpha_1}{\alpha_2}$. Da $\gamma$ reell ist, hat somit $-pu'^*v + pu^*v'$ an der Stelle $a$ den Wert $p(a)(-\gamma(u(a))^*v(a)+\gamma(u(a))^*v(a)) = 0$. Im Fall $\alpha_1 \neq 0$ ergibt sich völlig analog ebenfalls der Wert 0. Die gleiche Überlegung für $b$ liefert, daß $-pu'^*v + pu^*v'$ auch an der Stelle $b$ verschwindet. Damit ist Satz 8.9 bewiesen. Übrigens erkennt man am Beweis, daß die Positivität von $p(x)$ hier noch nicht benötigt wird.

Von folgenträchtiger Bedeutung ist, daß die Sturm-Liouvilleschen Eigenwertaufgaben auf Integralgleichungen zurückgeführt werden können. Es sei zunächst $\lambda = 0$ kein Eigenwert von (8.46), (8.47). Dann besitzt die homogene Randwertaufgabe

$$-(p(x)y')' + q(x)y = 0$$

mit den Randbedingungen (8.47) nur die triviale Lösung. Nach den Sätzen 8.1 und 8.4 existiert die zugehörige Greensche Funktion $G(x, \tilde{x})$. Die Eigenwertaufgabe (8.46), (8.47) ist daher äquivalent zur Integralgleichung

$$y(x) = \lambda \int_a^b G(x, \tilde{x})\rho(\tilde{x})y(\tilde{x})d\tilde{x}.$$

Dies ist eine *lineare Integralgleichung 2. Art* für $y$ (s. [GRI]), auch *Fredholmsche Integralgleichung* genannt. Der Fall, daß $\lambda = 0$ ein Eigenwert ist, läßt sich durch eine Verschiebung auf der $\lambda$-Achse leicht auf obigen Fall zurückführen. Lineare Integralgleichungen 2. Art sind in vieler Hinsicht leichter zugänglich als lineare Differentialgleichungen. Es gibt für sie eine weit ausgebaute und abgerundete Theorie. Deren Anwendung liefert dann u. a. die folgenden Sätze, die wir ohne Beweis angeben.

Zunächst sei eine schöne Aussage über die Menge der Eigenwerte, die auch *Punktspektrum* oder *diskretes Spektrum* heißt, genannt.

---

**Satz 8.10**   *Die Sturm-Liouvillesche Eigenwertaufgabe (8.46), (8.47) besitzt u n e n d l i c h   v i e l e   E i g e n w e r t e . Diese lassen sich als monoton wachsende Folge*

$$\lambda_1 < \lambda_2 < \lambda_3 < \dots$$

*schreiben mit*

$$\lim_{n \to \infty} \lambda_n = +\infty.$$

*Jeder Eigenwert ist e i n f a c h .*

---

Insbesondere kann es also *nur endlich viele negative Eigenwerte* geben.

Bei der Behandlung von linearen partiellen Differentialgleichungen mit der *Fourierschen Methode* ist die Entwicklung von Funktionen nach Eigenfunktionen wichtig (s. [HEU]), ([MWA]). Zur Formulierung eines diesbezüglichen Satzes verwenden wir die

---

**Definition 8.11**   *Eine Folge von reell- oder komplexwertigen Funktionen $z_1, z_2, z_3, \ldots$ auf $a \leq x \leq b$ heißt (abzählbares) $\rho$-O r t h o - n o r m a l s y s t e m, wenn*

$$< z_j, z_k >_\rho = \delta_{ik}$$

*gilt.*

---

Es sei $\tilde{y}_n$ $(n = 1, 2, 3, \ldots)$ eine Eigenfunktion zum Eigenwert $\lambda_n$ aus Satz 8.10. Dann ist auch

$$y_n = \frac{\tilde{y}_n}{\sqrt{< \tilde{y}_n, \tilde{y}_n >_\rho}} \tag{8.49}$$

eine Eigenfunktion zum Eigenwert $\lambda_n$. Es sei dabei noch angemerkt, daß wegen der Eigenschaften (8.39) und (8.40) für Skalarprodukte gesichert ist, daß $< \tilde{y}_n, \tilde{y}_n >_\rho > 0$ gilt. Für diese $y_n$ folgt nach (8.42)

$$< y_n, y_n >_\rho = \left\langle \frac{\tilde{y}_n}{\sqrt{< \tilde{y}_n, \tilde{y}_n >_\rho}}, \frac{\tilde{y}_n}{\sqrt{< \tilde{y}_n, \tilde{y}_n >_\rho}} \right\rangle_\rho = \frac{< \tilde{y}_n, \tilde{y}_n >_\rho}{< \tilde{y}_n, \tilde{y}_n >_\rho} = 1.$$

Eine Funktion $y$ mit $< y, y >_\rho = 1$ heißt *normiert* (bez. des Skalarproduktes $<, >_\rho$). Die $y_n$ sind also *normierte Eigenfunktionen*. Da nun, wie wir gesehen haben, bei den Sturm-Liouvilleschen Eigenwertaufgaben Eigenfunktionen, die zu verschiedenen Eigenwerten gehören, zueinander $\rho$-orthogonal sind, erhalten wir:

$$\begin{aligned} &\textit{Die Eigenfunktionen } y_n \ (n = 1, 2, 3, \ldots) \textit{ aus (8.49) bilden} \\ &\textit{ein } \rho - \textit{Orthonormalsystem.} \end{aligned} \tag{8.50}$$

**Bemerkung 8.2**   Sind $y_1, y_2, y_3, \ldots$ und $z_1, z_2, z_3, \ldots$ zwei solche $\rho-$Orthonormalsysteme (8.50) von Eigenfunktionen der Aufgabe (8.46), (8.47), so gilt $z_n = \gamma_n y_n$ mit reellen oder auch komplexen Konstanten $\gamma_n$ vom Betrag 1.

**Aufgabe 8.13**   Man beweise die Bemerkung 8.2.
Anleitung: Alle Eigenwerte sind einfach.

**Bemerkung 8.3**  Da die Eigenwerte reell sind, sind für einen Eigenwert $\lambda$ alle Koeffizienten in (8.46) reell. In (8.47) sind die dortigen Koeffizienten ebenfalls reell. Damit läßt sich unschwer erkennen, daß mit einer Eigenfunktion $y$ auch $\mathrm{Re}(y)$ und $\mathrm{Im}(y)$ Lösungen der Eigenwertaufgabe sind. Hieraus folgt, daß es insbesondere ein $\rho$-Orthornormalsystem (8.50) von *reellen Eigenfunktion* gibt. Sind $y_1, y_2, y_3, \ldots$ und $z_1, z_2, z_3, \ldots$ in Bemerkung 8.2 reell, so gilt offenbar $\gamma_n = 1$ oder $\gamma_n = -1$.

**Beispiel 8.10**  Die Sturm-Liouvillesche Eigenwertaufgabe aus Aufgabe 8.8 und Beispiel 8.9 besitzt die unendlich vielen Eigenwerte $\lambda_n = \frac{n^2\pi^2}{l^2}$ $(n = 1, 2, 3, \ldots)$. Diese bilden eine monoton wachsende Folge mit $\lim\limits_{n\to\infty} \lambda_n = +\infty$. Zum Eigenwert $\lambda_n$ gehören die Eigenfunktionen $\tilde{y}_n = C \sin \frac{n\pi}{l}x$ mit $C \neq 0$. Die Eigenwerte sind - wie es nach Satz 8.10 auch sein muß - einfach. Wegen $\rho(x) \equiv 1$ gilt

$$< \tilde{y}_n, \tilde{y}_n >_\rho = \int_0^l |C|^2 \sin^2 \frac{n\pi}{l} x \mathrm{d}x = \frac{|C|^2 l}{2}.$$

Wählen wir $C = 1$, so erhalten wir die reellen normierten Eigenfunktionen $y_n = \sqrt{\frac{2}{l}} \sin \frac{n\pi}{l}x$. Diese bilden dann also ein $\rho-$Orthonormalsystem (8.50) von Eigenfunktionen:

$$< y_j, y_k >_\rho = \frac{2}{l} \int_0^l \sin \frac{j\pi}{l} x \sin \frac{k\pi}{l} x \mathrm{d}x = \delta_{jk}.$$

Nun zur angekündigten Entwicklung von Funktionen nach Eigenfunktionen. Es gilt hierfür folgender *Entwicklungssatz*.

---

**Satz 8.11**  *Für die Sturm-Liouvillesche Eigenwertaufgabe (8.46), (8.47) sei $y_1, y_2, y_3, \ldots$ ein $\rho$-Orthonormalsystem (8.50) von Eigenfunktionen. Dann läßt sich jede Vergleichsfunktion $u$ auf $a \leq x \leq b$ nach den Eigenfunktionen entwickeln:*

$$u(x) = \sum_{n=1}^{\infty} c_n y_n(x).$$

*Diese Reihe ist auf $a \leq x \leq b$ absolut und gleichmäßig konvergent. Die Koeffizienten $c_n$ sind dabei eindeutig bestimmt mit*

$$c_n = < y_n, u >_\rho .$$

---

Die absolute Konvergenz bedeutet bekanntlich, daß nicht nur $\sum\limits_{n=1}^{\infty} c_n y_n(x)$ für jedes $x$ mit $a \leq x \leq b$ konvergiert, sondern sogar $\sum\limits_{n=1}^{\infty} |c_n y_n(x)|$. Zum Begriff der gleichmäßigen Konvergenz sei auf [SCE] verwiesen. Die Koeffizienten $c_n$ heißen *Fourierkoeffizienten* der Entwicklung. Die Hauptlast des Beweises von Satz 8.11 liegt beim Nachweis der Existenz der Entwicklung. Die Formel für die Fourierkoeffizienten ist dann eine leichte Folgerung, wie die nachstehende Rechnung zeigt:

$$< y_n, u >_\rho \; = \; < y_n, \sum_{k=1}^{\infty} c_k y_k >_\rho = \sum_{k=1}^{\infty} c_k < y_n, y_k >_\rho$$

$$= \; \sum_{k=1}^{\infty} c_k \delta_{nk} = c_n.$$

Die dabei benötigte Vertauschung von Integration und Summation ist wegen der gleichmäßigen Konvergenz erlaubt (s. [SCE]).

**Beispiel 8.11**   In Fortführung von Beispiel 8.10 sei $u$ eine Vergleichsfunktion dieser Aufgabe, also eine auf $0 \leq x \leq l$ zweimal stetig differenzierbare Funktion mit $u(0) = u(l) = 0$. Nach Satz 8.11 läßt sich $u$ in eine auf $0 \leq x \leq l$ absolut und gleichmäßig konvergente Reihe

$$u(x) = \sum_{n=1}^{\infty} c_n \sqrt{\frac{2}{l}} \sin \frac{n\pi}{l} x$$

entwickeln mit

$$c_n = \sqrt{\frac{2}{l}} \int_0^l u(x) \sin \frac{n\pi}{l} \mathrm{d}x.$$

Für $b_n = \sqrt{\frac{2}{l}} c_n$ heißt das

$$u(x) = \sum_{n=1}^{\infty} b_n \sin \frac{n\pi}{l} x,$$

wobei

$$b_n = \frac{2}{l} \int_0^l u(x) \sin \frac{n\pi}{l} \mathrm{d}x$$

gilt. Dies ist nichts anderes als die Entwicklung von $u$ in eine Fourierreihe nur mit Sinusgliedern. Allerdings sind bei der klassischen Fourierentwicklung - wie etwa in [SCE] - die Voraussetzungen und die Art der Konvergenz etwas anders als bei Anwendung des Satzes 8.11.

**Aufgabe 8.14**   Man entwickle $u(x) = lx - x^2$ im Intervall $0 \leq x \leq l$ nach den Eigenfunktionen von Beispiel 8.11.

**Aufgabe 8.15**    Gegeben ist die Eigenwertaufgabe

$$-x^2 y'' - x y' = \lambda y,$$

$$y(1) = 0, \ y(\mathrm{e}) = 0.$$

a) Man gebe eine zu dieser Aufgabe äquivalente Sturm-Liouvillesche Eigenwertaufgabe an. Anleitung: Man beachte den Anfang des Abschnittes 8.1.3.

b) Es sind die Eigenwerte und die Eigenfunktionen zu berechnen.

c) Wie lautet die Entwicklung einer Vergleichsfunktion nach den Eigenfunktionen?

Es gibt noch verschiedene Varianten und Verallgemeinerungen des Entwicklungssatzes. Schöne abgerundete Ergebnisse erhält man durch Anwendung der *Theorie der Hilberträume* (s. [GRI]).

Die Kenntnis von Eigenwerten und Eigenfunktionen ist auch äußerst nützlich für die weitere Untersuchung von Randwertaufgaben.

Es gilt nämlich der

---

**Satz 8.12**    *Es sei* $L$ *der Differentialoperator* (8.44) *der Sturm-Liouvilleschen Eigenwertaufgabe* (8.46), (8.47), *für die* $\lambda = 0$ *kein Eigenwert sei. Dann besitzt die* **G r e e n s c h e   F u n k t i o n** $G(x, \tilde{x})$ *von* $L$ *für die Randbedingungen* (8.47) *die Darstellung*

$$G(x, \tilde{x}) = \sum_{n=1}^{\infty} \frac{1}{\lambda_n} y_n(x) y_n(\tilde{x}).$$

*Dabei ist* $y_1, y_2, y_3, \ldots$ *ein* $\rho$-*Orthonormalsystem* (8.50) *von reellen Eigenfunktionen zu den Eigenwerten* $\lambda_1, \lambda_2, \lambda_3, \ldots$ *aus Satz 8.10.*

---

Diese Entwicklung der Greenschen Funktion nach Eigenfunktionen konvergiert für $a \leq x, \ \tilde{x} \leq b$ sogar absolut und gleichmäßig.

Zum Schluß dieses Abschnittes wenden wir uns nochmals den Eigenwerten zu. Wir beginnen mit der

**Definition 8.12**   *Die Sturm-Liouvillesche Eigenwertaufgabe* (8.46), (8.47) *heißt p o s i t i v   d e f i n i t oder v o l l d e f i n i t, wenn*

$$< L(u), u >> 0$$

*gilt für alle Vergleichsfunktionen u mit* $u(x) \not\equiv 0$.

Es sei $\lambda$ ein Eigenwert mit der Eigenfunktion $y$. Dann gilt

$$< L(y), y >=< \lambda \rho y, y >= \lambda^* < y, y >_\rho = \lambda < y, y >_\rho,$$

da $\lambda$ reell ist. Wegen $< y, y >_\rho > 0$ lesen wir ab:

*Eine positiv definite Sturm-Liouvillesche Eigenwertaufgabe besitzt nur positive Eigenwerte.*

Die Untersuchung einer Aufgabe auf positive Definitheit kann oft leicht durch partielle Integration von $< L(u), u >$ erfolgen.

**Aufgabe 8.16**   Für (8.46), (8.47) sei $q(x) > 0$ und $pu'^* u|_a^b = 0$ für alle Vergleichsfunktionen $u$. Man zeige, daß die Eigenwertaufgabe positiv definit ist.

**Definition 8.13**   *Es sei u mit* $u(x) \not\equiv 0$ *eine Vergleichsfunktion der Sturm-Liouvilleschen Eigenwertaufgabe* (8.46), (8.47). *Dann heißt*

$$R(u) = \frac{< L(u), u >}{< u, u >_\rho}$$

*R a y l e i g h s c h e r   Q u o t i e n t von u.*

Die kurze Rechnung nach Definition 8.12 zeigt:

*Für eine Eigenfunktion y zum Eigenwert $\lambda$ gilt* $R(y) = \lambda$.

Wir nennen noch den für numerische Verfahren zur Berechnung des kleinsten Eigenwertes wichtigen

**Satz 8.13**   *Die Sturm-Liouvillesche Eigenwertaufgabe* (8.46), (8.47) *sei positiv definit. Dann besitzt der R a y l e i g h s c h e   Q u o t i e n t R(u) ein Minimum auf der Menge der Vergleichsfunktionen u mit* $u(x) \not\equiv 0$. *Dieses M i n i m u m ist der k l e i n s t e   E i g e n w e r t* $\lambda_1$:

$$\lambda_1 = \min_u R(u).$$

**Bemerkung 8.4**    Man kann zeigen, daß Satz 8.13 auch für die Eigenwertaufgabe (8.32), (8.33) gilt, falls $L$ bez. der Randbedingungen hermitesch und positiv definit ist. Wie in Definition 8.12 für (8.46), (8.47) heißt dabei (8.32), (8.33) positiv definit, wenn $< L(u), u > > 0$ für alle Vergleichsfunktionen $u$ mit $u(x) \not\equiv 0$ gilt.

Dieser Satz ist Ausgangspunkt zur numerischen Berechnung des kleinsten Eigenwertes mit Hilfe des *Ritzschen Verfahrens*. Auch alle anderen Eigenwerte lassen sich durch *Extremalprinzipien* für den Rayleighschen Quotienten charakterisieren.

**Aufgabe 8.17**    In (2.55) ist der Differentialoperator $L$ mit $L(W) = (EJW'')''$ bez. der Randbedingungen $W(0) = 0, W'(0) = 0, W(l) = 0, W'(l) = 0$ hermetisch wegen Aufgabe 8.10 b).

a) Man zeige, daß $L$ bez. der obigen Randbedingungen positiv definit ist.

b) Insbesondere sind damit für $W'''' = \lambda W$ mit obigen Randbedingungen die Voraussetzungen der Bemerkung 8.4 erfüllt. Man bestimme ein Polynom $u$ mit $u(x) \not\equiv 0$ von möglichst niedrigem Grade, das Vergleichsfunktion dieser Eigenwertaufgabe ist, und berechne den zugehörigen Rayleighschen Quotienten $R(u)$. Wegen Bemerkung 8.4 ist $R(u)$ eine obere Schranke für den kleinsten Eigenwert $\lambda_1$. Man vergleiche $R(u)$ mit $\lambda_1$ aus der Aufgabe 2.12 b).

Große Bedeutung haben ebenfalls die sogenannten *Einschließungssätze*. Sie liefern Aussagen über das Vorliegen von Eigenwerten in gewissen Intervallen.

Für diese weiteren Untersuchungen über Eigenwerte sei auf die Literatur verwiesen (s. [HEU], [KAM]).

# 9 Einführendes über dynamische Systeme

Im Rahmen der Theorie der Differentialgleichungen wird ein Differentialgleichungssystem auch gern *dynamisches System* genannt, wenn die unabhängige Variable die Zeit ist. Die Dynamik als Lehre von zeitlichen Veränderungen stand hierbei Pate für das Attribut dynamisch. Die tatsächliche Berechnung der Lösung „in geschlossener Form" ist häufig sehr schwierig oder gar unmöglich. In diesem Abschnitt wollen wir *andeuten,* wie oftmals durch eine *qualitative Analyse* Aussagen über das Lösungsverhalten gewonnen werden können, ohne die Lösung selbst berechnen zu müssen. Für eine nähere Bekanntschaft mit dieser Sicht auf Differentialgleichungssysteme sei auf die Literatur verwiesen (s. [LKP], [PER]).

## 9.1 Einige Grundbegriffe

Gegeben sei ein *explizites Differentialgleichungssystem n-ter Ordnung* mit $n > 1$ von $m$ reellen Differentialgleichungen für $m$ reelle Funktionen. Nach Satz 1.1 wissen wir, daß ein solches System in ein äquivalentes Differentialgleichungssystem $n$-ter Ordnung von $n$ Differentialgleichungen erster Ordnung für $n$ Funktionen überführt werden kann. Wie dies durchzuführen ist, erkennt man am Beispiel 1.11. Man sieht auch sofort, daß das neue System explizit ist, falls das ursprüngliche System explizit ist. Ist nun die Zeit $t$ die unabhängige Variable und bezeichnen wir die gesuchten reellen Funktionen mit $x_1(t), \ldots, x_n(t)$, erhalten wird das *dynamische System*

$$\dot{x}_\nu = f_\nu(t, x_1, \ldots, x_n) \quad (\nu = 1, \ldots, n) \tag{9.1}$$

mit reellen Funktionen $f_\nu$. Analog zu (1.45) führen wir die Spaltenvektoren

$$\mathbf{x}(t) = \begin{pmatrix} x_1(t) \\ \vdots \\ x_n(t) \end{pmatrix}, \ \dot{\mathbf{x}}(t) = \begin{pmatrix} \dot{x}_1(t) \\ \vdots \\ \dot{x}_n(t) \end{pmatrix}, \mathbf{f}(t, \mathbf{x}) = \begin{pmatrix} f_1(t, x_1, \ldots, x_n) \\ \vdots \\ f_n(t, x_1, \ldots, x_n) \end{pmatrix}$$

ein. Für (9.1) ergibt sich somit die vektorielle Schreibweise

$$\dot{\mathbf{x}} = \mathbf{f}(t, \mathbf{x}). \tag{9.2}$$

**Beispiel 9.1**   Die Differentialgleichung der *freien ungedämpften Schwingung (harmonischer Oszillator)* erhält man aus (2.13) für $\delta = 0$. Schreiben wir $x$ statt $y$, ergibt sich also die Differentialgleichung

$$\ddot{x} + \omega_0^2 x = 0 \tag{9.3}$$

für $x = x(t)$. Wir können (9.3) auch als Differentialgleichungssystem ansehen. Es ist ein System zweiter Ordnung von einer Differentialgleichung für eine Funktion. Setzen wir $x_1 = x$ und $x_2 = \dot{x}$, so geht (9.3) in das äquivalente dynamische System

$$\begin{aligned} \dot{x}_1 &= x_2 \\ \dot{x}_2 &= -\omega_0^2 x_1 \end{aligned} \qquad (9.4)$$

der Gestalt (9.1) über (vgl. Beispiel 1.12). In der vektoriellen Schreibweise (9.2) ist dann

$$\mathbf{f}(t, \mathbf{x}) = \begin{pmatrix} x_2 \\ -\omega_0^2 x_1 \end{pmatrix}.$$

$\mathbf{f}$ hängt hier also nicht explizit von $t$ ab.

Wir setzen voraus, daß in einem Gebiet $B$ des reellen $(n+1)$-dimensionalen $(t, x_1, \ldots, x_n)$-Raumes $\mathbb{R}^{n+1}$ die Funktionen $f_\nu$ stetig sind und dort ihre partiellen Ableitungen $\frac{\partial f_\nu}{\partial x_\mu}$ existieren und ebenfalls stetig sind ($\nu, \mu = 1, \ldots, n$). Nach Satz 5.4 besitzt dann die Anfangswertaufgabe für (9.2) mit der Anfangsbedingung

$$\mathbf{x}(t_0) = \mathbf{x}_0 \qquad (9.5)$$

genau eine Lösung für vorgegebenes $\mathbf{x}_0 = (x_{10}, \ldots, x_{n0})^{\mathrm{T}} \in \mathbb{R}^n$ und $t_0 \in \mathbb{R}$ mit $(t_0, x_{10}, \ldots, x_{n0})^{\mathrm{T}} \in B$.

Der alles Weitere durchdringende Grundgedanke der Betrachtungsweise des dynamischen Systems (9.2) besteht nun in Folgendem. Die durch eine Anfangsbedingung (9.5) festgelegte Lösung $\mathbf{x} = \mathbf{x}(t)$ kann man geometrisch als *Parameterdarstellung*

$$x_1 = x_1(t), \ldots, x_n = x_n(t)$$

einer *Kurve im $(x_1, \ldots, x_n)$-Raum* $\mathbb{R}^n$ auffassen. Dann wird man versuchen, durch das Studium dieser Kurven Erkenntnisse über die Lösungen $\mathbf{x}(t)$ selbst zu erhalten.

---

**Definition 9.1**    *Die eben genannten Kurven in $\mathbb{R}^n$ heißen Trajektorien oder Phasenkurven des dynamischen Systems (9.2). Die Gesamtheit der Trajektorien bildet das Phasenporträt des Systems. Der $\mathbb{R}^n$ heißt in diesem Zusammenhang Phasenraum, und der Vektor $\mathbf{x}(t_1) \in \mathbb{R}^n$ einer Lösung von (9.2) wird Zustand zum Zeitpunkt $t_1$ genannt.*

---

Beschreibt (9.2) ein physikalisch-technisches System, auf das keine äußeren Einflüsse wirken, so ist in den meisten Fällen $\mathbf{f}$ von $t$ unabhängig. Deshalb trifft man die

---

**Definition 9.2**  *Ein dynamisches System der Form*

$$\dot{\mathbf{x}} = \mathbf{f}(\mathbf{x}) \tag{9.6}$$

*heißt a u t o n o m e s   S y s t e m .*

---

Es sei hier angemerkt, daß einige Autoren den Terminus „dynamisches System"
nur dann verwenden, wenn das System autonom ist.

**Aufgabe 9.1**  Gegeben ist für $x = x(t)$ die Differentialgleichung der *erzwungenen gedämpften
Schwingung* (s. Beispiel 2.11)

$$\ddot{x} + 2\delta\dot{x} + \omega_0^2 x = b\cos\omega_1 t.$$

Wie lautet ein dazu äquivalentes dynamisches System (9.2)? Ist dieses System autonom?

Das Phasenporträt eines autonomen Systems besitzt eine wichtige, äußerst angenehme Eigenschaft. Setzen wir wie schon in (9.2) voraus, daß in dem betrach-
teten Gebiet die Funktionen $\frac{\partial f_\nu}{\partial x_\mu}$ $(\nu, \mu = 1, \ldots, n)$ existieren und stetig sind (die
$f_\nu$ sind hier dann auch stetig), so gilt

---

**Satz 9.1**  *Durch jeden Punkt des Phasenraumes des autonomen Systems*
(9.6) *geht h ö c h s t e n s   e i n e   T r a j e k t o r i e .*

---

Zum Beweis betrachten wir eine Trajektorie $T$ mit einer Lösung $\mathbf{x} = \mathbf{x}(t)$ als
Parameterdarstellung. Es sei $\tilde{T}$ eine Trajektorie, die durch einen Punkt $\mathbf{x}(t_1) \in$
$T$ geht. Wir müssen zeigen, daß $\tilde{T} = T$ gilt. $\tilde{T}$ habe eine Lösung $\mathbf{x} = \tilde{\mathbf{x}}(t)$ als
Parameterdarstellung. Wegen $\mathbf{x}(t_1) \in \tilde{T}$ gibt es ein $t_2 \in \mathbb{R}$ mit $\tilde{\mathbf{x}}(t_2) = \mathbf{x}(t_1)$. Da
$t$ in $\mathbf{f}$ nicht explizit vorkommt, ist - der Leser überlege sich dies - mit $\tilde{\mathbf{x}}(t)$ auch
$\tilde{\mathbf{x}}(t+a)$ Lösung für konstantes $a$. Wir setzen speziell $a = t_2 - t_1$. Dann hat $\tilde{\mathbf{x}}(t+a)$
für $t = t_1$ den Wert $\tilde{\mathbf{x}}(t_2)$. Wegen $\tilde{\mathbf{x}}(t_2) = \mathbf{x}(t_1)$ sind somit $\tilde{\mathbf{x}}(t + a)$ und $\mathbf{x}(t)$
Lösungen der selben Anfangswertaufgabe. Nach Satz 5.4 folgt $\tilde{\mathbf{x}}(t + a) = \mathbf{x}(t)$,
und damit gilt also $\tilde{\mathbf{x}}(t) = \mathbf{x}(t - a)$. Da $\mathbf{x}(t)$ und $\mathbf{x}(t - a)$ zwei sich nur um eine
Zeitverschiebung unterscheidende Parametrisierungen von $T$ sind, folgt $\tilde{T} = T$.

Für nichtautonome Systeme ist die Situation komplizierter.  Man kann zeigen, daß bei ihnen im allgemeinen durch jeden Punkt einer Trajektorie unendlich viele weitere Trajektorien verlaufen. Allerdings läßt sich ein nichtautono-
mes System für $x_1(t), \ldots, x_n(t)$ durch Einführung von $x_{n+1}(t)$ mit $x_{n+1}(t) = t$
und der zusätzlichen Differentialgleichung $\dot{x}_{n+1} = 1$ in ein autonomes System
überführen. Dies ist jedoch eine formale Vereinfachung, da sie mit Erhöhung
der Ordnung des Systems um eins erkauft wird.

Obwohl unter den Voraussetzungen von Satz 9.1 jede Trajektorie eines autonomen Systems durch einen ihrer Punkte (Zustände) für Vergangenheit und Zukunft eindeutig festgelegt ist, kann es vorkommen, daß der Verlauf der Trajektorien sehr kompliziert wird, unregelmäßig erscheint und schwer überschaubar ist. Dies ist dann damit gepaart, daß sehr kleine Änderungen in den Anfangsbedingungen im Laufe der Zeit große Unterschiede in den Zuständen bewirken. Denken wir uns z. B. die Anfangswerte mit Meßfehlern behaftet, so wird es trotz Determiniertheit problematisch, über die zeitliche Entwicklung des Systems Voraussagen zu treffen. Man spricht hier - bei weiterer Präzisierung - von einem *deterministischen Chaos*. Solche Effekte können nur bei *nichtlinearen Systemen* auftreten, die keine autonomen Systeme zweiter Ordnung sind. Die tiefergehende Untersuchung und theoretische Durchdringung nichtlinearer Systeme erfordert jedoch mathematische Begriffe und Methoden, die das Anliegen dieses Buches überschreiten.

## 9.2  Autonome Systeme zweiter Ordnung

Allgemein gesprochen sind Systeme niedrigerer Ordnung leichter zu behandeln als Systeme höherer Ordnung. Im einfachsten Fall - dem Fall eines autonomen Systems zweiter Ordnung - können wir sogar bei nicht wenigen konkreten Fällen das Phasenporträt vollständig bestimmen, ohne weiterführende Theorien heranziehen zu müssen.

Wir betrachten das autonome System zweiter Ordnung

$$\dot{x}_1 = f_1(x_1, x_2)$$
$$\dot{x}_2 = f_2(x_1, x_2), \tag{9.7}$$

wobei wir wieder voraussetzen, daß die partiellen Ableitungen $\frac{\partial f_\nu}{\partial x_\mu}$ $(\nu, \mu = 1, 2)$ existieren und stetig sind. Der Phasenraum ist jetzt $\mathbb{R}^2$, geometrisch also eine Ebene, so daß wir von der *Phasenebene* sprechen.

Gilt für einen Punkt $(\xi_1, \xi_2)^T$ der Phasenebene

$$f_1(\xi_1, \xi_2) = 0 \quad \text{und} \quad f_2(\xi_1, \xi_2) = 0,$$

so ist offenbar $x_1(t) \equiv \xi_1$, $x_2(t) \equiv \xi_2$ eine Lösung des Systems (9.7). Da diese Lösung zeitlich konstant ist, nennt man sie eine *stationäre Lösung*. Die zugehörige Trajektorie ist hier zu dem einen Punkt $(\xi_1, \xi_2)^T$ entartet. Dieser heißt auch *Gleichgewichtspunkt* des Systems.

Es sei nun $(\xi_1, \xi_2)^T$ kein Gleichgewichtspunkt von (9.7), liege aber im Definitionsbereich von $f_1$ und $f_2$. Dann ist mindestens eine der beiden Zahlen $f_1(\xi_1, \xi_2)$

und $f_2(\xi_1, \xi_2)$ von null verschieden. Wir nehmen zunächst $f_1(\xi_1, \xi_2) \neq 0$ an. Die durch $(\xi_1, \xi_2)^{\mathrm{T}}$ verlaufende Trajektorie $T$ hat als Parameterdarstellung eine Lösung $x_1 = x_1(t), x_2 = x_2(t)$ von (9.7) mit $x_1(t_1) = \xi_1$ und $x_2(t_1) = \xi_2$ für ein gewisses $t_1$. Wegen $f_1(\xi_1, \xi_2) \neq 0$ folgt $\dot{x}_1(t_1) \neq 0$ aus (9.7). Also ist $x_1 = x_1(t)$ in einer gewissen Umgebung von $t_1$ eindeutig nach $t$ auflösbar, und damit ist $x_2$ für die Trajektorie $T$ in einer gewissen Umgebung von $\xi_1$ als Funktion von $x_1$ darstellbar: $x_2 = q(x_1)$. Kettenregel und Differentiation der Umkehrfunktion ergibt

$$\frac{\mathrm{d}x_2}{\mathrm{d}x_1} = \frac{\mathrm{d}x_2}{\mathrm{d}t} \cdot \frac{\mathrm{d}t}{\mathrm{d}x_1} = \frac{\mathrm{d}x_2/\mathrm{d}t}{\mathrm{d}x_1/\mathrm{d}t}.$$

Wegen (9.7) folgt

$$\frac{\mathrm{d}x_2}{\mathrm{d}x_1} = \frac{f_2(x_1, x_2)}{f_1(x_1, x_2)} \tag{9.8}$$

in einer gewissen Umgebung von $x_1$ als Differentialgleichung, welcher die Trajektorie genügt. Da umgekehrt nach Satz 5.4 die Differentialgleichung (9.8) nur eine Lösung durch $(\xi_1, \xi_2)^{\mathrm{T}}$ besitzt, haben wir den folgenden Satz bewiesen.

---

**Satz 9.2** *Genau die Lösungen von (9.8) sind die Trajektorien von (9.7) mit $f_1(x_1, x_2) \neq 0$.*

---

Im Fall $f_1(\xi_1, \xi_2) = 0$ muß $f_2(\xi_1, \xi_2) \neq 0$ gelten. Vertauschung der Rollen von $x_1$ und $x_2$ liefert dann die Differentialgleichung

$$\frac{\mathrm{d}x_1}{\mathrm{d}x_2} = \frac{f_1(x_1, x_2)}{f_2(x_1, x_2)}$$

der Trajektorien für $x_1$ als Funktion von $x_2$.

Die Differentialgleichung (9.8) ist von erster Ordnung. Sie wird also im allgemeinen leichter zu lösen sein als das System (9.7), da dieses von zweiter Ordnung ist. Schon das allein bekräftigt den Gedanken, zur Untersuchung eines autonomen Systems besonders dessen Trajektorien in den Mittelpunkt zu stellen.

**Aufgabe 9.2**  Man bestimme das Phasenporträt der autonomen Systeme

a)  $\dot{x}_1 = x_2^2$  b)  $\dot{x}_1 = x_1 - x_2$
    $\dot{x}_2 = x_2,$       $\dot{x}_2 = x_1$       (vgl. Beispiel 5.1 und Aufgabe 5.11).

In Physik und Technik begegnen uns häufig Differentialgleichungen der Form

$$\ddot{x} = F(x, \dot{x}) \tag{9.9}$$

für $x = x(t)$. Um etwas Konkretes vor Augen zu haben, denken wir etwa an die Bewegung einer Punktmasse auf der $x$-Achse. Die Gleichung (9.9) ist dann die Newtonsche Bewegungsgleichung. Mit $x_1 = x$ und $x_2 = \dot{x}$ ist (9.9) äquivalent zu dem autonomen System

$$\begin{aligned}\dot{x}_1 &= x_2 \\ \dot{x}_2 &= F(x_1, x_2).\end{aligned} \qquad (9.10)$$

Wir setzen voraus, daß die partiellen Ableitungen von $F$ nach $x_1$ und $x_2$ in dem betrachteten Gebiet der Phasenebene existieren und stetig sind. Physikalisch gesehen ist $x_1$ der Ort, $x_2$ die Geschwindigkeit, $\dot{x}_2$ die Beschleunigung und $F$ die Kraft pro Masse. Der Phasenraum - hier die Phasenebene - ist natürlich keinesfalls mit dem Ortsraum - hier die $x$-Achse - zu verwechseln, in dem die Bewegung verläuft. Durch Nullsetzen der rechten Seiten von (9.10) erhalten wir die Gleichgewichtspunkte $(\xi, 0)^{\mathrm{T}}$ mit $F(\xi, 0) = 0$. Wegen (9.10) sind dies genau die Punkte, in denen die Geschwindigkeit und die Beschleunigung gleichzeitig verschwinden, die Punktmasse also in Ruhe bleibt. Nach Satz 9.2 erhalten wir für $x_2 \neq 0$ die Trajektorien aus der Differentialgleichung

$$\frac{\mathrm{d}x_2}{\mathrm{d}x_1} = \frac{F(x_1, x_2)}{x_2}. \qquad (9.11)$$

Bei Kenntnis der Trajektorien für $x_2 \neq 0$ ist aus Stetigkeitsgründen auch klar, wie sie außerhalb der Gleichgewichtspunkte die $x_1$-Achse schneiden.

**Bemerkung 9.1**    Die im Abschnitt 5.5.4 zur Behandlung der Differentialgleichung (9.9) angegebene Methode führt ebenfalls auf (9.11). Diese Methode ist nichts anderes als ein formaler Extrakt der jetzigen Betrachtungsweise, durch welche (5.112) und (5.113) in eine reiches Umfeld gestellt werden.

Ein wichtiger Sonderfall von (9.9) ist der, daß $F$ unabhängig von $\dot{x}$ ist. Die Differentialgleichung (9.9) lautet dann

$$\ddot{x} = F(x). \qquad (9.12)$$

Solche Bewegungsgleichungen ergeben sich, wenn keine Reibungs- oder Dämpfungskräfte auftreten. Die Differentialgleichung (9.11) der Trajektorien hat jetzt die Gestalt

$$\frac{\mathrm{d}x_2}{\mathrm{d}x_1} = \frac{F(x_1)}{x_2}. \qquad (9.13)$$

Wir können hier die Methode der Trennung der Veränderlichen anwenden und erhalten

$$\int x_2 \,\mathrm{d}x_2 = \int F(x_1)\,\mathrm{d}x_1,$$

$$\text{d. h.} \quad \frac{1}{2}x_2^2 - \int F(x_1)\mathrm{d}x_1 = C \tag{9.14}$$

mit einer beliebigen Konstanten $C$.

**Bemerkung 9.2**  Die Behandlung von (9.12) mittels der Energiemethode aus Abschnitt 5.5.2 führt ebenfalls auf (9.14).

Es sei $V(x_1)$ eine Stammfunktion von $-F(x_1)$ :

$$\frac{\mathrm{d}V(x_1)}{\mathrm{d}x_1} = -F(x_1).$$

Die Gleichung (9.14), die also die nicht zu einem Gleichgewichtspunkt entarteten Trajektorien darstellt, lautet damit

$$\frac{1}{2}x_2^2 + V(x_1) = C. \tag{9.15}$$

Aus Stetigkeitsgründen ist hierbei auch wieder $x_2 = 0$ zugelassen.

Die Bewegung $x = x(t)$ einer Punktmasse $m$ gemäß (9.12) besitzt
  die *kinetische Energie* $\frac{m}{2}\dot{x}^2$,
  die *potentielle Energie* $mV(x)$
und
  die *Gesamtenergie* $\frac{m}{2}\dot{x}^2 + mV(x)$.

Die Gleichung (9.15) ist folglich nichts anderes als der *Energiesatz:* Die Gesamtenergie einer Bewegung gemäß (9.12) ist konstant.  Dies heißt mit anderen Worten:

*Die Trajektorien für* (9.12) *sind die Linien gleicher Gesamtenergie.*

**Beispiel 9.2**  Für den harmonischen Oszillator (9.3)

$$\ddot{x} + \omega_0^2 x = 0 \tag{9.16}$$

aus Beispiel 9.1 mit dem zugehörigen autonomen System (9.4)

$$\dot{x}_1 = x_2$$
$$\dot{x}_2 = -\omega_0^2 x_1$$

erhalten wir sofort den einzigen Gleichgewichtspunkt $(0,0)^{\mathrm{T}}$. Dieser gehört zur trivialen Lösung $x(t) \equiv 0$. Die Funktion $-F(x_1) = \omega_0^2 x_1$ besitzt die Stammfunktion $V(x_1) = \frac{\omega_0^2}{2}x_1^2$. Die nichtentarteten Trajektorien (9.15) sind daher die Ellipsen

$$x_2^2 + \omega_0^2 x_1^2 = C \tag{9.17}$$

mit $C > 0$. Die Gesamtenergie ist hierbei jeweils gleich $\frac{1}{2}mC$, falls $m$ die schwingende Masse ist. Aus (9.17) können wir schon einige Eigenschaften der Lösungen von (9.16) ablesen. Da die Trajektorien geschlossene Kurven sind, erkennen wir, daß die Bewegung periodisch verläuft. Ferner hat die größte Auslenkung einer zur Trajektorie mit dem Parameterwert $C$ gehörenden Bewegung den Betrag $\frac{\sqrt{C}}{\omega_0}$, und die betragsmäßig größte Geschwindigkeit wird für $x_1 = 0$ erreicht mit dem Wert $\sqrt{C}$.

**Aufgabe 9.3**   Vom Phasenporträt des autonomen Systems aus Aufgabe 9.2 a) lese man für jede nichtstationäre Lösung ab:

a)  $x_1(t)$ ist nach unten beschränkt, aber nicht nach oben.

b)  $x_2(t)$ wechselt nicht das Vorzeichen.

# Lösungen der Aufgaben

**1.1:** a) $x(t); Q(t); \varphi(t); y(x)$. b) $2; 2; 1; 1$. c) Ja. d) $\ddot{x} = -\frac{\alpha}{m}\dot{x} - \frac{k}{m}x; \ddot{Q} = \ldots;$
$\dot{\varphi} = \pm\frac{1}{l}(\frac{2}{m})^{\frac{1}{2}}(E + mgl\cos\varphi)^{\frac{1}{2}}; y' = -\frac{1}{2}\frac{\sigma_x - \sigma_y}{\tau_{xy}} \pm \sqrt{\cdots}$.

**1.2:** Explizites System: $\dot{Q} = I$ (1), $\dot{I} = -\frac{1}{CL}Q - \frac{R}{L}I$ (2). Man differenziert (1) und setzt danach (2) ein: $\ddot{Q} = -\frac{1}{CL}Q - \frac{R}{L}I$ (3). Auflösen von (1) nach $I$ und das Ergebnis einsetzen in (3): $\ddot{Q} = -\frac{1}{CL}Q - \frac{R}{L}\dot{Q}$, d. h. $L\ddot{Q} + R\dot{Q} + \frac{1}{C}Q = 0$ (siehe Beispiel 1.2).
Man differenziert (2) und setzt im Ergebnis $\dot{Q}$ bzw. $\dot{I}$ aus (1) bzw. (2) ein: $\ddot{I} = -\frac{1}{CL}I - \frac{R}{L}(-\frac{1}{CL}Q - \frac{R}{L}I)$ (4). Auflösen von (2) nach $Q$ (besser: nach $-\frac{1}{CL}Q$) und das Ergebnis einsetzen in (4): $\ddot{I} = -\frac{1}{CL}I - \frac{R}{L}\dot{I}$, d. h. $L\ddot{I} + R\dot{I} + \frac{1}{C}I = 0$.

**1.3:** $a_4(x) = EJ$, $a_3(x) = 2(EJ)'$, $a_2(x) = (EJ)''$, $a_1(x) = a_0(x) = 0$, $g(x) = p$.

**1.4:** $\omega = \sqrt{\frac{k}{m}}$, $W = \omega \neq 0$.

**1.5:** $y(x) = \frac{p}{24EJ}x^4 + y_h(x)$ mit $y_h(x) = \frac{1}{6}C_1 x^3 + \frac{1}{2}C_2 x^2 + C_3 x + C_4$ oder auch $y_h(x) = \tilde{C}_1 x^3 + \tilde{C}_2 x^2 + \tilde{C}_3 x + \tilde{C}_4$. $W = 1, \tilde{W} = 12$.

**1.6:** $y = 3 + \frac{2}{\pi}(1 + \sin(\frac{\pi}{2}x))$.

**1.7:** $x(t) = C_1 \cos(\omega t) + C_2 \sin(\omega t)$, $C_1 = \frac{1}{\omega}(x_0 \omega \cos(\omega t_0) - \dot{x}_0 \sin(\omega t_0))$,
$C_2 = \frac{1}{\omega}(\dot{x}_0 \cos(\omega t_0) + x_0 \omega \sin(\omega t_0))$, $x(t) = x_0 \cos(\omega(t - t_0)) + \frac{\dot{x}_0}{\omega}\sin(\omega(t - t_0))$ mit $\omega = \sqrt{\frac{k}{m}}$.

**1.8:** $w(x) = \frac{p}{24EJ}(l^3 x - 2lx^3 + x^4)$. $(w')^2_{\max} = (w'(0))^2 = (w'(l))^2 = \left(\frac{pl^3}{24EJ}\right)^2 < 8 \cdot 10^{-4}$.

**1.9:** $w(x) = \frac{p}{24EJ}(l^2 x^2 - 2lx^3 + x^4)$. Mit $x_{1,2} = \frac{l}{2}(1 \pm \frac{1}{\sqrt{3}})$ ist $(w')^2_{\max} = (w'(x_1))^2 = (w'(x_2))^2 = \frac{1}{27}\left(\frac{pl^3}{24EJ}\right)^2 < 3 \cdot 10^{-5}$. $M = -EJw''$, $Q = -EJw'''$, $M(0) = -\frac{pl^2}{12}$, also „Drehpfeil entgegen Uhrzeigersinn", $M(l) = -\frac{pl^2}{12}$, also „Drehpfeil im Uhrzeigersinn", $Q(0) = \frac{pl}{2}$, also „Pfeil nach oben", $Q(l) = -\frac{pl}{2}$, also „Pfeil nach oben".

**2.1:** $y = C_1 + C_2 x + \ldots + C_{n-2}x^{n-3} + C_{n-1}e^x + C_n e^{-x}$.

**2.2:** $x(t) = C_1 e^{-t/s} + C_2 e^{-9t/s}$, $C_1 = \frac{9}{4}10^{-2}$m, $C_2 = -\frac{1}{4}10^{-2}$m, $T = 7,718\ldots$s, $C_2 \exp(-9T/s) < 2 \cdot 10^{-33}$m.

**2.3:** $y = -e^{-x} + (1 + x)e^{2x}$.

**2.4:** $x(t) = Ae^{-\delta t}\cos(\omega t - \varphi)$, $A = 2,405\ldots10^{-2}$m, $\delta = \frac{5}{3}$s$^{-1}$, $\omega = 2,4944\ldots$s$^{-1}$, $\varphi = 33,74\ldots^0 = 0,5890\ldots$; $10^{-5}$m $= Ae^{-\delta T} \Rightarrow T = 4,67\ldots$s.

**2.5:** $x(t) = C_1 \exp(-\frac{3}{2}t) + e^{2t}(C_2 \cos t + C_3 \sin t)$.

**2.6:** a) $w(x) = \cos(\pi x) + \sin(\pi x)$, b) keine Lösung, c) $w(x) = C\sin(\pi x)$.

**2.7:** Hinweis zu (1.77): $k(c_1 w_1(0) + c_2 w_2(0)) + [(c_1 w_1(x) + c_2 w_2(x))']_{x=0} \cdot F + [(EJ(c_1 w_1(x) + c_2 w_2(x))'')']_{x=0} = c_1\{kw_1(0) + w_1'(0)F + [(EJw_1''(x))']_{x=0}\} + c_2\{kw_2(0) + w_2'(0)F + [(EJw_2''(x))']_{x=0}\}$.

**2.8:** $\frac{\pi^2}{4l^2} < \lambda_1 < \frac{9\pi^2}{4l^2}$.

**2.9:** $\lambda_\nu = \frac{1}{l^2}\frac{\pi^2}{4}(2\nu - 1)^2$, $\nu = 1, 2, \ldots$

**2.10:** $\tan(\sqrt{\lambda_\nu}l) = \sqrt{\lambda_\nu}l, \lambda_1 = \frac{1}{l^2} \cdot 20,19\ldots; \lambda_2 = \frac{1}{l^2} \cdot 59,68\ldots; \lambda_3 = \frac{1}{l^2} \cdot 118,89\ldots;$
$\lambda_\nu = \frac{1}{l^2}\frac{\pi^2}{4}(2\nu+1)^2 - \epsilon_\nu(\nu=4,5,\ldots)$ mit $\epsilon_\nu > 0$ und $\lim \epsilon_\nu = 0$ für $\nu \to \infty$.

**2.11:** Nein. $\lambda = 0 \Rightarrow w^{(4)} = 0 \Rightarrow w = C_1 x^3 + C_2 x^2 + C_3 x + C_4$. Die Randbedingungen führen zu einem Gleichungssystem für $C_1, \ldots, C_4$, das nur die Lösung $C_1 = C_2 = C_3 = C_4 = 0$ besitzt.

**2.12:** Mit den Bezeichnungen $x_\nu = \sqrt[4]{\lambda_\nu}l$ und $\omega_\nu = \sqrt{\frac{EJ}{\rho F}}\frac{1}{l^2}H_\nu$ sowie $H_\nu = x_\nu^2$ ist

   a) $\sin x_\nu = 0, H_\nu = (\nu\pi)^2 \ (\nu = 1,2,\ldots)$,

   b) $\cos x_\nu \cosh x_\nu = 1, H_1 = 22,37, H_2 = 61,67, H_\nu = \frac{\pi^2}{4}(2\nu+1)^2 + (-1)^{\nu-1}\epsilon_\nu$
     $(\nu = 3,4,\ldots)$ mit $\epsilon_\nu > 0$ und $\lim \epsilon_\nu = 0$ für $\nu \to \infty$,

   c) $\cos x_\nu \cosh x_\nu = -1, H_1 = 3,516, H_2 = 22,03, H_\nu = \frac{\pi^2}{4}(2\nu-1)^2 + (-1)^{\nu-1}\epsilon_\nu$
     $(\nu = 3,4,\ldots)$ mit $\epsilon_\nu > 0$ und $\lim \epsilon_\nu = 0$ für $\nu \to \infty$,

   d) $\tanh x_\nu = \tan x_\nu, H_1 = 15,42, H_2 = 49,96, H_\nu = (\nu\pi + \arctan 1)^2 - \epsilon_\nu \ (\nu = 3,4,\ldots)$
     mit $\epsilon_\nu > 0$ und $\lim \epsilon_\nu = 0$ für $\nu \to \infty$.

**2.13:** Zunächst wird der jeweilige Eigenwert $\lambda = \lambda_\nu \ (\nu = 1,2,\ldots)$ der Eigenwertaufgabe aus dem Beispiel 2.6 in (2.45) bis (2.48) eingesetzt. Die Lösungen dieses Gleichungssystems (die Koeffizientendeterminante ist gleich 0), nämlich $C_1 = -A_\nu(EJ/k)\lambda_\nu^{3/2}\cos(\sqrt{\lambda_\nu}l), C_2 = A_\nu\sqrt{\lambda_\nu}\cos(\sqrt{\lambda_\nu}l), C_3 = 0, C_4 = -A_\nu \ (A_\nu \neq 0,$ beliebig) liefern mit (2.44) die zu $\lambda_\nu$ gehörigen Eigenlösungen $w_\nu(x)$.

zu 2.9: $w_\nu(x) = A_\nu((-1)^\nu + \sin(\frac{\pi}{2l}(2\nu-1)x))$.
zu 2.10: $w_\nu(x) = A_\nu(x\sqrt{\lambda_\nu}\cos(\sqrt{\lambda_\nu}l) - \sin(\sqrt{\lambda_\nu}x))$.
zu 2.12: $W_\nu(x) = C_1\cos(\sqrt[4]{\lambda_\nu}x) + C_2\sin(\sqrt[4]{\lambda_\nu}x) + C_3\exp(\sqrt[4]{\lambda_\nu}x) + C_4\exp(-\sqrt[4]{\lambda_\nu}x)$,

   a) $C_1 = 0, C_2 = A_\nu, C_3 = 0, C_4 = 0$,

   b) $C_1 = A_\nu(-2\cos(\sqrt[4]{\lambda_\nu}l) + \exp(\sqrt[4]{\lambda_\nu}l) + \exp(-\sqrt[4]{\lambda_\nu}l))$,
     $C_2 = A_\nu(-2\sin(\sqrt[4]{\lambda_\nu}l) - \exp(\sqrt[4]{\lambda_\nu}l) + \exp(-\sqrt[4]{\lambda_\nu}l))$,
     $C_3 = A_\nu(\cos(\sqrt[4]{\lambda_\nu}l) + \sin(\sqrt[4]{\lambda_\nu}l) - \exp(-\sqrt[4]{\lambda_\nu}l))$,
     $C_4 = A_\nu(\cos(\sqrt[4]{\lambda_\nu}l) - \sin(\sqrt[4]{\lambda_\nu}l) - \exp(\sqrt[4]{\lambda_\nu}l))$.

**2.14:** $Y_p = b(\omega_0^2 - \omega_1^2)^{-1}\exp(i\omega_1 t)$, (2.70) gilt mit $\alpha = \lim(\text{arc cot}(\ldots))$ für $\delta \to +0$, also $\alpha = 0$, falls $\omega_0^2 - \omega_1^2 > 0$, und $\alpha = \pi$, falls $\omega_0^2 - \omega_1^2 < 0$ ist.

**2.15:** $Y_p = -\frac{b}{2\omega_0}it\exp(i\omega_0 t)$.

**2.16:** $y_p = \frac{1}{25}\exp(\frac{5}{2}x)$.

**2.17:** $y_p = -\frac{1}{5}x\exp(-\frac{5}{2}x)$.

**2.18:** $L[\sum_{\rho=1}^2 c_\rho y_\rho(x)] = \sum_{\rho=1}^2 c_\rho L[y_\rho(x)] = \sum_{\rho=1}^2 c_\rho g_\rho(x)$.

**2.19:** Genau eine Lösung für $0 < b < \frac{\pi}{2}$ und $\frac{\pi}{2} < b < \pi$, nämlich $y = \frac{x}{2} - \frac{b}{2}\frac{\sin(2x)}{\sin(2b)}$. Für kein $b$ mehrere Lösungen. Keine Lösung für $b = \frac{\pi}{2}$ und $b = \pi$.

**2.20:** $x = -\frac{9}{4} - 3t - 2\cos(2t) + \frac{3}{2}\sin(2t) + \frac{24}{5}e^t + \frac{7}{10}e^{-4t}$.

**2.21:** $y = \cos(2x)$ für $0 \leq x \leq \pi, y = \frac{3}{4}\cos(2x) + \frac{1}{4}$ für $\pi \leq x \leq 2\pi, y = \cos(2x)$ für $2\pi \leq x < \infty$.

**2.22:** $L^2 I_2^{(3)} + LR\ddot{I}_2 + \frac{2L}{C}\dot{I}_2 + \frac{R}{C}I_2 = \frac{a}{C}\sin(\omega t)$. Weiter siehe Lösung 3.6.

**3.1:** $y_1 = (C_1 + C_2)e^{-x} + C_3 e^{2x}, y_2 = -C_1 e^{-x} + C_3 e^{2x}, y_3 = -C_2 e^{-x} + C_3 e^{2x}$.

**3.2:** $y_1 = -C_2 e^{2x}, y_2 = C_1 e^x - 2(C_2 x + C_3)e^{2x}, y_3 = (C_2 x + C_3)e^{2x}$.

**3.3:** $m\ddot{x} + BQ\dot{y} = 0, m\ddot{y} - BQ\dot{x} = 0, m\ddot{z} = 0$. Mit $\omega = \frac{BQ}{m}$ ist
$x(t) = C_1 \cos(\omega t) + C_2 \sin(\omega t) + C_4 = A\cos(\omega t - \varphi) + C_4$,
$y(t) = C_1 \sin(\omega t) - C_2 \cos(\omega t) + C_5 = A\sin(\omega t - \varphi) + C_5$,
$z(t) = C_3 t + C_6$.

**3.4:** Ist in $\mathbf{A}\mathbf{y}' + \mathbf{B}\mathbf{y} = \mathbf{g}(x)$, $\det \mathbf{A} \neq 0$ das $\mathbf{g}(x)$ gleich $(\mathbf{b}_0 + \mathbf{b}_1 x + \ldots + \mathbf{b}_m x^m)e^{\alpha x}\cos(\beta x)(\mathbf{b}_m \neq 0, \alpha, \beta$ reell) bzw. $(\mathbf{b}_0 + \mathbf{b}_1 x + \ldots + \mathbf{b}_m x^m)e^{\alpha x}\sin(\beta x)(\mathbf{b}_m \neq 0, \alpha, \beta$ reell) und sind die Elemente von $\mathbf{A}, \mathbf{B}, \mathbf{b}_0, \ldots, \mathbf{b}_m$ reell, so ist $\mathbf{y}_p$ gleich $\mathrm{Re}(\mathbf{Y}_p)$ bzw. $\mathrm{Im}(\mathbf{Y}_p)$, wobei $\mathbf{Y}_p$ eine partikuläre Lösung von $\mathbf{A}\mathbf{Y}' + \mathbf{B}\mathbf{Y} = (\mathbf{b}_0 + \ldots + \mathbf{b}_m x^m)e^{qx}$ mit $q = \alpha + i\beta$ ist.

Ist $\mathbf{y}_\rho(x)$ $(\rho = 1, 2)$ jeweils eine partikuläre Lösung von $\mathbf{A}\mathbf{y}' + \mathbf{B}\mathbf{y} = \mathbf{g}_\rho(x)$ $(\rho = 1, 2)$, so hat $\mathbf{A}\mathbf{y}' + \mathbf{B}\mathbf{y} = \sum\limits_{\rho=1}^{2} c_\rho \mathbf{g}_\rho(x)$ die partikuläre Lösung $\mathbf{y}(x) = \sum\limits_{\rho=1}^{2} c_\rho \mathbf{y}_\rho(x)$.

**3.5:** $y_1 = -6C_1(\cos x + \sin x) + 6C_2(\cos x - \sin x) - \frac{3}{5}\sin(2x) + \frac{6}{5}\cos(2x)$
$+ 3(1 + x)e^{-x}, y_2 = 10C_1 \cos x + 10C_2 \sin x + \sin(2x) - \frac{5}{2}e^{-x}$.

**3.6:** Charakteristische Gleichung: $L^2 \lambda^3 + LR\lambda^2 + \frac{2L}{C}\lambda + \frac{R}{C} = 0$. Da alle Koeffizienten $L^2, LR, \frac{2L}{C}, \frac{R}{C}$ positiv sind, die linke Seite dieser Gleichung für $\lambda = 0$ den Wert $\frac{R}{C} > 0$ und für $\lambda = -\frac{R}{L}$ den Wert $-\frac{R}{C} < 0$ liefert, gibt es keine Lösung $\lambda$ mit $\lambda > 0$ und mindestens eine Lösung $\lambda = \lambda_1$ mit $-\frac{R}{L} < \lambda_1 < 0$. Die beiden weiteren Lösungen genügen der quadratischen Gleichung $\lambda^2 + (\frac{R}{L} + \lambda_1)\lambda + \lambda_1^2 + \frac{R}{L}\lambda_1 + \frac{2}{CL} = 0$ und haben wegen $\frac{R}{L} + \lambda_1 > 0$ negative Realteile. Also strebt die allgemeine Lösung des zugehörigen homogenen Systems für $t \to \infty$ nach null.

Mit $Z = |Z|e^{i\varphi} = \frac{1}{C} - L\omega^2 + iR\omega$ und $N = |N|e^{i\psi} = \frac{R}{C} - LR\omega^2 + i\omega L(\frac{2}{C} - L\omega^2)$ ist $I_1(t) = a\frac{|Z|}{|N|}\sin(\omega t + \varphi - \psi)$ und $I_2(t) = \frac{a}{C|N|}\sin(\omega t - \psi)$.

$\omega$ klein: $U_2 = a\sin(\omega t)$ (Durchlaß), $\omega$ groß: $U_2 = \frac{aR}{CL^2}\frac{1}{\omega^3}\sin(\omega t + \frac{\pi}{2})$ (Sperrung).

**3.7:** $w(x) = \frac{1}{6EJ}[\int\limits_0^x (3x - \tilde{x})\tilde{x}^2 p(\tilde{x})\mathrm{d}\tilde{x} + \int\limits_x^l (3\tilde{x} - x)x^2 p(\tilde{x})\mathrm{d}\tilde{x}]$.

$z(x) = \frac{1}{6EJ}[\int\limits_0^x 3\tilde{x}^2 p(\tilde{x})\mathrm{d}\tilde{x} + \int\limits_x^l (6\tilde{x} - 3x)x p(\tilde{x})\mathrm{d}\tilde{x}], M(x) = \int\limits_x^l (x - \tilde{x})p(\tilde{x})\mathrm{d}\tilde{x}$,

$Q(x) = \int\limits_x^l p(\tilde{x})\mathrm{d}\tilde{x}$.

**3.8:** $G(x, \tilde{x}) = \frac{1}{6EJ}\tilde{x}^2(3x - \tilde{x})$ für $0 \leq \tilde{x} \leq x$, $G(x, \tilde{x}) = \frac{1}{6EJ}x^2(3\tilde{x} - x)$ für $x \leq \tilde{x} \leq l$.

$z(x) = \int\limits_0^l \frac{\partial G(x, \tilde{x})}{\partial x}p(\tilde{x})\mathrm{d}\tilde{x}, M(x) = -EJ\int\limits_0^l \frac{\partial^2 G(x, \tilde{x})}{\partial x^2}p(\tilde{x})\mathrm{d}\tilde{x}$,

$Q(x) = -EJ\int\limits_0^l \frac{\partial^3 G(x, \tilde{x})}{\partial x^3}p(\tilde{x})\mathrm{d}\tilde{x}$.

**3.9:** $y_h = C_1 \mathrm{e}^{-x} + C_2 \mathrm{e}^{-2x}, y_p = \mathrm{e}^{-x}\ln(1+\mathrm{e}^x) + (-\mathrm{e}^x + \ln(1+\mathrm{e}^x))\mathrm{e}^{-2x}$.
$y = \tilde{C}_1 \mathrm{e}^{-x} + C_2 \mathrm{e}^{-2x} + (\mathrm{e}^{-x} + \mathrm{e}^{-2x})\ln(1+\mathrm{e}^x)$.

**3.10:** $(w(x)\, z(x)\, M(x)\, Q(x))^{\mathrm{T}} = \lim\limits_{\varepsilon \to +0} (w_\varepsilon(x)\, z_\varepsilon(x)\, M_\varepsilon(x)\, Q_\varepsilon(x))^{\mathrm{T}}$ mit $w_\varepsilon(x) =$

$\frac{F_\nu}{2\varepsilon} \int_{x_\nu-\varepsilon}^{x_\nu+\varepsilon} G(x,\tilde{x})\mathrm{d}\tilde{x}$. Mit der Regel von de l'Hospital ergibt sich $w(x) = \lim\limits_{\varepsilon \to +0} w_\varepsilon(x) =$

$\frac{F_\nu}{2} \lim\limits_{\varepsilon \to +0} \frac{\partial}{\partial \varepsilon} \int_{x_\nu-\varepsilon}^{x_\nu+\varepsilon} G(x,\tilde{x})\mathrm{d}\tilde{x} = \frac{F_\nu}{2} \lim\limits_{\varepsilon \to +0} (G(x,x_\nu+\varepsilon)-G(x,x_\nu-\varepsilon)\cdot(-1)) = F_\nu G(x,x_\nu), z(x) =$

$F_\nu \frac{\partial G(x,x_\nu)}{\partial x}, M(x) = \dots, Q(x) = \dots$ Dieses Ergebnis erhält man auch unmittelbar aus den Lösungen der Aufgabe 3.8 durch Benutzen von Satz 3.3.

**3.11:** $G(x,x_\nu) = \frac{1}{2}\exp(x-x_\nu)$, falls $x \le x_\nu$, $G(x,x_\nu) = \frac{1}{2}\exp(x_\nu - x)$, falls $x_\nu \le x$.

**3.12:** $G(x,\tilde{x}) = \frac{1}{6EJl}(\tilde{x}x^3 - 3l\tilde{x}x^2 + (2l^2\tilde{x} + \tilde{x}^3)x - l\tilde{x}^3)$ für $0 \le \tilde{x} \le x \le l$, $G(x,\tilde{x}) =$

$\frac{1}{6EJl}((\tilde{x}-l)x^3 + (\tilde{x}^3 - 3l\tilde{x}^2 + 2l^2\tilde{x})x)$ für $0 \le x \le \tilde{x} \le l$. Es ist also $G(x,\tilde{x}) = G(\tilde{x},x). w(x) =$
$\sum\limits_{\nu=1}^{3} G(x,x_\nu)F_\nu$, ausführlich:

$w(x) = \frac{1}{6EJl}(c_1 x^3 + c_2 x)$ mit $c_1 = \sum\limits_{\nu=1}^{3}(x_\nu - l)F_\nu, c_2 = \sum\limits_{\nu=1}^{3}(x_\nu^3 - 3lx_\nu^2 + 2l^2 x_\nu)F_\nu$ für $0 \le x \le$

$x_1, w(x) = \frac{1}{6EJl}(c_3 x^3 + c_4 x^2 + c_5 x + c_6)$ mit $c_3 = x_1 F_1 + \sum\limits_{\nu=2}^{3}(x_\nu - l)F_\nu, c_4 = -3lx_1 F_1, c_5 =$

$(2l^2 x_1 + x_1^3)F_1 + \sum\limits_{\nu=2}^{3}(x_\nu^3 - 3lx_\nu^2 + 2l^2 x_\nu)F_\nu, c_6 = -lx_1^3 F_1$ für $x_1 \le x \le x_2, w(x) = \dots$ für

$x_2 \le x \le x_3, w(x) = \dots$ für $x_3 \le x \le l, M(x) = -EJw'', M(x) = -\frac{1}{l}c_1 x$ für $0 \le x \le$
$x_1, M(x) = -\frac{1}{l}(c_3 x + \frac{1}{3}c_4)$ für $x_1 \le x \le x_2, \dots, Q(x) = M'(x), Q(x) = -\frac{1}{l}c_1$ für $0 \le x \le$
$x_1 - 0, Q(x) = -\frac{1}{l}c_3$ für $x_1 + 0 \le x \le x_2, \dots$

**3.13:** $w = F_1 G(x,0) + F_2 G(x,a), G(x,x_\nu) = w_h + w_p, w_h = \mathrm{e}^{\lambda x}, EJ\lambda^4 + B = 0, \lambda_{1,2,3,4} = \pm(B/EJ)^{1/4}(1\pm \mathrm{i})/\sqrt{2}$.
Mit $k = (4EJ/B)^{1/4}$ ist $w_h = \mathrm{e}^{x/k}(C_1 \cos\frac{x}{k} + C_2 \sin\frac{x}{k}) + \mathrm{e}^{-x/k}(C_3 \cos\frac{x}{k} + C_4 \sin\frac{x}{k})$. $w_p =$
$\mathrm{e}^{x/k}(u_1(x)\cos\frac{x}{k} + u_2(x)\sin\frac{x}{k}) + \mathrm{e}^{-x/k}(u_3(x)\cos\frac{x}{k} + u_4(x)\sin\frac{x}{k})$. $u_1' = (k^3/8EJ)\mathrm{e}^{-x/k}(\sin\frac{x}{k} + \cos\frac{x}{k})\delta(x-x_\nu), u_1(x) = (k^3/8EJ)\mathrm{e}^{-x_\nu/k}(\sin\frac{x_\nu}{k} + \cos\frac{x_\nu}{k})$ für $x > x_\nu, u_1(x) = 0$ für $x < x_\nu$.
Aus „$|w(x)|$ beschränkt" folgt $C_3 = 0, C_4 = 0, C_1 = -u_1(x > x_\nu), C_2 = -u_2(x > x_\nu)$.
$G(x,x_\nu) = \exp(-\frac{x-x_\nu}{k}) \cdot \frac{1}{\sqrt{2}}\frac{1}{kB}\sin(\frac{x-x_\nu}{k} + \frac{\pi}{4})$ für $x \ge x_\nu, G(x,x_\nu) = G(x_\nu,x)$ für $x \le x_\nu$.
Kurvendiskussionen in den Intervallen $-\infty < x \le 0, 0 \le x \le a, a \le x < +\infty$ führen mit den gegebenen Zahlenwerten zum (absoluten) Maximum von $|w(x)|$ an der Stelle $x_0 = k[\frac{3\pi}{4} + \arctan\frac{Z}{N}]$ mit $Z = F_1 + F_2\sqrt{2}\mathrm{e}^{a/k}\sin(\frac{a}{k} + \frac{\pi}{4})$ und $N = F_1 + F_2\sqrt{2}\mathrm{e}^{a/k}\cos(\frac{a}{k} + \frac{\pi}{4})$, also $x_0 = 3,001625\dots$ m. $|w(x_0)| = 0,778$ mm. Der Extremwert von $|M|$ wird an der Stelle $x = a = 3$ m (dort ist $M(x)$ nicht differenzierbar!) angenommen. $|M(a)| = 6844,576$ Nm.

**4.1:** $y = 2\cos(\ln x) - \sin(\ln x) + \frac{1}{x}$.

**4.2:** $x = 2(\ln t)\sin(\ln t) + C_1 \cos(\ln t) + C_2 \sin(\ln t)$.

**4.3:** $y = -\frac{\cos x}{x^2} + C_1\frac{1}{x} + C_2\frac{1}{x^2}$.

**4.4:** $G(x,x_\nu) = -\ln x_\nu$, falls $0 < x \le x_\nu \le 1, G(x,x_\nu) = -\ln x$, falls $0 < x_\nu \le x \le 1$.

**4.5:** $y = \frac{3}{10}x + \frac{1}{15}x^2 + C_1\frac{1}{x^3} + C_2\frac{1}{x^4}, z = -\frac{1}{20}x + \frac{2}{15}x^2 - \frac{1}{2}C_1\frac{1}{x^3} - C_2\frac{1}{x^4}$.

**4.6:** a) $w = \frac{p}{64K}(R^2 - r^2)^2$, b) $w = \frac{p}{64K}(r^4 + c_1 r^2 + c_2)$ mit $c_1 = -2R^2\frac{3+\mu}{1+\mu}, c_2 = R^4\frac{3+\mu}{1+\mu}$.

**5.2:** $x = 0, 0 \le y \le h : n_x = -1, n_y = 0, S_x = \gamma(h-y), S_y = 0.0 \le x \le l, y = 0 : n_x = 0, n_y = -1, S_x = -\gamma\frac{h^2}{l^2}x, S_y = -\gamma\frac{h^2}{l^2}(h - 2\frac{h}{l}x).0 \le x \le l, y = h - \frac{h}{l}x : n_x = h(h^2 + l^2)^{-\frac{1}{2}}, n_y = l(h^2 + l^2)^{-\frac{1}{2}}, S_x = 0, S_y = 0.$

**5.3:** $y_0(x) \equiv 0$, $y_1(x) = \frac{1}{3}x^3$, $y_2(x) = \frac{1}{3}x^3 + \frac{1}{63}x^7$.

**5.4:** a), b), d).

**5.5:** a) $y(x) \equiv -\frac{1}{2}$, b) keine konstante Funktion, c) $y(x) \equiv 2, y(x) \equiv 3$, d) $y(x) \equiv n\pi$ ($n = 0, \pm 1, \ldots$).

**5.6:** $y = -1 + C\exp(\frac{1}{2}x^2)$, $-\infty < C < 0$.

**5.7:** $y = 2\arctan(e^{1-\cos x})$.

**5.8:** $y = e^x(\frac{1}{x} - 1)$.

**5.9:** $x = (\frac{t-1}{t+1})^{\frac{1}{2}}(\sqrt{3} + \ln(t-1))$.

**5.10:** $I(t) = \frac{U}{R}(1 - \exp(-\frac{R}{L}t))$.

**5.11:** Lösung von (5.3): $x(z) = C(1 - z + z^2)^{-\frac{1}{2}}\exp(\frac{1}{\sqrt{3}}\arctan(\frac{1}{\sqrt{3}}(-1 + 2z)))$, $y = z \cdot x(z)$. Die $y$-Achse - dort ist $x = 0$ und $z = \pm\infty$ - wird im Rechengang nicht erfaßt. Man erhält deshalb die Parameterdarstellung von Lösungskurven, die entweder in der rechten Halbebene ($x > 0$) oder in der linken Halbebene ($x < 0$) liegen. Weiterhin ist die Gerade $y = x$ (d. h. $z = 1$) wegzulassen (siehe (5.3)). Dort verlaufen die Tangenten an die Lösungskurven parallel zur $y$-Achse (Bild 5.2), und damit existiert dort die Ableitung $y'(x)$ der Lösung $y = y(x)$ nicht.

Lösung von (5.4): $y(x) = z_1 x$ und $y = z_2 x$ mit $z_{1,2} = \frac{1}{2}(-1 \pm \sqrt{5})$. Falls $z \ne z_{1,2}$ und $z \ne 0$ (d. h. $y \ne 0$), lautet $y = y(x)$ in Paramaterdarstellung (Parameter $z$) $x(z) = C|z - z_1|^A|z - z_2|^B, y = z \cdot x(z)$ mit $A = \frac{1}{2}(-1 + \frac{1}{\sqrt{5}})$ und $B = \frac{1}{2}(1 + \frac{1}{\sqrt{5}})$.

**5.12:** $y' = -\frac{A}{2} \pm ((\frac{A}{2})^2 + 1)^{\frac{1}{2}}$ mit $A = \frac{1}{x}(4x + \frac{5}{4}y - \frac{5}{4}h), y(x) = w(x) + h, w(x) = x \cdot z(x)$, $-\infty < z < -2$ (also z. B.: $(z^2)^{1/2} = -z, |z - \frac{2}{9}| = \frac{2}{9} - z$), $z' = \frac{1}{x}(-2 - \frac{13}{8}z \pm \frac{1}{8}\sqrt{5}W)$ mit $W = (5z^2 + 32z + 64)^{1/2}$.

$$x(z) = C_1 \exp\int(-2 - \tfrac{13}{8}z \pm \tfrac{1}{8}\sqrt{5}W)^{-1}\mathrm{d}z = C_1 \exp\int \frac{-2-(13/8)z\mp(1/8)\sqrt{5}W}{(-2-(13/8)z)^2-(5/64)W^2}\mathrm{d}z$$

$$= C_1 \exp(\int \frac{-16-13z}{18(z-(2/9))(z+2)}\mathrm{d}z \mp \sqrt{5}\int \frac{5z^2+32z+64}{18(z-(2/9))(z+2)} \cdot \frac{1}{W}\mathrm{d}z) = C_1(\tfrac{2}{9} - z)^{-17/36} \cdot$$

$$(-2 - z)^{-1/4}(32 + 10z + 2\sqrt{5}W)^{\mp 5/18} \cdot (\tfrac{4}{9}\tfrac{304+77z+17\sqrt{5}W}{(2/9)-z})^{\pm 17/36}(4\tfrac{16+3z+\sqrt{5}W}{-2-z})^{\mp 1/4}$$

$$= C(\tfrac{2}{9}-z)^a(-2-z)^b(32+10z+2\sqrt{5}W)^{\mp 5/18}(304+77z+17\sqrt{5}W)^{\pm 17/36}(16+3z+\sqrt{5}W)^{\mp 1/4},$$

wobei bei vorliegendem oberen bzw. unteren Vorzeichen jeweils $a = -\frac{17}{18}, b = 0$ bzw. $a = 0, b = -\frac{1}{2}$ gilt. $y = z \cdot x(z) + h$.

Aus $x \to +0$ folgt $z \to -\infty$. Die gesuchte spezielle Lösung genügt der obigen Differentialgleichung mit dem unteren Vorzeichen. Für hinreichend stark negatives $z$ gilt: $(-2 - z)^{-1/2} = (-z)^{-1/2}(1 + \frac{2}{z})^{-1/2} = (-z)^{-1/2}(1 - \frac{1}{z} + \ldots)$,

$(32 + 10z + 2\sqrt{5}W)^{5/18} = (32 + 10z + 2\sqrt{5} \cdot \sqrt{5}(-z)(1 + \frac{32}{5}\frac{1}{z} + \frac{64}{5 \cdot z^2})^{1/2})^{5/18}$

$= (32 + 10z - 10z(1 + \frac{1}{2}\frac{32}{5}\frac{1}{z} + (\frac{1}{2}\frac{64}{5} - \frac{1}{8}(\frac{32}{5})^2)\frac{1}{z^2} + \ldots))^{5/18}$

$= ((64 - \frac{1}{5} \cdot 16^2)\frac{1}{-z}(1 + \ldots))^{5/18} = (\frac{64}{5})^{5/18}(-z)^{-5/18}(1 + (\ldots)\frac{1}{z} + \ldots)$,

$(304 + 77z + 17\sqrt{5}W)^{-17/36} = (304 + 77z + 85(-z)(1 + \frac{1}{2}\frac{32}{5}\frac{1}{z} + \ldots))^{-17/36}$

$= (304 + 8(-z) + \frac{85}{2}\frac{32}{5}(-1) + (\ldots)\frac{1}{z} + \ldots)^{-17/36}$

$$= 8^{-17/36}(-z)^{-17/36}(1+(\ldots)\tfrac{1}{z}+\ldots),(16+3z+\sqrt{5}W)^{1/4}$$
$$= (16+3z+5(-z)(1+\tfrac{1}{2}\tfrac{32}{5}\tfrac{1}{z}+\ldots))^{1/4} = 2^{1/4}(-z)^{1/4}(1+(\ldots)\tfrac{1}{z}+\ldots).$$

$x(z) = CB\frac{1}{-z}(1+r)$ mit $B = (\tfrac{64}{5})^{5/18}8^{-17/36}2^{1/4}$ und $\lim\limits_{z\to-\infty} r = 0$. $\lim\limits_{z\to-\infty} y = \lim\limits_{z\to-\infty}(z\cdot$
$x(z) + h) = -CB + h$ soll gleich $\tfrac{h}{2}$ sein. Also ist für die gesuchte spezielle Lösung das
$C = \tfrac{h}{2B} = h\cdot 0,5528576725$.

**5.13:** $a_1 = a_2 b_1/b_2 \cdot w(x) = a_2 x + b_2 y(x) + c_2, w' = a_2 + b_2 f(\tfrac{b_1 w + c_1 b_2 - c_2 b_1}{b_2 w})$.

**5.14:** $y = x - (x-1)^{-1}$.

**5.15:** $y = (-1 + x + Ce^{-x})^{-1}$.

**5.16:** (5.64) ist im allgemeinen nicht exakt, (5.65) ist exakt.

**5.17:** $\tfrac{1}{3}(x^3 - y^3) + x^2 y = C$.

**5.18:** $\mu(x) = e^x$.

**5.19:** $\mu(y) = y$, $\quad y^2(x^2 y^2 + 1) = C$.

**5.20:** $\frac{\partial E}{\partial V} = T\frac{\partial p}{\partial T} - p$ oder auch $\frac{\partial E}{\partial V} = T^2(\frac{\partial}{\partial T}(\frac{p}{T}))$.
$\frac{\partial C_V}{\partial V} = \frac{\partial^2 E}{\partial V \partial T} = \frac{\partial}{\partial T}(T\frac{\partial p}{\partial T} - p) \Rightarrow \frac{\partial C_V}{\partial V} = T\frac{\partial^2 p}{\partial T^2}$.

**5.21:** a) $E(V,T) = C_V T + E_0 (C_V = \text{const}, E_0 = \text{const}), S(V,T) = C_V\ln(T/T_0) + R\ln(V/V_0) + S_0$.
b) $E(V,T) = C_V T - (a/V) + E_0, S(V,T) = C_V\ln(T/T_0) + R\ln((V-b)/V_0) + S_0$.

**5.22:** $y(x) = h(u,v)$ mit $h(u,v) = \int\limits_{x_0}^{u}(v-\tilde{x})f(\tilde{x})\mathrm{d}\tilde{x} + C_1(u-x_0) + C_2$ und $u = u(x) = x, v =$
$v(x) = x$.

**5.23:** $y = (-\tfrac{3}{2}x + \tfrac{5}{2})^{4/3}, x < \tfrac{5}{3}$.

**5.24:** a) $\varphi_1 = v_0(gl)^{-1/2}$. b) $T = 2\pi(l/g)^{1/2}$. c) (5.99): Für $0 \le t \le \tfrac{\pi}{2}(l/g)^{1/2}$ ist
$t = (l/v_0)\int\limits_{0}^{\varphi}[1 - (gl/v_0^2)\tilde{\varphi}^2]^{-1/2}\mathrm{d}\tilde{\varphi} = (l/g)^{1/2}\arcsin(((gl)^{1/2}/v_0)\varphi)$ und damit
$\varphi(t) = v_0(gl)^{-1/2}\sin((g/l)^{1/2}t)$. (5.103): Für $\tfrac{\pi}{2}(l/g)^{1/2} \le t \le \tfrac{3\pi}{2}(l/g)^{1/2}$ ist $t = \tfrac{\pi}{2}(l/g)^{1/2}$
$- (l/v_0)\int\limits_{\varphi_1}^{\varphi}[\ldots]^{-1/2}\mathrm{d}\tilde{\varphi} = \tfrac{\pi}{2}(l/g)^{1/2} - (l/g)^{1/2}[\arcsin(((gl)^{1/2}/v_0)\varphi) - \tfrac{\pi}{2}]$ und damit
$\varphi(t) = v_0(gl)^{-1/2}\sin(\pi - (g/l)^{1/2}t) = v_0(gl)^{-1/2}\sin((g/l)^{1/2}t)$. (5.104): Für $\tfrac{3\pi}{2}(l/g)^{1/2} \le t \le$
$2\pi(l/g)^{1/2}$ ist $t = \tfrac{3\pi}{2}(l/g)^{1/2} + (l/v_0)\int\limits_{-\varphi_1}^{\varphi}[\ldots]^{-1/2}\mathrm{d}\tilde{\varphi} = \tfrac{3\pi}{2}(l/g)^{1/2} + (l/g)^{1/2}[\arcsin((gl)^{1/2}/v_0)\varphi -$
$(-\tfrac{\pi}{2})]$ und damit $\varphi(t) = v_0(gl)^{-1/2}\sin((g/l)^{1/2}t - 2\pi) = v_0(gl)^{-1/2}\sin((g/l)^{1/2}t)$.
d) $\varphi(t) = v_0(gl)^{-1/2}\sin((g/l)^{1/2}t)$ für $0 \le t < +\infty$.

**5.25:** $y = \int\limits_{0}^{x}\exp(-\tilde{x}^2/2)\mathrm{d}\tilde{x}$.

**5.26:** $y = x - \ln(2 - e^x)$.

**6.1:** $y_f(0,5) = 1,069753582, y_f(1,0) = 1,136252935; y_g(1,0) = 1,136251581$,
$(1/15)(y_f - y_g) = 9,0267\cdot 10^{-8}, y(1,0) = 1,1362530$.

**6.2:** $y_f(0,2) = 0,0214, y_f(0,4) = 0,09181796, y_g(0,4) = 0,091733333,$
$(1/15)(y_f - y_g) = 5,6418 \cdot 10^{-6}, y(0,4) = 0,0918236, y(x) = -(1+x) + e^x,$
$y_{\text{exakt}}(0,4) = 0,0918246\ldots$

**6.3:** Mit der Bezeichnung $y' = f(x,y)$ ist $f(x,y) = -\frac{A}{2} - ((\frac{A}{2})^2 + 1)^{1/2}$. Für $\lim_{x \to +0} y(x) = 5$
gilt $\lim_{x \to +0} A = -\infty$. Daher ist $\lim_{x \to +0} f(x, y(x)) = \lim_{x \to +0} [-\frac{A}{2} + \frac{A}{2}(1 + (\frac{2}{A})^2)^{1/2}] = \lim_{x \to +0} [-\frac{A}{2} +$
$\frac{A}{2}(1 + \frac{1}{2}(\frac{2}{A})^2 + \ldots)] = \lim_{x \to +0} [\frac{1}{A} + \ldots] = 0$. Es ist also bei Verfahrensbeginn $f(0,5) = 0$ zu
setzen.

$y_f(0,5) = 4,974578348, y_f(1) = 4,863409455, y_g(1) = 4,862774706,$
$(1/15)(y_f - y_g) = 4,2317 \cdot 10^{-5}, y(1) = 4,863451772, z(1) = -5,136548228$. Das $x = x(z)$ der
speziellen Lösung aus Aufgabe 5.12 im Fall $h = 10$ ist für $z = z(1)$ gleich $0,9999951294$. Die
Ergebnisse beider Lösungswege stimmen also gut überein.

**6.4:** $y' = z, z' = -y, y(0) = 0, z(0) = 1. y_f(0,4) = 0,3894131555, y_g(0,4) = 0,3893333333,$
$(1/15)(y_f - y_g) = 5,32148 \cdot 10^{-6}, y(0,4) = 0,3894184770,$
$\sin(0,4) = 0,3894183423.$

**7.1:** $c_5 = 1/5(c_0 c_4 + c_1 c_3 + \ldots + c_4 c_0) = 0, c_6 = 1/6(c_0 c_5 + c_1 c_4 + \ldots + c_5 c_0) = 0, c_7 =$
$1/7(c_0 c_6 + c_1 c_5 + \ldots + c_6 c_0) = 1/7 c_3^2 = 1/63.$

**7.2:** Die Anfangsbedingung liefert $c_0 = 1$. Damit ergibt sich $c_1(x-1)^2 + \ldots = 1 + (c_1 - 1)$
$(x-1) + \ldots$ Der Beginn des Koeffizientenvergleiches führt zum Widerspruch $0 = 1$.

**7.3:** a) $y = \sum_{\nu=0}^{\infty} c_\nu x^\nu, y(0) = 1, y'(0) = 0 \Longrightarrow c_0 = 1, c_1 = 0.$
$(1 - x^2)y'' - xy' = 2 \Longrightarrow \sum_{\nu=0}^{\infty} c_{\nu+2}(\nu+2)(\nu+1)x^\nu - \sum_{\nu=0}^{\infty} c_\nu(\nu(\nu-1) + \nu)x^\nu = 2$
$\Longrightarrow c_2 = 1, c_{\nu+2} = \frac{\nu^2}{(\nu+1)(\nu+2)} c_\nu \quad (\nu = 1,2,3,\ldots) \Longrightarrow c_3 = c_5 = 0, c_4 = 1/3, c_6 = 8/45.$
b) $y' = p \Longrightarrow (1 - x^2)p' - xp = 2, p(0) = 0$. Behandlung nach 5.3.2 liefert $p = \frac{C_1 + 2\arcsin x}{\sqrt{1-x^2}}$ (für
$|x| < 1$) und $C_1 = 0$ wegen $p(0) = 0$. Damit $y = (\arcsin x)^2 + C_2$ mit $C_2 = 1$ wegen $y(0) = 1$.
Folglich $y = 1 + (x - \frac{1}{6}x^3 + \frac{3}{40}x^5 + \ldots)^2 = 1 + x^2 + \frac{1}{3}x^4 + \frac{8}{45}x^6 + \ldots$
c) $c_0 = y(0) = 1, c_1 = y'(0) = 0, c_2 = \frac{1}{2!}y''(0) = 1.$
Differentiation: $(1 - x^2)y''' - 2xy'' - xy'' - y' = 0 \Longrightarrow y'''(0) - y'(0) = 0$, also $y'''(0) = 0, c_3 =$
$\frac{1}{3!}y'''(0) = 0$ usw.

**7.4:** Wegen $\ddot\varphi = -\frac{g}{l}\sin\varphi$ und wegen der Anfangsbedingungen ist jetzt $f(t, \varphi, \dot\varphi) = -\frac{g}{l}\sin\varphi$
zu untersuchen auf Entwickelbarkeit nach Potenzen von $t$, nach Potenzen von $\varphi$ und nach
Potenzen von $\dot\varphi - \frac{v_0}{l}$. Da $f$ nicht explizit von $t$ und $\dot\varphi$ abhängt, sind die entsprechenden
Entwicklungen trivial; z. B. für die Entwicklung nach Potenzen von $t$ gilt $f(t, \varphi, \dot\varphi) =$
$-\frac{g}{l}\sin\varphi \cdot t^0 + \sum_{\nu=1}^{\infty} 0 \cdot t^\nu$. Die Entwicklung nach Potenzen von $\varphi$ ist auch gesichert (7.16).

**7.5:** a) Aus $\lim_{x \to +0} y(x) = 5$ folgt $\lim_{x \to +0} A = -\infty$. Also $\lim_{x \to +0} (-\frac{A}{2} \pm (\frac{A^2}{4} + 1)^{1/2}) = +\infty$ bzw.
$0$, je nachdem, ob das obere bzw. untere Vorzeichen genommen wird. Die Existenz von
$\lim_{x \to +0} y'(x)$ bedeutet, daß das obere Vorzeichen entfällt.
b) Für hinreichend kleine $\frac{1}{|A|}$ kann $(\frac{A^2}{4} + 1)^{1/2} = \frac{|A|}{2}(1 + \frac{4}{A^2})^{1/2}$ in eine binomische Reihe
entwickelt werden.
c) Einsetzen einer Potenzreihe in eine andere.
d) $c_0 = \lim_{x \to +0} y(x) = 5, c_1 = \lim_{x \to +0} y'(x) = 0$ (beachte die Lösung von a)).
e) $-25 \cdot 2c_2 = 4; -75c_3 = 32c_2;$
$5(\nu+2)c_{\nu+2} = 16(\nu+1)c_{\nu+1} + \sum_{\mu=2}^{\nu}(5 + 4\mu)(\nu + 2 - \mu)c_\mu c_{\nu+2-\mu} (\nu = 2,3,4,\ldots).$
f) $y(0,5) = 4,974593632; y(1) = 4,863285357.$

**7.6:** $1 + x^2 \neq 0$ für $x = 0$. Nullstellen der Nenner: $2, i, -i$. Konvergenzradius $\geq 1$.

**7.7:** $P_1(x) = x, P_2(x) = \frac{1}{2}(3x^2 - 1), P_3(x) = \frac{1}{2}(5x^3 - 3x), P_4(x) = \frac{1}{8}(35x^4 - 30x^2 + 3), P_5(x) = \frac{1}{8}(63x^5 - 70x^3 + 15x), P_6(x) = \frac{1}{16}(231x^6 - 315x^4 + 105x^2 - 5)$.

**7.8:** $y_2(x) = x \int \frac{C_2 dx}{x^2(1-x^2)} = C_2 x (C_3 - \frac{1}{x} + \frac{1}{2} \ln \frac{1+x}{1-x})$ (Partialbruchzerlegung!). Weitere Information: $C_2 = 1$ und $C_3 = 0$ liefert nach Definition die Legendresche Funktion 2. Art $Q_1(x) = -1 + \frac{x}{2} \ln \frac{1+x}{1-x} = -1 + x \operatorname{artanh} x$ für $|x| < 1$.

**7.9:** a) $a_2(x) = 1 \neq 0$, Konvergenzradius unendlich.
b) $c_{\nu+2} = -\frac{2(n-\nu)}{(\nu+1)(\nu+2)} c_\nu$   $(\nu = 0, 1, 2, \ldots)$.
c) $H_0(x) = c_0 = 1, H_1(x) = c_1 x = 2x, H_2(x) = c_0 - 2c_0 x^2 = -2 + 4x^2, H_3(x) = c_1 x - \frac{2}{3} c_1 x^3 = -12x + 8x^3$.

**7.10:** Nur $x = -2$ ist keine Stelle der Bestimmtheit.

**7.11:** Ja.

**7.12:** a) Klar. b) Determinierende Gleichung: $\alpha^2 + 2\alpha + 1 = 0$ mit Doppelwurzel $-1$, also $\alpha_1 = -1$. Rekursionsformel: $c_\nu = -\frac{c_{\nu-1}}{\nu^2} (\nu = 1, 2, 3, \ldots)$. Damit $c_\nu = \frac{(-1)^\nu}{(\nu!)^2}$ und $y(x) = \frac{1}{x} \sum_{\nu=0}^{\infty} \frac{(-1)^\nu}{(\nu!)^2}$ mit Konvergenzradius unendlich.

**8.1:** Allgemeine Lösung: $y = C_1 e^x + C_2 e^{2x} + 1$. Randbedingungen liefern $C_1 = 0, C_2 = 1$, also $y = e^{2x} + 1$ einzige Lösung.

**8.2:** a) Inhomogen. b) Inhomogen. c) Homogen.

**8.3:** a) $u = -2x$,   b) $u = 2 - x + x^2$.

**8.4:** $-(e^{x^2} y')' + e^{x^2} y = -e^{x^2} \cos x$.

**8.5:** $y_1(x) = \cos x, y_2(x) = \sin x, u_1(x) = \cos x, u_2(x) = \sin(1 - x), p(0) = 1, W(0) = -\cos 1, G(x, \tilde{x}) = (\cos 1)^{-1} \cos x \sin(1 - \tilde{x})$ für $0 \leq x \leq \tilde{x} \leq 1, G(x, \tilde{x}) = (\cos 1)^{-1} \cos \tilde{x} \times \sin(1 - x)$ für $0 \leq \tilde{x} \leq x \leq 1$.

**8.6:** Wenn (8.25), (8.26) eindeutig lösbar ist, hat nach Satz 8.1 die Aufgabe $L(y) = f(x)$, $y(a) = \gamma_1, y(b) = y_1(b)$ die einzige Lösung $y_1$, also folgt $y_2(b) \neq y_1(b)$.

**8.7:** a) $w_1 = \cos \pi x, w_2 = \cos \pi x + \frac{1}{\pi} \sin \pi x, C_1 = 1 - \pi, C_2 = \pi$.
b) $w_1 = \cos \pi x, w_2 = \cos \pi x + \frac{1}{\pi} \sin \pi x, w_2(1) - w_1(1) = 0$. Gleichungssystem $C_1 + C_2 = 1, C_1 + C_2 = 0$ besitzt keine Lösung.
c) $w_1 = 0, w_2 = \frac{1}{\pi} \sin \pi x, w_2(1) - w_1(1) = 0$. Gleichungssystem $C_1 + C_2 = 1, 0 = 0$ besitzt unendlich viele Lösungen.

**8.8:** Für $\lambda \leq 0$ existieren keine Eigenwerte. Für $\lambda > 0$ : Eigenwertgleichung $\sin \sqrt{\lambda} l = 0$, Eigenwerte $\lambda = \lambda_n = \frac{n^2 \pi^2}{l^2} (n = 1, 2, 3, \ldots)$, Eigenfunktionen $C \sin \frac{n\pi}{l} x$ $(C \neq 0)$, Vielfachheiten gleich 1.

**8.9:** Partielle Integration ergibt $< L(u), v >= \int_0^l (u'(x))^* v(x) dx =< u, L(v) >$.

**8.10:** Zweimalige partielle Integration ergibt
$< L(u), v >= \int_0^l EJ(x)(u''(x))^* v''(x) dx =< u, L(v) >$, da $EJ(x)$ reell ist.

**8.11:** Nein, denn die Randbedingungen sind nicht getrennt.

**8.12:** $< L(u), v >= -pu'^*v|_a^b + \int_a^b (pu'^*v' + qu^*v)\mathrm{d}x,$
$< u, L(v) >= -pu^*v'|_a^b + \int_a^b (pu'^*v' + qu^*v)\mathrm{d}x.$

**8.13:** Für Eigenfunktionen $\tilde{y}_n$ und $\tilde{z}_n$ zum Eigenwert $\lambda_n$ gilt $\tilde{z}_n = d_n\tilde{y}_n$ mit einer Konstanten $d_n \neq 0$, da $\lambda_n$ einfach ist. Wegen

$$\frac{d_n\tilde{y}_n}{\sqrt{< d_n\tilde{y}_n, d_n\tilde{y}_n >_\rho}} = \frac{d_n}{|d_n|}\frac{\tilde{y}_n}{\sqrt{< \tilde{y}_n, \tilde{y}_n >_\rho}}$$

folgt die Behauptung mit $\gamma_n = \frac{d_n}{|d_n|}$.

**8.14:** $lx - x^2 = \frac{8l^2}{\pi^3}\sum_{n=1}^{\infty}\frac{1}{(2n-1)^3}\sin\frac{(2n-1)\pi}{l}x.$

**8.15:** a) $-(xy')' = \lambda\frac{y}{x}, y(1) = y(\mathrm{e}) = 0.$
b) Es liegt eine Eulersche Differentialgleichung vor. $\lambda \leq 0$ : keine Eigenwerte. $\lambda > 0$ : Eigenwertgleichung $\sin\sqrt{\lambda} = 0$, Eigenwerte $\lambda_n = n^2\pi^2$ ($n = 1, 2, 3, \ldots$), Eigenfunktionen $C\sin(n\pi\ln x)$.
c) $u(x) = \sum_{n=1}^{\infty} b_n \sin(n\pi\ln x)$ mit $b_n = 2\int_1^{\mathrm{e}} x^{-1}u(x)\sin(n\pi\ln x)\mathrm{d}x$ wegen $\int_1^{\mathrm{e}} x^{-1}\sin^2(n\pi\ln x)\mathrm{d}x = \frac{1}{2}.$

**8.16:** $< L(u), u >= \int_a^b (p|u'|^2 + q|u|^2)\mathrm{d}x \geq \int_a^b q|u|^2\mathrm{d}x > 0$ für $u(x) \not\equiv 0.$

**8.17:** Zweimalige partielle Integration ergibt $< L(u), u >= \int_0^l EJ(x)|u''(x)|^2\mathrm{d}x \geq 0$ für Vergleichsfunktionen $u$, da $EJ(x) > 0$. Angenommen, es gilt $< L(u), u >= 0$ für $u(x) \not\equiv 0$. Wegen $EJ(x) > 0$ folgt $u''(x) \equiv 0$, d. h. $u = C_1 + C_2x$. Die Randbedingungen liefern $C_1 = C_2 = 0$; Widerspruch.
b) $u = l^2x^2 - 2lx^3 + x^4, R(u) = 504l^{-4}, \lambda_1 = l^{-4}H_1^2 = l^{-4}(22,37)^2 = 500,4l^{-4}.$

**9.1:** $\dot{x}_1 = x_2, \dot{x}_2 = -2\delta x_2 - \omega_0^2 x_1 + b\cos\omega_1 t.$
Das System ist nicht autonom.

**9.2:** a) Gleichgewichtspunkte: alle Punkte der $x_1$-Achse. Nichtentartete Trajektorien: Halbparabeln $x_2 = \sqrt{2x_1 + C}$ und $x_2 = -\sqrt{2x_1 + C}$ ($C$ beliebige Konstante).
b) Einziger Gleichgewichtspunkt: $(0,0)^{\mathrm{T}}$. Nichtentartete Trajektorien: Bild 5.2. und Aufgabe 5.11.

**9.3:** Klar.

# Literatur


[BHW]   *Burg, K.; Haf, H.; Wille, F.:* Höhere Mathematik für Ingenieure, Band III. 3. Aufl. Stuttgart: Teubner-Verlag 1993.

[BIE]   *Bieberbach, L.:* Theorie der gewöhnlichen Differentialgleichungen. 2. Aufl. Berlin-Göttingen-Heidelberg: Springer-Verlag 1965.

[BPR]   *Boyce, W. E.; DiPrima, R. C.:* Elementary Differential Equations and Boundary Problems. 5th ed. New York: John Wiley & Sons, Inc. 1992.

[BRÄ]   *Bräuning, G.:* Gewöhnliche Differentialgleichungen. 4. Aufl. Leipzig: Fachbuchverlag 1977.

[BST]   *Bürgermeister, G.; Steup, H.:* Stabilitätstheorie, Teil I. Berlin: Akademie-Verlag 1957.

[CHI]   *Courant, R.; Hilbert, D.:* Methoden der mathematischen Physik, Band I. 3. Aufl. Berlin-Heidelberg-New York: Springer-Verlag 1968.

[CO1]   *Collatz, L.:* Numerische Behandlung von Differentialgleichungen. 2. Aufl. Berlin-Göttingen-Heidelberg: Springer-Verlag 1955.

[CO2]   *Collatz, L.:* Eigenwertaufgaben mit technischen Anwendungen. 2. Aufl. Leipzig: Akademische Verlagsgesellschaft Geest & Portig 1963.

[CO3]   *Collatz, L.:* Differentialgleichungen. 7. Aufl. Stuttgart: Teubner-Verlag 1990.

[GKA]   *Greuel, O.; Kadner, H.:* Komplexe Funktionen und konforme Abbildungen. 3. Aufl. Leipzig: Teubner-Verlag 1990.

[GOE]   *Goering, H.:* Elementare Methoden zur Lösung von Differentialgleichungsproblemen. 2. Aufl. Berlin: Akademie-Verlag 1971.

[GOL]   *Golubew, W. W.:* Differentialgleichungen im Komplexen. Berlin: Deutscher Verlag der Wissenschaften 1958.

[GRI]   *Göpfert, A.; Riedrich, T.:* Funktionalanalysis. 4. Aufl. Stuttgart-Leipzig: Teubner-Verlag 1994.

[HEU]   *Heuser, H.:* Gewöhnliche Differentialgleichungen. 2. Aufl. Stuttgart: Teubner-Verlag 1991.

[HRS]    *Harbarth, K.; Riedrich, T.; Schirotzek, W.:* Differentialrechnung für Funktionen mit mehreren Variablen. 8. Aufl. Stuttgart-Leipzig: Teubner-Verlag 1993.

[KAM]    *Kamke, E.:* Differentialgleichungen, Lösungsmethoden und Lösungen, Band I. 10. Aufl. Stuttgart: Teubner-Verlag 1983.

[KAU]    *Kauderer, H.:* Nichtlineare Mechanik. Berlin-Göttingen-Heidelberg: Springer-Verlag 1958.

[KIM]    *Kiesewetter, H.; Maess, G.:* Elementare Methoden der numerischen Mathematik. Berlin: Akademie-Verlag 1974.

[KNE]    *Kneschke, A.:* Differentialgleichungen und Randwertprobleme, Band I. Berlin: Verlag Technik 1957.

[KPF]    *Körber, K.-H.; Pforr, E.-A.:* Integralrechnung für Funktionen mit mehreren Variablen. 8. Aufl. Stuttgart-Leipzig: Teubner-Verlag 1993.

[LKP]    *Leven, R. W.; Koch, B.-P.; Pompe, B.:* Chaos in dissipativen Systemen. Berlin: Akademie-Verlag 1989.

[MSV]    *Manteuffel, K.; Seiffart, E.; Vetters, K.:* Lineare Algebra. 7. Aufl. Leipzig: Teubner-Verlag 1989.

[MWA]    *Meinhold, P.; Wagner, E.:* Partielle Differentialgleichungen. 6. Aufl. Leipzig: Teubner-Verlag 1990.

[OMA]    *Oelschlägel, D.; Matthäus, W.-G.:* Numerische Methoden. 4. Aufl. Leipzig: Teubner-Verlag 1991.

[PER]    *Perko, L.:* Differential Equations and Dynamical Systems. Berlin-Heidelberg-New York: Springer-Verlag 1991.

[PET]    *Petrowski, I. G.:* Vorlesungen über die Theorie der gewöhnlichen Differentialgleichungen. Leipzig: Teubner-Verlag 1954.

[PFS]    *Pforr, E. A.; Schirotzek, W.:* Differential- und Integralrechnung für Funktionen mit einer Variablen. 9. Aufl. Stuttgart-Leipzig: Teubner-Verlag 1993.

[PON]    *Pontrjagin, L. S.:* Gewöhnliche Differentialgleichungen. Berlin: Deutscher Verlag der Wissenschaften 1965.

[SCE]    *Schell, H.-J.:* Unendliche Reihen. 8. Aufl. Leipzig: Teubner-Verlag 1990.

[SMI]    *Smirnow, W. I.:* Lehrgang der höheren Mathematik, Teil II. 11. Aufl. Berlin: Deutscher Verlag der Wissenschaften 1972.

[SSE]    *Sieber, N.; Sebastian, H.-J.:* Spezielle Funktionen. 3. Aufl. Leipzig: Teubner-Verlag 1988.

[STE]    *Stepanow, W. W.:* Lehrbuch der Differentialgleichungen. 3. Aufl. Berlin: Deutscher Verlag der Wissenschaften 1967.

[SZA]    *Szabó , I.:* Einführung in die Technische Mechanik. 8. Aufl. Berlin-Göttingen-Heidelberg: Springer-Verlag 1984.

[WAL]    *Walter, W.:* Gewöhnliche Differentialgleichungen. 4. Aufl. Berlin-Heidelberg-New York-Tokyo: Springer-Verlag 1990.

[WEA]    *Werner, H.; Arndt, H.:* Gewöhnliche Differentialgleichungen. Berlin-Heidelberg-New York-London-Paris-Tokyo: Springer-Verlag 1986.

[WH1]    *Wenzel, H.; Heinrich, G.:* Übungsaufgaben zur Analysis 1. 4. Aufl. Leipzig: Teubner-Verlag 1990.

[WH2]    *Wenzel, H.; Heinrich, G.:* Übungsaufgaben zur Analysis 2. 4. Aufl. Leipzig: Teubner-Verlag 1990.

[ZUR]    *Zurmühl, R.:* Praktische Mathematik für Ingenieure und Physiker. 5. Aufl. Berlin-Göttingen-Heidelberg: Springer-Verlag 1965.

# Sachregister

# Bronstein/ Semendjajew

## Taschenbuch der Mathematik

Im Vorwort zur ersten deutschen Auflage, die 1958 im Verlag B. G. Teubner Leipzig erschien, heißt es zur Zielsetzung des Werkes:
Mit der Herausgabe der deutschen Übersetzung des Taschenbuches der Mathematik von Bronstein und Semendjajew hofft der Verlag, den angehenden und in der Praxis stehenden Ingenieuren und darüber hinaus auch Physikern und Mathematikern ein wirklich brauchbares Nachschlagewerk in die Hand zu geben und damit eine empfindliche Lücke in der deutschen mathematischen Literatur zu schließen. Auch als Repetitorium der Mathematik dürfte das Buch gute Dienste leisten.
Die vorliegende 25. Auflage basiert auf der 1979 völlig überarbeiteten 19. Auflage. Seine Vorzüge hat das Werk wohl am besten dadurch unter Beweis gestellt, daß seither 25 Auflagen mit über 800.000 Exemplaren erschienen sind.

### Aus dem Inhalt:

Tabellen und graphische Darstellungen – Elementarmathematik – Analysis – Mengen, Relationen, Funktionen, Vektorrechnung, Differentialgeometrie, Fourierreihen, Fourierintegrale, Laplacetransformation – Wahrscheinlichkeitsrechnung und mathematische Statistik – Lineare Optimierung – Numerik

Von
**Ilja N. Bronstein**
und
**Konstantin A. Semendjajew**
Moskau

Herausgegeben von
Günter Grosche,
Viktor Ziegler und
Dorothea Ziegler, Leipzig

25. Auflage. 1991. XII,
840 Seiten mit 390 Bildern.
14,5 x 20 cm.
Geb. DM 36,–
ÖS 281,– / SFr 36,–
ISBN 3-8154-2000-8

Alleinauslieferung:
B. G. Teubner Stuttgart

# B.G. Teubner Verlagsgesellschaft
# Stuttgart · Leipzig

# Pforr/Schirotzek

## Differential- und Integralrechnung für Funktionen mit einer Variablen

Der Inhalt dieses Buches – einer völligen Neubearbeitung eines seit vielen Jahren bewährten Lehrbuches – ist die Grundlage für viele mathematische Disziplinen. In einer verständlichen Einführung mit zahlreichen Abbildungen, vollständig durchgerechneten Beispielen und Aufgaben werden die Grundbegriffe der Analysis einer Veränderlichen (Stetigkeit, Differentiation, Integration) behandelt. Auf praktische Anwendungen in den Natur- und Ingenieurwissenschaften wird besonderer Wert gelegt.

Von Doz. Dr.
**Ernst-Adam Pforr**
und Prof. Dr.
**Winfried Schirotzek,**
beide Dresden

9., neubearbeitete Auflage.
1993. 302 Seiten.
Kart. DM 28,80
ÖS 225,– / SFr 28,80
ISBN 3-8154-2040-7

Preisänderungen vorbehalten.

# B. G. Teubner Verlagsgesellschaft
# Stuttgart · Leipzig

# Mathematik für Ingenieure und Naturwissenschaftler

Bandemer/Bellmann: **Statistische Versuchsplanung**
4., neubearb. Aufl. 164 Seiten. DM 19,80

Beyer/Hackel/Pieper/Tiedge: **Wahrscheinlichkeitsrechnung und mathematische Statistik**
6. Aufl. 216 Seiten. DM 16,–

Gillert/Nollau: **Übungsaufgaben zur Wahrscheinlichkeitsrechnung
und mathemaitschen Statistik**
4. Aufl. 56 Seiten. DM 5,–

Göpfert/Riedrich: **Funktionalanalysis**
4. Aufl. 136 Seiten. DM 24,80

Grauel/Kadner: **Komplexe Funktionen und konforme Abbildungen**
3. Aufl. 128 Seiten. DM 12,–

Harbarth/Riedrich/Schirotzek:
**Differentialrechnung für Funktionen mit mehreren Variablen**
8., neubearb. Aufl. 198 Seiten. DM 22,80

Körber/Pforr: **Integralrechnung für Funktionen mit mehreren Variablen**
8., neubearb. Aufl. 199 Seiten. DM 22,80

Manteuffel/Seiffart/Vetters: **Lineare Algebra**
7. Aufl. 208 Seiten. DM 13,50

Meinhold/Wagner: **Partielle Differentialgleichungen**
6. Aufl. 116 Seiten. DM 12,–

Oelschlägel/Matthäus: **Numerische Methoden**
4. Aufl. 95 Seiten. DM 10,–

Pforr/Oelschläger/Seltmann: **Übungsaufgaben zur linearen Algebra
und linearen Optimierung**
4., Aufl. 92 Seiten. DM 8,–

Pforr/Schirotzek:
**Differential- und Integralrechnung für Funktionen mit einer Variablen**
9., neubearb. Aufl. 302 Seiten. DM 26,80

Piehler/Zachlesche: **Simulationsmethoden**
4. Aufl. 60 Seiten. DM 5,–

Stopp: **Operatorenrechnung**
5. Aufl. 156 Seiten. DM 19,80

Wenzel/Meinhold: **Gewöhnliche Differentialgleichungen**
7., neubearb. Aufl. 108 Seiten. DM 19,80

Wenzel/Heinrich: **Übungsaufgaben zur Analysis 1**
4. Aufl. 75 Seiten. DM 6,50

Wenzel/Heinrich: **Übungsaufgaben zur Analysis 2**
4. Aufl. 84 Seiten. DM 7,–

Preisänderungen vorbehalten

# B. G. Teubner Verlagsgesellschaft
# Stuttgart · Leipzig